사이버전의 모든 것

KODEF
안보총서
115
사이버전의
모든 것
EVERYTHING
ABOUT
CYBER WARFARE
| 박동휘 지음 |
한눈에 보는 사이버전의 역사
Ransomware
DoS Attack
Malware
DDoS Attack
Cyber Machiavellism
Who am I?
HACKERS
CYBER ATTACK
Anonymous
Cyber Spying
WikiLeaks
DNC Cyber Attack
WannaCry Ransomware
Stuxnet
STRONGER TOGETHER
hillaryclinton.com
STARLINK
플래닛미디어
Planet Media

| 책을 내면서 |

앞으로 전쟁은 사이버전으로 시작해서 사이버전으로 끝날 것이다

"제3차 세계대전은 사이버 공간에서 일어날 것이고, 그것은 재앙이 될 것이다. … 핵심 네트워크가 파괴된 모든 국가는 곧바로 불능상태가 될 것이고, 사이버 공격으로부터 안전한 성역은 없다."

2009년 유엔UN 산하 국제전기통신연합ITU, International Telecommunication Union 사무총장 하마둔 투레Hamadoun Touré는 기하급수적으로 증가하는 사이버 공격에 대한 전 세계의 다각적 대응과 협력을 촉구하며 이와 같은 경고의 말을 남겼다.

투레의 경고는 2022년 2월 24일에 시작된 러시아-우크라이나 전쟁으로 현실화되고 있다. 사이버 공간에서는 제3차 세계대전까지는 아니어도 세계대전을 방불케 하는 국적 · 인종을 초월한 다국적 사이버 전사들의 전쟁이 벌어지고 있다. 러시아의 강력한 사이버 선제타격으로 시작된 전쟁은 초기에 우크라이나의 주요 웹사이트들을 일시적으로 무력화시킨 것을 넘어 우크라이나 국민들을 심리적으로 마비시켰다. 제2차 세계대전 당시 독일군이 보여준 전격전이 사이버 전격전으로 진화되어 부활한 것만 같았다. 눈에 보이지 않는 사이버 공간에서의 기습이었지만, 그것이 만들어낸 심리적 공포와 전쟁에 미친 파급력은 상상을 초월할 정도로 컸다.

우크라이나에 대한 러시아의 불법적 침공으로 시작된 두 국가 간의 전쟁은 삽시간에 사이버 세계대전으로 확전되었다. 사이버전에서는 현실 세계의 초강대국과 같은 것은 존재하지 않는다고 말한 투레의 말처럼 악성 코드로 컴퓨터를 장악하여 좀비 PC들로 대규모 사이버 군대를 만들 수 있는 자라면 그것이 일개 개인이든 집단이든 국가이든 누구라도 사이버 공간에서 초강대국과 같은 엄청난 힘을 발휘할 수 있다. 러시아-우크라이나 전쟁은 두 국가의 정규군과 정보기관 소속 사이버 전사뿐만이 아니라 민간 IT 전문가부터 일반 해커에 이르기까지 모두를 사이버 전장戰場의 군인으로 만들었다. 사이버전에 참전한 그들의 나이와 직업, 그리고 국적과 현재 거주지 등은 더 이상 고려요소가 아니었다. 새로운 형태의 전사들은 어떠한 차별과 편견, 그리고 국경이 존재하지 않는 곳에서 자신의 신원을 드러낼 필요 없이 컴퓨터 실력만으로 스스로의 가치만 증명하면 됐다. 전쟁 발발 직후 트위터를 통해 러시아 정부에 대한 사이버 전쟁을 선포하고 사이버 공간에서 해킹 공세를 강화하고 있는 국제 해커 단체 어나니머스Anonymous가 대표적인 예이다.

심지어 우크라이나를 지지하고 나선 민간우주개발업체 스페이스X SpaceX의 최고경영자 일론 머스크Elon Musk도 우크라이나의 인터넷 서비스 장애 문제를 해결하기 위해 위성 인터넷 서비스인 스타링크Starlink를 제공해주는 등 사이버전에 적극적으로 가담하고 있다. 실제로 가짜 뉴스와 사이버 선전전을 포함한 러시아의 사이버전 전략에 우크라이나가 적절히 대응할 수 있었던 것은 전쟁 초기 머스크가 신속하게 스타링크 서비스를 제공했기 때문이다. 머스크가 제공한 스타링크 서비스 덕분에 우크라이나 대통령 볼로디미르 젤렌스키Volodymyr Zelensky가 트위터와 페이스북 등 소셜 미디어를 적극 활용하여 일반 국민들에게는 올바른 정보를 제공하고 국제 사회에 도움과 지지를 호소할 수 있었다. 게다가 이번 전쟁을 통해 스타링크의 군사적 효용성이 증명되기도 했다. 러시아는 우크라이나 군대가 러시아군의 주요 표적을 식별하고 이를 정확히 타격할 수 있는 이유로 머스크가 제공한 위성 인터넷 서비스를 지목했다.

이렇듯 러시아-우크라이나 전쟁 중에 사이버 공간에서 벌어지고 있는 사이버전은 미래 전쟁의 방향을 짐작케 하는 중요한 지표이자 제3차 세계대전이 사이버 공간에서 일어날 것이라는 투레의 예언이 현실화되고 있음을 보여주는 중요한 사건이다. 앞으로 인류의 전쟁은 사이버전으로 시작해서 사이버전으로 끝나는 상황이 된 것이다. 사이버 공간은 가상의 공간을 넘어 전통적 전장으로 알려진 지상 · 해상 · 공중 · 우주에 이어 제5의 전장으로까지 부상했다. 규제 및 통제 장치가 없다면 사이버 공간에서 일어나는 사이버전은 쉽게 세계대전으로 확전될 위험의 소지를 안고 있으며, 전통적인 군인이 아니더라도 누구나 사이버 전사로서 국적과 인종을 초월해 자신이 지지하는 국가를 위해 사이버 공간에서 싸울 수 있게 되었다.

인간과 인간, 인간과 사물, 사물과 사물이 네트워크로 연결된 시대에 사이버 공격으로부터 안전한 국가와 집단, 개인은 없다. 누구나 사이버 공격의 잠재적 가해자이자 피해자가 될 수 있다. 보이지 않는 사이버 공간에서 벌어지는 사이버전을 가상의 것으로 치부하는 것은 큰 오산이다. 사이버전은 인간의 심리를 동요시켜 사회를 공포와 혼란에 빠지게 만들며 막대한 경제적 피해를 입히고 심지어 시스템의 무력화로 물리적 파괴까지 일으키는 등 전쟁의 시작 수단이자 종결 수단으로서 엄청난 힘을 가지고 있다. 현존하는 최강의 물리적 무기로 불리는 핵무기의 파괴력이 고작 한 개 도시를 파괴하는 정도라면, 사이버 공격의 피해 반경은 인터넷에 연결된 전 세계 모두이다. 그 공격 대상은 국가일 수도 있고 인간일 수도 있고 금전일 수도 있고 사물일 수도 있다. 모든 것이 네트워크로 연결된 초연결 사회에서 사이버 공격으로부터 안전한 성역은 없는 것이다.

더 무서운 사실은 사이버전은 전시와 평시를 가리지 않고 365일 24시간 전 세계 어느 곳에서든 국적과 인종을 초월해 일어날 수 있으며, 지금도 일어나고 있다는 것이다. 2016년 러시아 정부와 관련된 해커 단체들이 미국 민주당전국위원회DNC, Democratic National Committee의 서버를 해킹한 사건은 세계 최강국이라 자부하는 미국의 허를 찌르고 민주주의의 꽃이라 할 수 있는 대통령 선거에 영향을 미쳤다. 2010년 미국과 이스라엘 정보기관이 연합해 실시했다고 알려진 이란의 비밀 핵개발 시설에 대한 스턱스넷Stuxnet 공격은 눈에 보이지 않는 멀웨어malware(악성 코드)를 통해 물리적 시설을 파괴하려고 시도한 사이버 공격 사례였다.

또 '사이버 악의 축'으로 불리는 북한의 경우 대한민국의 국가기반시설과 군사시설에 대한 지속적인 사이버 공격을 실시하고 있을 뿐만 아니라 정권 유지와 국제 사회의 경제 제재로 인한 재정적 문제를 타개하기 위해 마치 사이버 범죄자처럼 금전 탈취를 위한 사이버 공격에 열을 올리고 있다. 북한의 사이버 전사들은 방글라데시 중앙은행과 암호화폐 거래소 공격부터 무작위로 랜섬웨어ransomware를 살포하여 통치자금 확보를 시도했다. 북한에게 사이버전은 두 마리 토끼를 잡기 위한 전략적 수단임이 분명하다.

넘버 2 경제대국에 올라선 중국은 자국 내 인터넷 검열 강화를 통해 정권 안정을 꾀하는 한편 미국과의 패권경쟁을 위해 사이버 수단을 적극 활용하고 있다. 서구에 비해 뒤처진 기술력을 만회하기 위해 중국의 사이버 전사들은 미국 정부와 기업들이 가진 최신 기술 탈취에 집중하고 있다. 특히, 전문가들은 중국의 최신 전투기들이 미국 방위산업체로부터 훔친 핵심 기술을 기반으로 제작되었다고 주장하고 있다. 즉, 평시에도 우리가 알지 못하는 사이에 사이버전은 상대 국가와 사회, 그리고 당신을 노리고 있는 것이다.

그런데 이러한 중요성에도 불구하고 사이버전을 정확히 이해하는 이들은 매우 드물다. 그 이유는 눈에 보이지 않는 싸움이라는 모호함, 군사와 안보 분야에 대한 지식 부족, 사이버전의 기술적 부분에 대한 이해의 어려움, 그리고 나와는 관련 없는 일이라는 무관심 등으로 정리할 수 있다. 언론을 통해 사이버전과 관련된 기사가 수없이 쏟아지고 있음에도 불구하고 일반인은 물론이고, 안보 및 군사 분야의 전문가들조차도 사이버전의 중요성과 위험성을 먼나라 이야기인 것처럼 생각하는 경향이 있다. 이러한 문제의식을 느낀 필자는 사이버전에 대한 이해를 돕고자 이 책을 집필하게 되었다.

필자는 2014년 미국 시애틀에 있는 워싱턴대학교University of Washington에서 박사학위 주제로 "국가들의 사이버전 전략"을 연구하기 시작했다. 그곳에서 사이버 안보 및 보안 분야와 관련된 수업과 세미나, 그리고 전문가들을 찾아다녔다. 대학 내의 '사이버시큐리티 이니셔티브Cybersecurity Initiative'에서 리서치 펠로우를 하며 마이크로소프트Microsoft, 아마존Amazon, 구글Google, 보잉Boeing 등과 같은 IT 기업들, 그리고 미국 정부의 사이버 안보 및 보안담당자들과 함께 사이버 안보와 관련한 여러 프로젝트를 진행하며 다양한 전문적 식견을 얻을 수 있었다. 필자는 이러한 과정을 거쳐 사이버전에 관한 다양한 사례들을 수집했고, 이를 기술적으로 분석함으로써 사이버전에 대한 군사·안보적 함의를 도출했다.

이 책은 필자가 지금까지 연구한 사례들 중 일반인부터 전문가에 이르기까지 모두가 반드시 알아야 할 사이버전 사례만을 엄선하여 분석한 후 이해하기 쉽게 풀어쓴 것이다. 따라서 필자는 일반 대중과 전문가라는 서로 다른 독자층 모두를 위해 다음과 같은 전략적 선택을 했다. 먼저, 배경지식이 없는 일반 대중도 이 책의 각 장에 실린 사이버전 사례를 쉽게 이해할 수 있도록 컴퓨터 용어나 해킹 기법, 혹은 배경이 되는 역사를 설명하는 박스글을 추가했다. 다음으로 이 책을 읽는 사이버 안보 및 보안 전문가들을 위해 외부에 잘 알려지지 않은 사건의 내용과 각 사이버전에 사용된 해킹 기술을 상세히 설명하고 군사·안보적 함의를 살펴보았다.

이 책은 국가를 중심으로 전 세계 곳곳에서 일어났던 중요 사이버전 사례를 총 6개의 부로 나누어 설명하고 있다. 1부는 사이버전에 대한 정의, 특성, 그리고 키 플레이어Key Player가 된 비국가 행위자에 대한 설명을 담고 있다. 여기서 필자는 본격적인 사례의 설명과 분석에 앞서 비국가 행위자를 직·간접적으로 교묘히 활용해 실시하는 국가의 사이버전이 3A—익명성Anonymity, 모호성Ambiguity, 그리고 비대칭성Asymmetry—라는 사이버전의 특성 때문에 가능함을 강조했다. 2부는 과거의 영광을 재현하려는 러시아의 적극적인 사이버전 사례들을 다루고 있다. 필자는 목표를 위해서라면 수단과 방법을 가리지 않는 러시아의 사이버전 전략을 '사이버 마키아벨리즘Cyber Machiavellism'으로 정의했다. 3부는 사이버 중동전쟁을 다루고 있다. 독자들은 3부를 통해 기존 물리적 공간에서 일어나던 중동에서의 많은 분쟁들이 사이버 공간에서도 동일하게 나타나고 있음을 확인할 수 있을 것이다.

4부는 정치와 군사적 목적뿐만이 아니라 금전적 목적이라는 두 마리 토끼를 잡으려는 북한의 사이버전 전략을 다루고 있다. 북한은 자신에 대한 국제 사회의 경제 제재가 심해질수록 더 적극적으로 전 세계의 금융권과 암호화폐 시장에 대한 사이버전을 수행하고 있다. 북한의 행태는 마치 단기적으로 금전적 이득을 추구하는 사이버 범죄자와 다를 바 없어 보이지만, 그 이면에는 정권의 유지라는 궁극적인 정치적 목적을 숨기고 있다. 5부는 세계 최강대국 미국과의 패권경쟁을 원하는 중국의 사이버전을 다루고 있다. 중국의 사이버전 전략은 사이버 주권의 강조와 사이버 만리장성 건설을 통한 검열로 정권 보호와 자국 IT 기업의 성장을 돕고 있다. 또한, 중국은 미국 등 서방이 가진 앞선 기술에 대한 불법적 사이버 스파이 행위를 통해 군사력과 경제력을 한층 더 강화하는 전략을 취하고 있다. 마지막으로 6부는 국가 간의 사이버 군비경쟁이 날로 심화하고 있음에 대한 우려와 함께 사이버 공간이 인류 최후의 전쟁터인 사이버 아마겟돈Cyber Armageddon이 되지 않도록 개인의 사이버 안보 의식 함양과 국가와 국가 간, 그리고 국가와 민간 영역 간의 긴밀한 협력의 중요성을 강조한다.

이 책의 내용 일부는 우리 군의 대표적 언론매체인 〈국방일보〉에 필자가 2021년 1월부터 "세계는 사이버 전쟁 중"이라는 제목으로 연재한 것을 보완한 것이고, 이 책의 전체 내용은 일반에 공개된 정부 및 사이버 보안 기업의 공식 자료, 학술적 목적으로 작성된 연구물, 그리고 국제적으로 공신력 있는 언론매체들로부터 수집한 자료를 기반으로 필자가 작성한 것으로 대한민국 정부나 국방부의 공식적 의견과 관련이 없음을 명확히 밝힌다.

이 책이 세상에 나올 수 있도록 도움을 주신 분들에게 감사의 인사를 전하고자 한다. 먼저, 필자를 군사적 식견을 가진 장교로 성장하게 도와주신 이상의 장군님, 정원일 장군님, 여운태 장군님, 그리고 필자의 영원한 대대장님 김광석 대령님께 감사드린다. 군인이자 학자라는 두 가지 사명을 갖고 살아가는 필자의 롤모델 육군사관학교 이내주 교수님, 석사를 마친 지 오랜 시간이 흘렀음에도 여전히 필자를 위해 아낌없는 사랑을 주고 계신 연세대학교 설혜심 교수님, 사이버전이라는 새로운 주제로 박사학위를 하겠다고 달려든 필자를 말리기보다 아낌없는 지원과 응원을 보내준 워싱턴대학교의 사라 쿠란Sara Curran, 제시카 바이어Jessica Beyer, 돈 헬만Don Hellmann, 그리고 클라크 소렌슨Clark Sorensen 교수님께 진심으로 감사드린다. 사이버전과 현대 전쟁에 관해 다양한 의견을 주시는 육군사관학교의 나종남 교수님, 워싱턴대학교에서 만난 친구이자 사이버전의 기술적 분야에 대해 아낌없는 조언을 해주는 서울시립대학교 컴퓨터과학부 정형구 교수님, 제가 몸담고 있는 육군 3사관학교의 학교장님과 생도대장님, 교수부장님을 비롯한 교수님들, 특별히 우리 군사사학과의 동료 교수님들과 전공생도들, 저의 뿌리 육군사관학교 군사사학과의 교수님들, 워싱턴대학교 잭슨스쿨 박사 동기 및 선후배, 그리고 일일이 언급하지는 못했지만 필자와 함께해준 모든 분들에게 감사의 마음을 전한다. 그리고 필자의 연구주제의 가치를 인정해주시고 어려운 출판계의 현실 속에서도 이 책의 발간에 힘써주신 '플래닛미디어'의 김세영 대표님과 미흡한 원고를 알차고 매끄럽게 다듬어준 이보라 편집장님께 진심으로 감사드리며, 군인이자 연구자의 길을 걷고 있는 부족한 필자 옆에서 든든한 힘이 되어주고 필자가 쓰는 모든 글의 첫 번째 비평가를 자처해준 영혼의 단짝과 항상 웃음으로 긍정의 에너지를 준 두 아들, 그리고 필자의 가장 큰 후원자이신 양가 부모님께 사랑을 담아 이 책을 바친다.

끝으로 대한민국 안보를 위해 이름도 없이 지금 이 순간에도 치열하게 사이버 공간을 지키는 군과 정부 및 정보기관의 사이버 전사, 민간기업의 사이버 보안 담당자들과 애국주의적 해커들에게 한없는 존경의 마음을 전한다.

2022년 5월

박 동 휘

CONTENTS

DoS Attack

DDoS Attack

Who am I?

Ransomware

Malware

| PART 1 |

사이버 아마겟돈

YOU HAVE BEEN HACKED!

CHAPTER 1

사이버 전쟁이 온다!

"겨울이 온다!Winter is coming!(윈터 이즈 커밍)" 이 문장은 HBO의 판타지 드라마 〈왕좌의 게임Game of Thrones〉[1]의 전 세계적 흥행과 함께 고난과 역경, 또는 전쟁이 다가오고 있음을 암시하는 관용구로 자리매김했다. 그 드라마는 여러 영주들로 구성된 7왕국이 있는 가상의 대륙 웨스테로스Westeros를 배경으로 하고 있다. 특히, 주인공인 스타크 가문House Stark의 사람들은 "겨울이 온다!"라는 문장을 자신들의 모토로 삼고 매서운 추위 속에서 웨스테로스의 북쪽 방벽 너머에 존재하는 위협으로부터 대

1 〈왕좌의 게임〉은 2011년 시즌 1의 흥행을 시작으로 2019년의 시즌 8로 종료될 때까지 매 시리즈 최고의 시청률 기록을 깬 전대미문의 최고 인기 드라마이다. 국내에서도 엄청난 인기를 누렸으며, "겨울이 온다"는 표현은 미국만이 아니라 국내에서도 전쟁 또는 고난 등이 오고 있음을 경고하는 관용구로 자주 사용되고 있다.

류 전체를 지키고 살아간다. 스타크 가문 사람들의 입을 통해 여러 번 되풀이되는 이 모토는 불길한 징조와 위협이 웨스테로스로 끊임없이 몰려오고 있음을 알리는 강력한 경고였다. 그들의 경고처럼 7왕국은 왕권을 향한 영주들 간의 내전의 소용돌이에 빠져들었고, 더 나아가 외세로 볼 수 있는 북쪽 방벽 너머에 존재하는 미지의 괴물 화이트 워커 White Walker의 공격을 받게 된다. 그러나 〈왕좌의 게임〉에서 7왕국의 사람들은 "겨울이 온다!"라는 경고를 수차례 받았음에도 불구하고 이 말을 이해하지 못하거나 무시하거나, 또는 아무런 대비를 하지 않아 멸망의 문턱에까지 갔었다.

1993년 미 해군대학원 교수인 존 아퀼라John Arquilla와 랜드연구소 RAND Corporation의 데이비드 론펠트David Ronfeldt 역시 "사이버 전쟁이 온다!Cyberwar is Coming!"라는 제목의 글을 공동으로 발표하며 인류를 위협할 새로운 전쟁인 사이버 전쟁이 다가오고 있음을 강력하게 경고했다. 웨스테로스에 살고 있던 7왕국의 사람들처럼 전 인류도 사이버 공간 cyberspace에서 벌어질 사이버 전쟁에 대한 경고를 흘려 듣다가 지금에 와서야 눈앞에 닥친 가공할 사이버 전쟁의 위력을 실감하고 두려움에 떨고 있다. 아퀼라와 론펠트가 글을 발표한 1990년대 초반은 월드 와이드 웹World Wide Web의 출현과 함께 일반 대중이 지구 반대편의 사람과 실시간 대화와 자료 공유가 이제 막 가능해진 시점이었다. 인터넷의 시대가 열리자 모든 사람들은 정치·경제·사회적 측면에서 그것이 가져올 긍정적 측면에만 주목했다. 이런 분위기 속에서 인류 파멸을 불러올지도 모르는 "사이버 전쟁이 온다"라는 무시무시하고 자극적인 예언이 보통 사람들로부터 주목받지 못한 것은 당연했다. 심지어 안보 분야 전

IoT(사물인터넷) 등으로 대표되는 IT 기술의 급격한 진보는 역설적으로 사이버 공격에 대한 취약성을 증가시켜 사이버 공간을 인류 최후의 전쟁터인 아마겟돈으로 아주 빠르게 변화시켜가고 있다.

문가들 중 일부는 이 두 학자를 사이버 안보cyber security 연구 1세대 학자로 분류하며 '공포를 조장하는 사람fearmonger'으로 낙인찍어버렸다. 이러한 푸대접의 이유는 그들이 자신들의 주장을 증명할 만큼 충분한 과학적 근거나 사례를 제시하지 못했기 때문이었다. 마치 7왕국의 지도자들이 근거도 없이 "겨울이 온다"는 말만 내뱉던 스타크 가문 사람들의 경고를 무시한 것과 같았다.

그런데 그로부터 약 30년이 지난 지금 아퀼라와 론펠트의 주장이 옳았음이 증명되었다. 짧은 기간이었지만 이제 수많은 사례들이 쌓였다. 그리고 이 사례들은 사이버 공간이 국가들의 전쟁터임을 직설적이고 분명하게 인간들을 향해 말하고 있다. 1999년의 코소보 전쟁을 시작으로 국가들은 그들의 국가적 이익 달성을 위해 직접적 또는 간접적

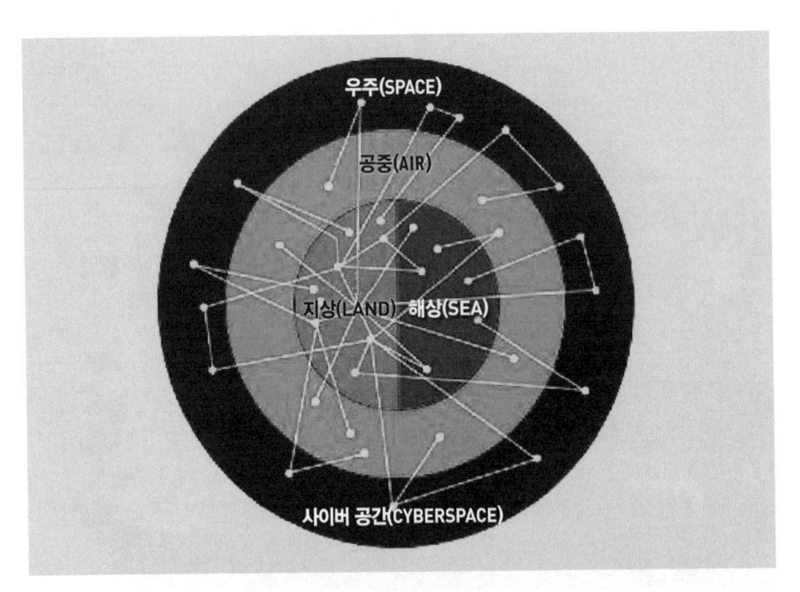

2010년에 발간된 미국의 「국가안보전략」은 지상(LAND), 해상(SEA), 공중(AIR), 우주(SPACE)와 함께 사이버 공간(CYBERSPACE)을 제5의 전장으로 명시했다. 〈출처: https://www.semanticscholar.org/paper/Cyber-Power-in-the-21st-Century-Elbaum/3be5c723e0c6bc581807d89507af7f5b0ef200ae〉

방법으로 사이버 수단을 이용했다. 정보기술IT, Information Technology에 대한 개인, 민간기업, 국가기반시설, 더 나아가 군 무기체계 및 지휘체계의 의존도가 높아지면 질수록 사이버 공간을 통한 국가들의 적대적인 사이버 공격의 효과는 점점 더 커져만 갔다. 심지어 AIArtificial Intelligence(인공지능), 메타버스Metaverse, IoTInternet of Things(사물인터넷), 자율주행 자동차 등으로 대표되는 IT 기술의 급격한 진보는 역설적으로 사이버 공격에 대한 취약성을 증가시켜 사이버 공간을 인류 최후의 전쟁터인 아마겟돈Armageddon으로 아주 빠르게 변화시켜가고 있다.

세계 최강대국 미국은 공식적으로 국가들의 사이버전에 대비하기 위해 분주히 움직였다. 그들은 2006년 공군이 설립했던 사이버사령부를 2009년 3군 통합의 미 사이버사령부US Cyber Command로 확대개편했다.

2010년에 발간된 미국의 「국가안보전략National Security Strategy」은 지상, 해상, 공중, 우주와 함께 사이버 공간을 제5의 전장戰場으로 명시했다. 또한, 「미국 정보기관 커뮤니티의 연례 위협 평가Annual Threat Assessment of the US Intelligence Community」 보고서는 2013년부터 미국과 동맹국의 안보 위협에 사이버 위협을 포함시키는 것을 넘어서 이를 모든 글로벌 위협 중 가장 앞에 언급하기 시작했다.

여기서 흥미로운 사실은 2014년판 미 정보기관 연례 위협 평가 보고서부터는 사이버 위협의 주체로 테러리스트 단체와 사이버 범죄 조직에 앞서 러시아, 중국, 이란, 북한 등 4개 국가를 별도로 명시했다는 것이다. 이 국가들 역시 미국 못지않게 재빨리 저마다의 방식으로 사이버전을 준비했다. 공통점이 있다면 이들 모두 국가의 정치적 목적 달성을 위해 자신들의 의지를 상대방에게 강요하는 사이버 폭력 행위를 과감하게 불법적으로 사용하고 있다는 것이다. 이는 전쟁을 "우리의 의지를 구현하기 위해 적을 강요하는 폭력 행위War is an act of violence to compel our opponent to fulfil our will"라고 정의한 칼 폰 클라우제비츠Carl von Clausewitz의 말을 떠올리게 한다. 그동안 국가들이 국익을 위해 물리적 공간에서 소총과 전차, 전투기, 미사일 등을 이용해 전쟁을 치렀듯이 이제는 사이버 공간에서도 IT 기술을 이용해 전쟁을 하고 있다. 현대의 전쟁은 기존의 물리적 전장 공간에서의 재래전과 사이버 공간에서의 사이버전이 혼합된 하이브리드 전쟁hybrid war 양상으로 진화하고 있다.

그렇다고 사이버전이 전시에 한정되어 실행되는 것으로 오해하면 안 된다. 사이버전은 보통 사람들이 느끼지 못하지만 지금 이 순간에도 일어나고 있다. 예를 들어, 어느 국가는 평시에 국가 또는 기업, 심지어 일반 개인이 갖고 있는 중요한 데이터를 탈취해 국가적 이익을 달성하고자 사이버전을 수행하기도 한다. 또 국가가 사이버 범죄자처럼 금전적 목적을 위해 사이버전을 수행하는 경우도 있다. 심지어 적대국의 선거 결과에 영향을 미치기 위해 사이버 작전을 벌이는 경우도 있다. 사이버 공격은 여론에 영향을 미쳐 평시에는 국론을 분열시킬 수도 있고, 전시에는 국민의 전쟁의지를 꺾을 수도 있다. 이를 사이버전의 하위 범주인 사이버 수단을 통한 심리전Psychological Warfare 또는 인지전Cognitive Warfare 으로 세분화할 수도 있다.

이러한 국가들의 사이버전이 더 무서운 이유는 '익명성anonymity'과 '모호성ambiguity', 그리고 '비대칭성asymmetry' 때문이다. 인터넷의 핵심적 기술인 원거리 데이터 교환 기술은 처음 만들어질 당시 이미 서로 알고 있는 수학자와 컴퓨터 과학자들 간의 데이터 교환을 목적으로 했기 때문에 익명성을 기반으로 설계되었다. 이러한 익명성은 국가, 인종, 종교, 성性 등 어느 것에도 차별 없이 모든 정보를 공유한다는 인터넷의 목표에 부합하는 것이었다. 그런데 공교롭게도 익명성은 국가의 사이버전 전략에 날개를 달아주었다. 국가는 익명성을 무기로 직접 또는 제3자를 내세워 공격 대상에게 무차별적으로 사이버 공격을 퍼붓는가 하면, 익명성의 이점을 활용해 쉽게 자신들의 불법적 행위를 부인함으로써 모든 책임과 보복을 회피하고 있다.

이에 대한 구체적인 예를 살펴보자. 국가들의 전쟁터가 되어버린 사이버 공간의 최전선에는 '사이버 전사cyber warrior'가 서 있다. 사이버 전사는 '사이버 범죄자cyber criminal' 또는 해커hacker와 달리 특정 국가의 이익을 위해 싸우는 이들을 말한다. 국가는 군인을 사이버 전사로 양성

핵티비스트(Hacktivist) 그룹인 어나니머스(Anonymous)는 익명으로 활동하는 국제 해커 집단이다. 핵티비스트는 해커(hacker)와 행동주의자(activist)의 합성어로 인터넷을 통한 컴퓨터 해킹을 투쟁 수단으로 사용하는 새로운 형태의 행동주의자들을 뜻하며, 'anonymous'는 '익명의'라는 뜻이다. 어나니머스는 사욕을 채우거나 사기 행각을 벌이는 해커들과 달리, 인터넷 표현의 자유와 사회 정의를 추구하기 위해 각국 정부와 주요 기업을 공격 대상으로 삼는다. 어나니머스의 트레이드 마크가 된 가이 포크스(Guy Fawkes) 가면(위)과 어나니머스 엠블럼(아래)의 '머리 없는 사람'은 단체의 익명성을 상징한다. 〈출처: WIKIMEDIA COMMONS | Public Domain〉

사이버 전사는 '사이버 범죄자' 또는 해커와 달리 특정 국가의 이익을 위해 싸우는 이들을 말한다. 국가는 군인을 사이버 전사로 양성하거나 컴퓨터 전문가들을 직접 고용하여 사이버 공격을 하거나 사이버 방어를 할 수 있다. 사진은 미국 텍사스주 샌안토니오 합동기지에 위치한 미 공군 624작전센터의 사이버 전사들의 모습이다. 〈출처: WIKIMEDIA COMMONS | Public Domain〉

하거나 컴퓨터 전문가들을 직접 고용하여 사이버 공격 또는 방어를 할 수 있다. 그러나 이들을 공개적으로 활용하는 것은 다른 국가에 대한 전쟁 도발과도 같다. 이러한 문제를 단번에 해결해주는 것이 익명성이다. 먼저, 직접 양성한 사이버 전사를 일반 컴퓨터 사용자 또는 일반 해커로 위장시키는 방법을 사용하는 것이다. 또 악의적인 해커 단체나 사이버 범죄 집단, 사이버 테러리스트 단체 등을 직간접적으로 고용하는 방법도 있다. 이외에 자신의 국가에 큰 애정을 가진 해커들과 일반 인터넷 사용자, 컴퓨터 전문가들의 마음을 움직여 국가에 이익이 되는 불법적 행위에 동원하는 방법도 있다. 이러한 해커들은 통상 '애국주의적 해커patriotic hacker'로 불린다.

한편, 아이러니하게도 겉모습만 봐서는 사이버 전사에게 강인함의 상징인 전사의 직함을 붙여주기에 민망함이 있다. 그들은 아무나 손에 쥘 수 없는 폭력의 상징인 총과 칼을 차고 전차와 전투기에 앉아 있는 대신 어느 누구하나 물리적으로 위협하지 못하는 키보드와 같은 IT 장비들로 무장한 채 글자들, 그리고 0과 1의 숫자들로만 가득한 모니터 앞에 앉아 있기 때문이다. 그런데 초라하게 무장한 사이버 전사들이 초고속 인터넷 등 IT 인프라를 통해 사이버 공간 속으로 들어가는 순간 모든 것이 변한다. 그들은 전차와 전투기에 탄 이들과 비교할 수 없을 만큼 빠른 속도로 시공간의 벽을 넘어 전 세계 곳곳을 누비며 국가를 위해 치열한 전투를 벌인다. 공격의 시작점에서는 사이버 전사가 만들어내는 키보드 두드리는 소리와 마우스 클릭 소리만이 울리지만, 시야 밖의 아주 먼 반대편 공격 목표에서는 상상도 하지 못할 엄청난 파괴적 행위가 일어난다.

둘째로 사이버 공간에서는 모든 것이 모호하다. 사이버 공간에서는 시공간적인 모호성이 존재하며, 평범한 소프트웨어와 불법적 멀웨어malware(악성코드)를 구분하기가 쉽지 않다. 전문가가 컴퓨터 언어로 써 내려가는 코드는 인간에게 유용한 프로그램이 될 수도 있지만, 반대로 사이버 공격을 위한 것이 될 수도 있다. 어느 누구도 진정한 민군 겸용 기술dual use technology인 IT 기술이 불법적으로 사용되는 것을 감시하거나 통제할 수 없다. 컴퓨터에 대한 지식이 조금이라도 있는 사람이라면 누구나 어떠한 제약 없이 자신의 컴퓨터를 이용해 단순한 것부터 매우 높은 수준의 사이버 무기cyber weapon까지 만들 수 있다.

또한, 사이버전에서는 공격의 대상과 목표 역시 모호하다. 재래식 전쟁에서 공격자는 물리적인 국경을 통과해 주요 공격 대상인 군대와 국가기반시설, 주요 인물 등에 직접 타격을 가함으로써 승리를 추구해왔다. 그러나 사이버전에서는 국경이 존재하지 않으며, 전후방의 개념도 없다. 사이버전에서는 국가뿐만이 아니라 평범한 개인과 민간기업 등 모든 것들이 사이버 공격의 대상이 된다. 사이버 공격의 목표는 재래식 전쟁에서처럼 국가를 물리적으로 타격하여 굴복시키는 것부터 정보 탈취와 사보타주 행위, 심리적 불안과 동요 유발, 국론의 분열 등 다양하고 복잡하다. 다시 말해, 전시와 평시를 가리지 않고 발생하는 국가 간의 사이버전에서 국가뿐 아니라 평범한 개인도 공격의 대상이 될 수 있으며, 이는 국가 안보와 직결될 수 있다.

끝으로 사이버 공간은 비대칭성을 갖고 있다. 사이버 공간은 대규모 군대를 양성하고 최첨단의 물리적 무기 개발과 배치를 통해 국가와 국가 간의 대칭적인 전투를 하는 곳이 아니다. 사이버 공간에서는 개인이라고 해서 국가보다 약하란 법이 없다. 사이버 공간에서는 뛰어난 해커 한 명이 적의 정교한 사이버 보안체계를 순식간에 무너뜨릴 수 있다. 아무리 많은 컴퓨터 전문가로 다양한 곳을 방어하고 있다 하더라도 매일 새로운 영역이 만들어지고 무한대로 확장해나가고 있는 사이버 공간 전체를 방어하는 것은 불가능에 가깝다.

사이버전에서 사이버 강국이 사이버 약소국보다 항상 우위에 있는 것은 아니다. 사이버 강국이라는 말은 국가의 많은 인프라가 인터넷을 통해 연결되어 있다는 것을 뜻하며, 반대로 사이버 약소국이라는 말은 사회가 인터넷을 기반으로 움직이지 않는다는 것을 뜻한다. 다시 말해 이 말은 사이버 강국은 방어를 해야 할 대상과 시설 등이 많은 것을 의미하고, 사이버 약소국은 방어의 대상이 적으며 사이버 공격에 대한 피해가 다른 곳으로 확산되어나갈 가능성이 적다는 것을 뜻한다. 사이버 강국은 사이버 약소국에 비해 탁월한 공격 능력을 가진 반면 방어적인 측면에서 보면 많은 인프라가 인터넷을 통해 연결되어 있기 때문에 그만큼 사이버 공격에 더 취약할 수밖에 없다. 결국, IT 기술이 부족한 약소국조차도 사이버 공격 능력만 갖춘다면 사이버 공간에서는 강대국을 상대로 가공할 만한 위력을 행사할 수 있다. 특정 국가가 신변에 대한 보호만 해준다면 단독으로 활동하는 개별 민간 해커와 해커 단체 역시도 강력한 공권력과 무력을 지닌 국가를 상대로 사이버전을 벌일 수가 있다.

불행하게도 사이버 아마겟돈을 향한 카운트다운 버튼은 1999년 코소보 전쟁을 시작으로 이미 '온On' 상태에 놓여 있다. 앞으로 여러분들이 읽게 될 많은 사례들은 이미 인류가 목격한 국가와 연계된 사이버 전사들의 폭력 행위에 관한 이야기이다. 문제는 IT 기술이 지금보다 진보하고 그것에 대한 인류의 의존도가 더 높아지면 질수록 인류는 더 큰 사이버전의 공포 속에서 살아가게 될 것이라는 사실이다. 암울하게도 현재 전 세계는 사이버 공간이 인류 최후의 전쟁터라고 하는 아마겟돈이 아니기를 간절히 기도해야 하는 상황에 놓여 있다. 아니나 다를까 2022년에도 러시아의 우크라이나 무력 침공과 함께 사이버 공간에 매서운 겨울이 시작되었다.

사이버 선제타격, 2022년 러시아의 우크라이나 무력 침공

"우크라이인이여! 너희의 모든 개인 데이터가 인터넷상에 업로드 되었다. 컴퓨터에 있는 모든 데이터는 파괴되었고, 그것들을 복구하는 것은 불가능하다. 너희들과 관련된 모든 정보가 세상에 공개되었다. 두려워

위·변조 해킹 공격을 받은 우크라이나 외교부 웹사이트의 화면(2022년 1월 14일 캡처) 〈출처: WIKIPEDIA | CC-BY-SA 4.0 | https://web.archive.org/web/20220114032142/https://mfa.gov.ua/〉

하고 최악을 기대하라." 이는 2022년 새해 벽두부터 위·변조defacement 해킹 공격을 당한 우크라이나의 주요 웹사이트 홈페이지 화면에 우크라이나어, 러시아어, 폴란드어 등 세 가지 언어로 게시된 짧은 문구에 불과했지만, 그 효과는 핵무기의 폭발처럼 어마어마했다. 우크라이나 국민들의 대부분은 총알과 포탄 없이 키보드가 쏘아올린 이번 사이버 공격으로 순식간에 공포에 질리고 말았다. 디지털 파트를 담당하는 우크라이나의 한 정부부처가 발빠르게 글로벌 소셜미디어 서비스인 텔레그램Telegram을 통해 이번 공격으로 유출된 데이터가 없으며, 공격받은 웹사이트 대부분이 복구되었다는 발표를 내놨지만 아무런 소용이 없었다.

NATONorth Atlantic Treaty Organization(북대서양조약기구) 가입을 원하는 우크라이나와 자신의 코앞까지 밀고 들어오는 NATO에 의해 안보적 위협을 느끼고 있는 러시아 사이의 전운이 급격히 고조되는 가운데 현지 시각 2022년 1월 13일 우크라이나에 대한 대규모 사이버 공격이 시작되었기 때문에 그 문구가 모두에게 예사롭지 않았던 것이다. 우크라이나 정부는 불과 수시간 내에 모든 사이트가 복구되었다고 발표했지만, 외교부와 교육부, 농업부, 내무부, 에너지부 등의 정부 부처와 함께 공공 서비스를 담당하는 주요 웹사이트들은 이와 같은 온갖 공포를 조장하는 글들로 도배되었을 뿐만 아니라 사용하지 못하도록 마비되어 우크라인들은 불편함을 겪기도 했다.

우크라이나 정부는 즉각적인 조사 착수와 함께 러시아를 이번 대규모 사이버 공격의 배후로 지목했다. 우크라이나 국가안보국방회의의 부의장인 세르히 데미듀크Serhiy Demedyuk는 서구 언론을 통해 공격자를 벨라루스의 정보기관과 긴밀한 관계에 있는 UNC1151이라는 해커 그룹으로 특정했다. 미국을 비롯한 다른 NATO 국가들과 글로벌 사이버 보안 기업들 역시도 명확한 물증을 내놓지는 못했지만, 지금까지 제3자를 공격의 대리자로 내세워 추적과 보복 공격을 어렵게 해왔던 러시아의 사이버전 전략에 비춰볼 때 우크라이나의 주장은 신빙성이 있었다.

심지어 이번 사이버 공격은 2008년 8월 7일부터 캅카스Kavkaz(영어로 코카서스) 지역에서 벌어진 대표적 하이브리드 전쟁인 러시아-조지아 전쟁Russo-Georgian War의 데자뷔déjà vu처럼 보였다. 2008년 초 친親서방 성향을 가진 미하일 사카슈빌리Mikheil Saakashvili가 조지아 대통령에 재선되자 두 국가 사이에 작은 군사적 충돌이 빈번하게 발생하면서 긴장감이 이전보다 높아지기 시작했다. 러시아는 조지아 내에서 자치권을 가진 소수민족의 안전을 이유로 군사력을 자치지구와 국경지대로 이동

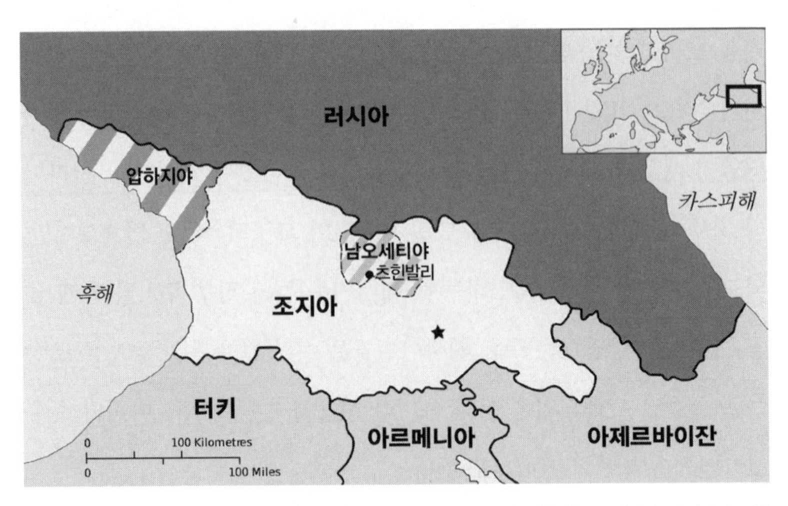

러시아-조지아 전쟁(남오세티야 전쟁)은 2008년 8월 8일에 미국이 지원하는 조지아가 러시아가 지원하는 미승인국 남오세티야를 공격함으로써 발발한 전쟁으로, 여기에 남오세티야를 지원하는 러시아가 개입함으로써 전쟁이 확대되어 결국 러시아와 조지아 간의 전쟁이 되었다. 러시아-조지아 전쟁은 같은 해 8월 12일 러시아의 일방적인 승리로 종료되었다. 〈출처: WIKIMEDIA COMMONS | CC BY-SA 3.0〉

시켰다. 조지아 역시도 러시아가 평화유지군이 아닌 중무장 군대를 배치한 것이라며 자신들의 군대를 보내 대치 상태에 들어갔다.

두 국가 사이의 긴장감은 서로 간의 맞대응 성격의 대규모 군사훈련을 통해 절정에 이르게 된다. 러시아는 2008년 7월 5일 조지아 내 소수민족을 군사적으로 지원하는 군사계획을 포함한 '코카서스 프론티어 2008Caucasus Frontier 2008' 훈련을 실시했다. 더욱이 러시아는 훈련 종료 후에도 참가 부대 대부분을 조지아와의 국경에 임시로 주둔시켰다. 조지아군도 이에 대응하기 위해 7월 15일부터 약 보름간 1,000여 명의 미군, 그리고 우크라이나, 아제르바이잔, 아르메니아 군대와 함께 연합훈련인 '즉각대응 2008Immediate Response 2008' 훈련을 실시했다.

여기에서 흥미로운 사실은 러시아의 훈련이 또 다른 전장 공간인 사이버 공간에서도 이루어졌다는 사실이다. 7월 5일 시작된 러시아의 훈련은 18일경부터 실기동훈련 단계로 접어들었다. 이 시기에 맞춰 러시아의 해커 집단으로 추정되는 공격자들 역시도 훈련 성격의 사이버 공격을 실시했다. 정체불명의 공격자가 7월 18일부터 이틀간 실시한 디도스 공격DDoS Attack, Distributed Denial of Service Attack(분산 서비스 거부 공격)으로 조지아 정부의 일부 웹사이트가 마비되었다. 무엇보다 사카슈빌리 조지아 대통령의 웹사이트가 24시간 동안이나 접속이 불가능한 상태에 놓였다. 그러나 누구도 이것이 하이브리드 전쟁의 전조임을 알아차리지 못했다.

계속된 갈등으로 조지아의 자치지구 내 소수민족이 2008년 8월 5일 선전포고를 했다. 이틀 뒤에 조지아의 중무장한 군대가 제한적인 군사작전에 돌입했다. 러시아의 군대는 이를 기다렸다는 듯이 육상과 해상, 그리고 공중에서 조지아의 국경을 넘어 들어왔다. 그런데 문제는 러시아의 사이버 전사들이 재래식 군대의 작전에 앞서 사이버 공간에서도 조지아의 지휘체계를 무력화시키는 선제타격으로서 사이버 공격을 실시한 것이다. 8일 절정에 이른 사이버 공격으로 조지아는 내부적으로 전산망이 마비되었을 뿐만 아니라 자신들의 구세주가 될 수 있는 서방과의 연결 수단 모두를 잃고 고립되었다. 초기 러시아의 사이버 공세로 조지아 내의 모든 전략적 목표물들은 완전히 무력화되었다. 따라서 러시아의 육·해·공군은 조지아 내에서 자유로운 작전 여건을 보장받은 것이다.

러시아는 사이버 공격으로 조지아 국민들을 충격과 공포로 몰아넣는 2차적 목표도 달성했다. 조지아 국민들은 사이버 공격으로 마비된 정부의 주요 웹사이트들과 민간 뉴스 사이트 등에 접속할 수 없게 되었

러시아-우크라이나 전쟁 전황 지도(우크라이나 현지 시간 2022년 3월 9일 21시)

다. 즉, 그들은 현재의 상황을 알 수 없었던 것이다. 만약, 그들이 일부 웹사이트 접속에 성공하더라도 볼 수 있는 것은 러시아의 위·변조 공격이 만들어낸 온갖 악의적인 선전문구뿐이었다. 또한, 그들은 외국에 도움을 요청할 수도 현재 조지아의 상황을 알릴 수도 없었다.

결국, 사면초가四面楚歌에 빠진 조지아는 본격적인 전쟁이 시작되고 단 5일 만인 2008년 8월 12일에 러시아에게 항복을 선언했다. 재래식 군대의 현격한 차이로 인해 러시아의 승리가 당연했다. 게다가 조지아는 사이버 공간에서 일어난 러시아의 기습적인 사이버 공격으로 그들이 믿었던 미국 등 서방 국가의 어떠한 군사적 도움도 받지 못했을 뿐만 아니라 러시아를 압박하기 위한 전 세계 여론의 힘도 얻어낼 수 없었다.

2008년 러시아-조지아 전쟁 때와 유사하게 러시아는 2021년 10월 우크라이나와의 서쪽 국경 지역에 병력 10만 명을 배치했다. 그리고 2022년 1월 초부터 사이버 공격을 통해 우크라이나를 공포에 몰아넣는 드레스 리허설Dress Rehearsal(의상과 분장을 갖추고 실제와 동일하게 행하는 연극의 마지막 총연습)을 선보였다. 또한, 러시아는 2022년 1월 우크라이나와 북쪽 국경을 맞대고 있는 벨라루스로 군대를 보냈다. 여기에 더해 1월 17일 벨라루스의 알렉산드르 루카셴코Aleksandr Lukashenko 대통령은 다음달 러시아와의 연합군사훈련 계획을 승인했다고 밝혔다. 그는 2021년 12월 러시아의 블라디미르 푸틴Vladimir Putin 대통령과 합의한 이번 훈련의 목표를 서쪽과 남쪽에 위치한 적대 세력의 군사력에 대응하기 위한 훈련이라고 했다. 벨라루스의 서쪽은 NATO에 이미 가입한 폴란드, 리투아니아와 국경을 이루고 있으며, 남쪽은 NATO 가입을 추진 중에 있는 우크라이나와의 접경이다.

2월이 되자 러시아는 기다렸다는 듯이 벨라루스와 열흘간의 연합훈련을 실시했으며, 우크라이나를 대상으로 한 2차 사이버 드레스 리허설도 벌였다. 그리고 러시아-조지아 전쟁 때와 마찬가지로 러시아는 2월 23일 사이버 선제타격을 한 후 다음날인 24일 물리적 수단을 사용하여 우크라이나를 침공했다. 역시나 "두려워하고 최악을 기대하라"는 문구는 우크라이나를 향한 무시무시한 선전포고였다.

국제 해커 집단, 러시아에 사이버전 선포

그나마 다행인 것은 우크라이나 정부와 시민의 노력, 그리고 국제 사회의 도움으로 상황은 러시아-조지아 전쟁 때와는 확연히 달랐다. 여건

국제 해커 집단 어나니머스가 2022년 2월 25일 어나니머스 트위터 계정을 통해 우크라이나를 침공한 러시아를 상대로 사이버전을 선포했다. 어나니머스는 사이버전 선포 후 몇 시간 만에 러시아 국방부 웹사이트를 마비시키고 중요 정보를 유출하는가 하면, 러시아 국영 TV 채널을 해킹해 우크라이나 현지 상황이 방송되도록 하는 등 사이버 공간에서도 러시아와 우크라이나를 지원하는 다국적 해커들 간의 사이버전이 격화되고 있다. 〈출처: 어나니머스 2월 25일 트위터 캡처〉

전쟁 초기 우크라이나의 저항의지를 약화시키기 위해 온라인상에 가짜 뉴스가 널리 퍼졌다. 대표적인 것은 전쟁 발발 직후 소셜 미디어를 통해 공유된 “젤렌스키가 우크라이나를 떠나 현재 폴란드에 있다”라는 가짜 뉴스이다. 〈출처: https://voxukraine.org/en/fake-volodymyr-zelensky-fled-ukraine-after-russian-invasion/〉

자신이 국외로 도망쳤다는 가짜 뉴스에 대응해 젤렌스키 대통령이 참모들과 대통령 집무실 앞 거리에서 찍은 동영상을 2월 26일 자신의 소셜 미디어에 게시했다. 〈출처: 젤렌스키 소셜 미디어〉

이 좋지는 않지만 우크라이나는 여전히 인터넷을 사용하여 외부와 소통하고 국내외의 지지세력 결집에 성공했다. 러시아의 사이버 공격에 맞서 우크라이나와 그들을 지지하는 국제 해커 집단과 민간 IT 전문가들은 러시아를 상대로 한 사이버전에 자발적으로 참전을 결정했다. 글로벌 IT 기업 역시 우크라이나를 위해 다양한 지원을 아끼지 않았다. 이러한 노력을 기반으로 우크라이나 대통령을 비롯한 정부 관련 인사들은 글로벌 소셜 네트워크 플랫폼을 통한 여론 결집과 러시아 측이 퍼뜨리는 가짜 뉴스fake news 또는 허위 정보disinformation에 대응했다.

특히, 러시아는 우크라이나의 저항의지를 약화시키기 위해 볼로디미르 젤렌스키Volodymyr Zelensky 대통령의 국외 탈출과 같은 유언비어를 퍼뜨렸다. 젤렌스키는 즉각적으로 수도 키이우Kyiv 대통령 관저를 배경으로 찍은 자신의 짧은 동영상을 소셜 미디어에 게시했다. 그의 동영상은 가짜 뉴스 차단을 넘어 우크라이나인들의 결집을 이끌어냈다. 우크라이나는 러시아의 사이버 선제타격과 무차별적인 온라인상 공격으로 어려움을 겪었지만, 사이버 공간에서의 치열한 전투와 정보전, 선전전, 사이버 심리전을 통해 물리적 공간에서의 열세를 만회하며 위기를 기회로 바꿔나갔다.

러시아의 2008년 조지아 침공과 2022년 우크라이나 침공은 사이버 수단이 전쟁에서 어떻게 활용되고 있는지, 그리고 그 중요성이 얼마나 큰지를 여실히 보여준 사례이다. 전쟁의 개시를 알리는 선제타격은 사이버 공간에서부터 시작되었다. 디도스와 멀웨어 공격은 상대방의 지휘체계 마비부터 사회 혼란, 그리고 중요한 정보 탈취를 목표로 했다. 심지어 전쟁의 상황이 실시간 온라인을 통해 중계되는 현재 상대방의 저항의지를 말살시키기 위한 가짜 뉴스와 허위 정보의 유포와 같은 사이버 심리전과 인지전은 사이버전의 중요한 부분이다. 사이버 공간에서 벌어지는 치열한 정보전과 선전전으로 인해 한 국가는 국제 여론의 든든한 지원을 받으며 전쟁에서 승리를 추구하고, 다른 국가는 명분을 잃고 국제적인 고립에 처하게 될 수도 있다. 이제 전쟁에서 승리하길 원하는 국가는 평시부터 치밀하게 군대 중심의 민·관·군 합동 사이버전 능력을 준비해야 하고, 전시에 이를 물리적 전투력과 결합시켜 완전한 승리를 추구해야 한다.

하지만 러시아의 우크라이나 침공과 같이 전시에 사이버 수단이 재래식 군사력과 함께 사용되는 하이브리드 전쟁 사례가 일반 대중에게는 마치 남의 이야기처럼 들릴 수 있다. 그런데 국가들이 벌이는 사이버전의 공포는 멀리 있는 게 아니라 지금 당신 주위를 맴돌고 있다. 사이버전은 평시와 전시의 구분이 없으며, 전방과 후방의 개념도 없다. 불행하게도 사이버전의 시대에는 인간을 위한 안전한 시간과 장소는 어디에도 존재하지 않는다.

국가 소속 사이버 전사와 국가의 후원을 받는 해커, 애국주의에 심취한 사이버 자경단들은 평시에도 어딘가에서 국가의 정치적 목적 달성을 위해 사이버 공간을 누비며 사이버 공격을 실시하고 있다. 심지어 개인이 사용하는 컴퓨터와 휴대폰, 테블릿 PC가 그들의 공격 대상이 될 수도 있다. 그로 인해 개인의 민감한 정보가 온라인에 퍼져나가고, 중요한 데이터가 사라지거나 한순간에 암호화되어 사용할 수 없게 될 수도 있다. 또한, 당신을 이용해 국가의 안보와 직결되는 민감한 서버 또는 컴퓨터로의 진입을 시도할 수도 있다.

금전을 목적으로 한 사이버 범죄는 악의적인 해커 한 명이나 소수의 해커가 저지르는 경우도 있지만 국가가 주도하기도 한다. 지금 이 순간에도 사이버 은행 강도 사건을 기획하고 있는 국가가 있다. 그들은 여러분의 은행 계좌와 암호화폐 거래소를 호시탐탐 노리고 있다. 민주주의의 꽃인 선거도 사이버 공격으로부터 자유로울 수 없다. 지금부터 때와 장소를 가리지 않는 이 모든 무차별적 국가 주도 사이버전에 관한 이야기를 하나씩 꺼내보겠다.

CHAPTER 2

태생적 한계

핵전쟁의 위협이 만든 산물

사이버 공간이 미국과 소련 간의 냉전 때문에 탄생했다는 사실을 아는 이는 드물다. 미국의 전략폭격기 B-29 슈퍼포트리스Superfortress가 1945년 8월 6일과 9일 일본의 히로시마広島와 나가사키長崎 상공을 날며 원자폭탄을 투하했다. 사료에 따라 차이가 있지만, 단 두 발의 원자폭탄 폭발로 인한 직접적 사망자는 대략 히로시마에서 8만 명과 나가사키에서 4만 명이었다. 이후, 방사능 노출로 인해 그보다 더 많은 사망자와 부상자가 속출했다. 방사능 피해는 다음 세대로까지 이어졌다. 핵무기의 엄청난 파괴력과 폭력성은 당연히 일본의 무조건적 항복에 의한 제2차 세계대전의 종료를 이끌어냈다.

그런데 미국과 이념적으로 대립하던 소련 역시도 불과 4년 뒤인

1949년 핵무기 개발에 성공했다. 미국과 소련이 핵무기로 서로를 위협하는 상황이 만들어진 것이다. 이때 양국은 핵무기를 사용하여 공멸하는 제3차 세계대전이라는 시나리오를 피하기 위해 '상호확증파괴MAD, mutual assured destruction'의 핵 억제 전략을 사용했다. 여기서 상호확증파괴란 핵무기를 가진 두 국가 중 어느 한쪽이 상대에게 선제 핵 공격을 가한다면 다른 쪽 역시도 보복 핵 공격을 감행하게 되어 양측 모두 공멸하는 최악의 상황이 조성되기 때문에 두 국가는 핵을 사용한 전쟁을 피하게 된다는 개념을 말한다.

그런데 미국은 이러한 상호확증파괴 전략의 논리적 결함을 알아챘다. 만약 예방적 선제타격을 실시한 국가에 의해 상대국의 핵무기 통제 시스템이 완전히 마비되어버린다면 보복 핵 공격은 실행될 수가 없는 것이다. 즉, 상호확증파괴 전략에는 선제타격 국가가 유리하다는 심각한 논리적 결함이 내포되어 있었다. 결국, 냉전 체제 하에서 미국은 선제 핵 공격을 받은 상태에서 보복 핵 공격에 나설 수 있는 체계를 갖추는 방안을 고안하고자 했다.

미국은 자신들의 핵 시설 통제 서버를 여러 곳으로 분산시키는 방안을 고안해냈다. 일부 핵 시설 통제 서버가 적국의 선제 핵 공격에 의해 파괴되더라도 온전히 작동하는 나머지 서버들이 보복 핵 공격을 감행할 수 있게 한다는 것이었다. 그런데 미국은 큰 기술적 난관에 봉착했다. 이 방안이 이론적으로는 그럴 듯 보였지만, 당시 서로 멀리 떨어진 서버와 서버, 그리고 서버와 핵 시설을 연결해 원격으로 조종 및 통제할 수 있는 원거리 서버 연결 기술이 없었기 때문에 현실적으로 구현하기에는 어려움이 있었던 것이다.

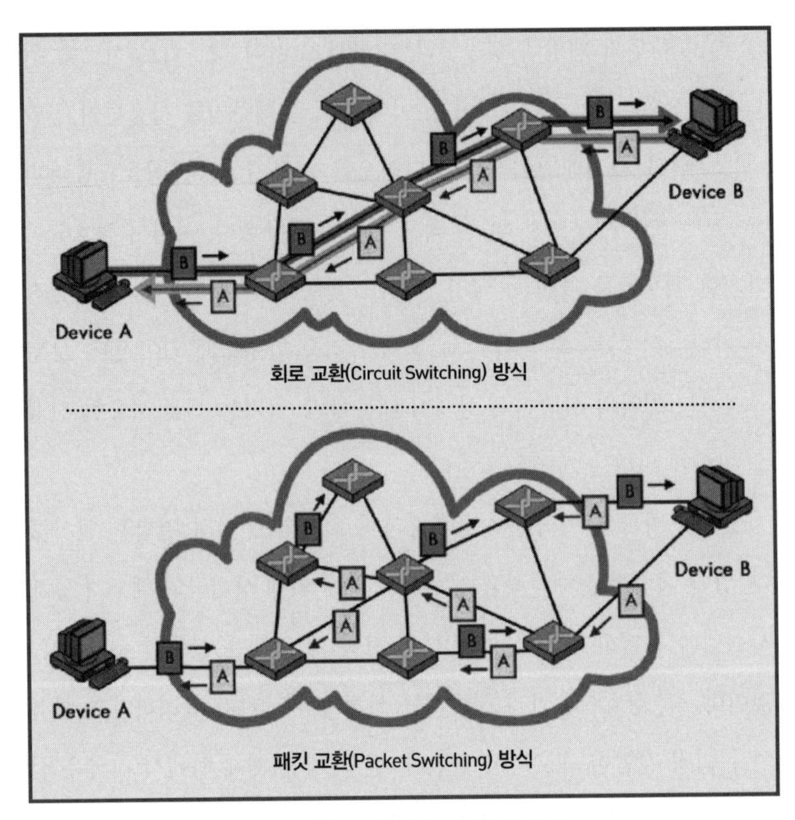

회로 교환 방식과 패킷 교환 방식 비교

〈출처: https://infospark.in/networking/circuit-switching-and-packet-switching-networks/〉

이때 미국과 영국에 사는 학자 2명이 원거리 서버 연결을 위한 방법을 제시했다. 두 학자는 서로 관계가 없었지만 그들이 제시한 개념은 유사했다. 그들은 기존의 전화에서 사용되던 회로 교환Circuit Switching 방식이 컴퓨터 간 데이터 교환에 부적합하다고 판단했다. 먼저, 미국의 싱크탱크인 랜드연구소 소속 폴 배런Paul Baran은 1964년 발표한 논문 형태의 보고서인 「분산 통신에 관하여On Distributed Communications」에서 공적 영역에 사용하기 위한 기술로서 정보를 메시지 블록들로 나누는 통신 시스템 개념을 제안했다. 쉽게 말하면, 이 기술은 큰 덩어리의 데이터를 한 번에 통신하고자 하는 상대방의 온라인 주소로 보내는 것이 아니라 데이터를 작은 부분으로 나눈 다음 각각의 데이터 앞에 상대방의 목적지 주소를 기록하여 패킷 행태로 전송시키는 것이다. 이는 기존의 전화나 모뎀에 적용된 방식과 완전히 달랐다. 그러나 아쉽게도 미국 정부 당국은 그의 제안이 현실성이 없다며 주목하지 않았다. 회로 교환을 선호하던 당시의 통신 분야 전문가들도 이 기술이 갖는 단점을 부각시키는 등 저항적 자세를 취했다.

배런과는 별개로 영국인 도널드 데이비스Donald Davies도 전화에 사용되는 수동 회로 교환 방식이 디지털화된 정보의 원거리 전송에 적합하지 않다고 여겼다. 그래서 그가 1965년에 제안한 기술 역시 메시지를 블록 형태로 나누는 방식이었다. 그는 이를 '패킷 교환Packet Switching' 방식이라 했다. 데이비스가 고안한 방식은 상업적 목적에 주안을 두었다는 점에서 배런의 것과 차이가 있었지만, 기본적인 개념은 배런의 것과 유사했다. 현재 사이버 공간에서 정보를 교환하기 위해 사용되는 패킷 교환 방식은 배런과 데이비스가 제안한 것이다.

사이버 공간, 국가들의 전쟁터가 되어버린 제5의 전장

미·소 간의 군사기술 경쟁은 초기에 주목받지 못한 이론인 패킷 교환 방식을 현실화시켰다. 첫 핵무기 개발로 세계 최고의 기술을 자랑하던 미국은 1957년 10월 소련이 인공위성 스푸트니크Sputnik 발사에 성공하자 충격에 빠졌다. 미국은 심기일전을 위해 이듬해인 1958년 국방부 산하의 고등연구계획국ARPA, Advanced Research Projects Agency을 설립했다.

'고등연구계획국'이란?

고등연구계획국ARPA은 소련의 스푸트니크 발사 성공이라는 위기의식 속에 드와이트 아이젠하워 대통령 주도로 1958년에 설립되었다. 고등연구계획국은 첨단 국방 관련 기술을 직접 개발하는 것이 아니라 R&D 기획 · 평가 · 관리를 전담하는 기관이다. 고등연구계획국ARPA은 1972년 국방고등연구계획국DARPA, Defense Advanced Research Projects Agency으로 처음 개칭한 후, 1993년에 ARPA로, 1996년에 다시 DARPA로 재개칭하여 현재에 이르고 있다. 이 기관은 절대로 구현이 불가능할 것 같은 기술 개발에 몰두하는 곳으로 유명하다. 이들이 전체적 또는 부분적으로 기여한 기술의 사례는 모두 나열할 수 없을 정도로 많으나, 일부를 소개하면 인터넷, 기상용 인공위성, GPS, 드론, 스텔스 기술, 퍼스널 컴퓨터, 그리고 미국의 첨단 무기 등이 있다.

이 기관의 주된 설립 목적은 소련의 것보다 우수한 우주항공 및 국방 기술을 확보하는 것이었다.

고등연구계획국의 최첨단 기술 확보 프로젝트들 중 하나가 원거리 통신 기술 개발이었다. 이 기관은 12대가량의 메인프레임 컴퓨터 구매에 천문학적인 예산을 투입했다. 원거리 통신을 위한 최신 기술 개발에 사용할 컴퓨터라 대당 가격이 매우 비쌌다. 고등연구계획국은 자신들과 연구 계약을 맺은 대학과 연구기관에 이 컴퓨터를 배치했다. 미국 전역에 흩어져 있던 대학들과 연구기관들이 이 컴퓨터를 통해 자신들의 연구 내용과 각종 유용한 자료들을 실시간으로 상호 교환할 수 있게 하려는 의도에서였다. 그러나 이러한 그들의 의도는 예상과 달리 실패하고 말았다. 그 이유는 각각의 컴퓨터가 상호 호환되지 않았기 때문이다.

고등연구계획국 예하에는 정보 분야 지원을 위해 1962년에 설립된 정보처리기술실IPTO, Information Processing Techniques Office이 있었는데, 이 정보처리기술실은 컴퓨터 과학 파트를 담당하고 있었다. IPTO의 2대 수장이었던 항공산업 분야의 시스템 공학자인 로버트 테일러Robert Taylor는 1965년 MIT 링컨 연구소MIT Lincoln Laboratory[2]의 연구원이었던 로렌스 로버츠Lawrence Roberts를 채용했다. 로버츠는 원거리 통신 문제를 해결하기 위해 컴퓨터 네트워크 방식과 데이터 교환에 유용한 기술을 찾고자 고민했다. 그런 그의 앞에 우연히 나타난 것이 배런의 글이었다. 배런의 패킷 교환 방식에 관한 아이디어는 핵전쟁 속에서도 데이터를 안정적으로 공유하여 미국의 생존성을 보장해줄 수 있는, 그가 찾던 전략적 통신망을 위한 기술이었다.

앞에서 언급했듯이 초기에 통신 분야 전문가들은 전화에 사용되던 회로 교환 방식에 익숙하여 패킷 교환 방식에 거부감을 드러냈다. 그들은 이 새로운 기술의 한계를 지적하는 등 저항하기도 했다. 그럼에도 불구하고 1966년 테일러는 로버트가 찾아낸 패킷 교환 방식을 미국 국방부의 컴퓨터 통신 시스템에 적용하기 위한 구체적인 계획을 수립했다. 이와 같은 일은 유사시 사용할 차세대 통신 시스템 구성 시 생존 가능성을 가장 우선적으로 고려했기 때문에 가능할 수 있었다. 그리고 테일러에 이어 IPTO의 수장으로 임명된 로버츠는 1968년에 이전의 계획을 더 구체화시켜서 '알파 컴퓨터 네트워크ARPA Computer Network'

---

2 MIT 링컨 연구소는 미국 매사추세츠주 보스턴 근교 렉싱턴에 위치한 미 국방부 산하 연구개발센터이다. 이 연구소는 레이더부터 대륙간탄도미사일의 재진입 물리학에 이르는 기술의 표준을 제시하는 등 국가안보와 직결되는 선진 군사기술 적용을 위한 공인 기관이다.

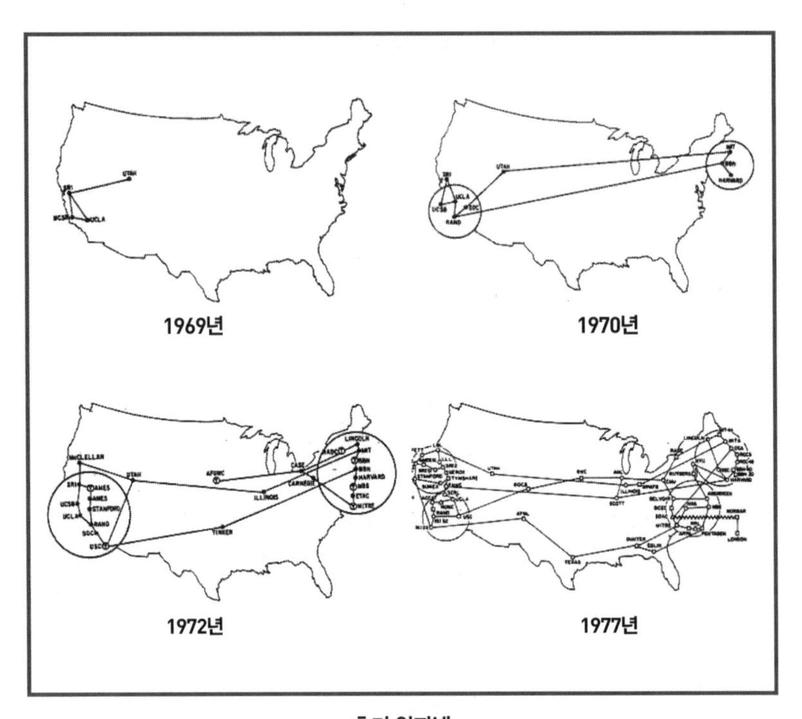

초기 알파넷

〈출처: http://mercury.lcs.mit.edu/~jnc/tech/arpageo.html〉

를 만들기로 했다.

마침내 고등연구계획국의 후원을 받은 IPTO의 주도 아래 이 연구소와 계약을 맺은 대학과 연구기관에 속한 미국의 컴퓨터 과학자들은 1969년 10월 29일 처음으로 패킷 교환 방식으로 데이터 전송에 성공을 거두었다. 그날 찰스 클라인Charles Kline은 캘리포니아 대학교 로스앤젤레스 캠퍼스UCLA의 네트워크 측정센터Network Measurement Center에서 같은 주의 북부 도시 팔로알토Paloalto에 있는 스탠퍼드 연구소Stanford Resarch Institute의 컴퓨터로 'LOGIN'이라는 첫 메시지 전송을 시도했다. 아쉽게도 스탠퍼드 연구소의 시스템 문제로 'LO'만이 전송에 성공했다. 이는 현재 인터넷에서 사용자 간 데이터 전송에 사용되고 있는 데이터 전송 방식의 첫 사례였다. 인터넷의 초기 모델이라 할 수 있는 '알파넷ARPANET'이 드디어 성공을 거둔 순간이었다. 이는 사이버 공간의 탄생을 알리는 신호탄이었다.

그런데 사이버 공간의 탄생은 새로운 안보적 불안을 만들어냈다. 인터넷으로 대표되는 사이버 공간은 소련과의 군사기술 경쟁의 산물이었지만, 이를 만들어낸 이들은 민간 컴퓨터 과학자와 공학자, 그리고 수학자들이었다. 이들은 인터넷을 고안하면서 보안security보다는 사용의 편의성을 더 중시했다. 보안에 취약한 인터넷은 탄생과 함께 자본주의적 열망과 정보의 자유로운 확산, 그리고 상업적 목적 덕분에 빠르게 대중화에 성공하는 동시에 가파른 성장을 이루었다. 그러나 기술적으로 보안에 취약한 구조로 설계된 인터넷은 긍정적인 면만을 갖고 있지 않았다. 익명성과 모호성, 그리고 비대칭성의 공간에서 인간은 불법적인 사이버 범죄와 폭력을 일으켰다. 국가와 이에 준하는 집단 역시 사이버 공간에서 조직적인 군사적 행동에 나서고 있다. 이처럼 인간은 정치·경제·사회적으로 큰 이득을 가져다준 인터넷을 인류의 발전에만 이용하지 않고 파괴적인 활동에도 이용하고 있다.

컴퓨터 네트워크를 기반으로 만든 인터넷이 핵전쟁의 공포에서 비롯된 것이라는 태생적 한계 때문이었을까, 결과적으로 인터넷의 탄생은 국가들에게 지상, 해상, 공중, 그리고 우주에 더하여 새로운 전쟁터인 사이버 공간을 던져준 꼴이 되었다. 실제로 지금까지의 역사를 돌아보면, 국가들이 기존의 물리적 전쟁터에서보다 사이버 공간에서 전시와 평시 구분 없이 다양한 양상의 사이버 공격으로 은밀하게 싸우고 있다는 것을 알 수 있다. 인터넷의 발달과 함께 사이버 공간에서 일어나는 높은 수준의 사이버전은 전 세계 국가뿐 아니라 개인까지도 위기에 몰아넣고 있다.

CHAPTER 3

사이버 · 사이버 공간 · 사이버전에 대한 정의

미국인 10대 천재 해커 소년을 주인공으로 한 영화 〈워게임스WarGames〉가 1983년에 개봉되었다. 컴퓨터에 능숙한 주인공은 우연히 미 공군 핵미사일 기지의 서버에 접속하여 프로그램 하나를 실행시킨다. 인간의 실수로 핵미사일이 발사될 경우 미국과 소련 간의 핵전쟁이 일어날 것을 우려해 핵미사일 발사는 최신 AI 프로그램이 담당하고 있었는데, 주인공이 이를 컴퓨터 게임으로 오해하고 핵미사일 발사를 준비시킨 것이다. 그러나 미국 정부와 군 전문가 어느 누구도 핵미사일 발사를 중지시키지 못한다. 다행히도 문제를 일으킨 천재 해커 소년이 핵미사일 발사를 중지시키는 데 성공한다. 미국과 소련 간의 핵전쟁이 일어날 뻔한 아찔한 순간이었다. 이 영화는 사이버전을 다룬 최초의 영화로, 국가 지도자부터 안보전문가, 그리고 일반인에게 사이버 보안과 안

1983년에 개봉한 〈워게임스〉는 미국인 천재 10대 소년이 우연히 북미항공우주방위사령부 메인 컴퓨터를 해킹하면서 핵전쟁을 일으킬 뻔한 이야기를 다룬 영화이다. 이 영화는 사이버전을 다룬 최초의 영화로, 국가 지도자부터 안보전문가, 그리고 일반인에게 사이버 보안과 안보의 중요성을 환기시키는 계기가 되었다. 〈출처: amazon.com〉

보의 중요성을 환기시키는 계기가 되었다. 10년 뒤인 1993년 학자인 존 아퀼라와 데이비드 론펠트는 「사이버 전쟁이 온다!」라는 글에서 사이버전의 위험성을 경고하고 나섰다.

영화 〈워게임스〉, 그리고 아퀼라와 론펠트의 예측처럼 사이버전의 공포는 현실이 되었다. 그런데 최근 전 세계 언론이 무분별하게 사이버 공간에서 벌어지는 모든 불법적 행위를 사이버전으로 부르는 경향을 보인다. 사이버전에 대한 잘못된 정의는 사이버전에 대한 사람들의 경각심을 깨우기보다 사람들에게 피로감을 준다. 반면에 정확한 정의와 용어의 사용은 일반 시민에게 눈에 보이지 않는 사이버전에 대한 올바른 이해를 제공하고 그들 역시도 이에 대비해야 하는 주체임을 자각하도록 돕는다. 지금부터 사이버, 사이버 공간, 그리고 사이버전에 대한 정확한 정의와 용어에 대해 하나씩 살펴보고자 한다.

'사이버cyber'는 '사이버네틱스cybernetics'를 줄인 말이다. 그 어원은 그리스어로 키잡이를 뜻하는 kubernētēs(퀴베르네테스)이다. 이 그리스어는 '통치하다'라는 뜻을 가진 영어 단어 'govern'의 어원이기도 하다. 그래서 사이버네틱스는 조종과 통제라는 두 가지 의미를 담고 있다고 볼 수 있다. 이 단어는 미국의 수학자인 노버트 위너Norbert Wiener가 자신이 창안한 새로운 학문을 사이버네틱스라고 부르기 시작하면서 전 세계적으로 널리 사용되었다. 위너의 새 학문은 스스로 최적의 상태 또는 의도된 특정 상태에 도달할 수 있는 시스템을 연구하는 것이었다. 구체적으로 그는 자신의 저서 『인간을 이용하는 인간The Human Use of Human Beings』(1950)에서 이 용어를 인간과 기계 사이에서 메시지를 전송하는 이론으로 정의했다. 이에 따르면, 사이버는 의사소통과 통제의 시스템을 말하는 것이라 하겠다.

'사이버 공간cyberspace'은 '사이버cyber'와 '공간space'이 합쳐진 단어이다. 미국계 캐나다 소설가 윌리엄 깁슨William Gibson이 이 용어를 가장 먼저 사용했다. 깁슨의 공상과학소설 『뉴로맨서Neuromancer』(1984)는 사이버 공간을 "전 세계 수억 명의 합법적 운영자와 수학 개념을 배우는 어린 아이들이 매일 경험하는 합의된 환상… 인간 체계 내에 보유한 모든 컴퓨터의 뱅크로부터 추출된 데이터의 시각적 표상. 상상 이상의 복잡함. 정신의 비공간nonspace 속을 누비는 빛의 행렬, 데이터의 무리와 군집"으로 표현했다.

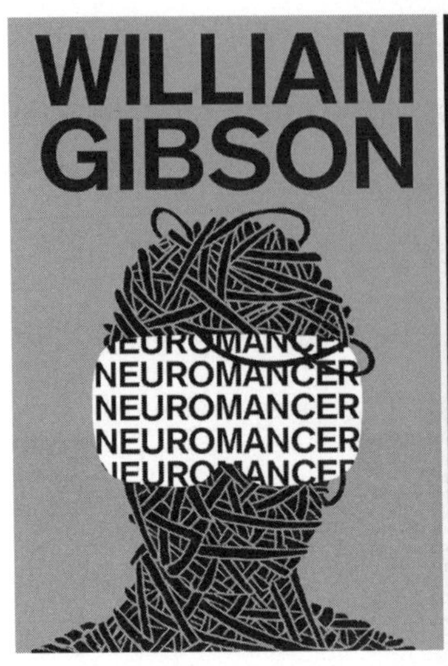

'사이버 공간(cyberspace)'은 '사이버(cyber)'와 '공간(space)'이 합쳐진 단어로, 미국계 캐나다 소설가 윌리엄 깁슨이 1984년에 발표한 『뉴로맨서Neuromancer』에서 이 용어를 가장 먼저 사용했다. 이 소설에서 주인공들은 신체의 각 부분을 로봇의 부속품처럼 마음대로 교환할 수 있고, 자신의 두뇌에 이식된 소켓에 전극을 꽂으면 사이버 공간으로 들어갈 수 있게 된다. 〈출처: (왼쪽) amazon.com | (오른쪽) WIKIMEDIA COMMONS | CC BY-SA 2.0 | Frederic Poirot〉

오늘날 사이버 공간은 물리적 측면에서 상호 연결된 셀 수 없이 많은 컴퓨터, 라우터, 서버, 광섬유 케이블이 만들어낸 정보통신기술 기반시설의 독립된 네트워크를 의미한다. 이는 인터넷, 통신 네트워크, 컴퓨터 시스템, 그리고 중요 산업시설 내에 있는 임베디드 프로세서들과 컨트롤러들을 포함하고 있다. 추상적인 측면까지 범위를 넓혀 그 의미를 살펴보면, 사이버 공간은 정보통신기술을 사용하는 독립된 네트워크 또는 상호 연결된 네트워크들을 통해 정보를 생산·저장·수정·교환·이용하는 활동이 일어나는 공간을 말한다. 이 공간은 컴퓨터과학과 전자공학, 그리고 전자기 스펙트럼을 통해 만들어진 독특하고 구별되는 정보환경 속에 위치한 글로벌 영역으로 구분지을 수 있다.

전쟁, 그리고 사이버전 vs. 사이버 전쟁

독일의 군인이자 군사사상가인 칼 폰 클라우제비츠는 『전쟁론On War』에서 "전쟁은 우리의 의지를 구현하기 위해 적을 강요하는 폭력 행위"로 정의한 바 있다. 목적에 중점을 둔 그의 정의는 행위자와 수단이 빠르게 변화하고 다양화하는 전쟁을 포괄적으로 설명하는 탁월한 표현이다. 이것을 좀 더 이해하기 쉽게 풀어서 설명해보면, 전쟁이란 상호 대립하는 2개 이상의 국가 또는 비국가 행위자를 포함하는 이에 준하는 집단이나 심지어 개인이 정치적 목적을 달성하기 위해 자신의 의지를 상대방에게 강요하는 조직적인 폭력 행위이다.

그렇지만 사이버 공간에서 벌어지는 여러 행위자들 간에 벌어지는 조직적 폭력 행위를 사이버 전쟁cyber war라 하기에는 논란이 있다. '전쟁war'은 세력 간의 일반적인 대립, 갈등 전반을 의미하는 상위의 개념으로 제1·2차 세계대전, 6·25전쟁, 베트남 전쟁 등이 이에 속한다. 전쟁의 하위 개념인 '전warfare'은 전쟁을 수행하는 메커니즘, 방법론, 양상 등을 의미하는 것으로 전자전과 화생방전 등이 이에 속한다. 따라서 현재까지 사이버 공간에서 벌어지는 국가와 관련된 폭력적 행위는 '사이버전cyber warfare'으로 표현되는 것이 조금 더 적절하다고 볼 수 있다.

사이버 공간을 좀 더 명확하게 정의하기 위해서는 앞선 물리적·추상적 측면에 더하여 인간의 정신적 사고 과정도 포함시켜야 한다. 이 세 가지 측면을 모두 고려해 정의를 내리면, 사이버 공간이란 네트워크와 기계들로 구성된 물리적 하드웨어, 데이터와 미디어로 대표되는 정보, 그리고 인간의 정신적 사고 과정과 그것들 간의 사회적 관계가 일어나는 가상의 세계 모두를 의미한다. 쉽게 정리해보면, 사이버 공간은 컴퓨터 과학기술에 의해 탄생한 물리적 장치들, 인간의 사고와 인지 과정을 통해 만들어진 모든 것들, 그리고 그 둘 간의 상호작용이 빚어낸 것들을 모두 포함한 가상의 공간을 말한다. 가상의 공간은 그 자체로 독립적으로 존재가 가능하지만, 인간과 과학기술이 만들어낸 장치들이 실제로 존재하는 현실 공간과 긴밀한 연계성을 갖고 존재한다.

정보통신과학기술 역시 이전의 다른 과학기술과 마찬가지로 민군民軍 겸용이 가능하다. 국가와 이에 준하는 집단은 언제든지 정보통신과학기술을 군사적 목적으로 활용 가능하다. 또한, 그들은 전쟁과 분쟁의 장소로 정보통신과학기술이 만들어낸 제5의 전장인 사이버 공간을 택할 수 있다. 그러나 사이버전을 전쟁의 주체인 행위자가 정보통신과학기술이라는 수단을 통해 사이버 공간에서 벌이는 전투로 단순화하여 정의하는 것은 이를 명확히 이해하는 데 어려움을 준다.

더욱이 기존의 많은 학자들은 사이버전을 정의할 때 행위 주체를 국가로 명시하거나, 또는 국가로 명시하지 않더라도 행위 주체가 국가라는 것을 떠올리게 정의한다. 대표적으로 미국 대통령 안보 특별보좌관과 국가안보실 사이버안보 디렉터를 역임한 리처드 클라크Richard A. Clarke와 로버트 네이크Robert Knake는 그들의 저서 『사이버 전쟁Cyber War』(2010)에서 사이버전(쟁)을 특정 국가가 손상 또는 파괴를 목적으로 다른 국가의 컴퓨터 또는 네트워크에 침투하는 행위로 규정했다. 그런데 사이버전의 교전행위 주체를 국가 또는 그에 준하는 단체로만 한정하는 것은 옳지 않다. 전통적인 군인만이 아니라 컴퓨터 전문가부터 일반 인터넷 사용자까지 모든 사람이 사이버전의 공격 행위자일 수 있다. 또한 공격의 대상과 목표 역시 군대, 그리고 국가의 지도자와 핵심기반 시설로만 국한되지 않는다. 모든 것이 연결된 사이버 공간에서는 국가의 안보와 직결되는 민간 영역에서부터 전혀 관련이 없을 것 같은 일반인에 이르기까지 모두가 사이버 공격의 대상이 될 수 있다. 따라서 사이버전을 기존의 전(쟁)의 정의보다 좀 더 포괄적으로 정의할 필요가 있다.

이것들을 반영해 정의하면, 사이버전이란 국가 또는 국가에 준하는 정치집단, 또는 이들을 지지하는 개인이 그들이 속하거나 지지하는 집단의 정치적 의지를 달성하기 위해 사이버 공간에서 정보통신과학기술을 사용하여 상대방의 컴퓨터, 서버, 네트워크 등에 침입해 파괴하거나 정보를 탈취하거나 정상적 활동을 방해하는 등 다양한 폭력적 활동을 하는 것을 말한다. 여기서 사이버전을 직접적인 사이버 공격과 그것에 대한 1차적 피해로 한정지어서는 안 된다. 넓게는 사이버 공격이 만들어낸 1차적 피해로부터 연결되어 나타날 수 있는 물리적 · 정신적으로 인간에게 위해를 가하는 행위부터 사물의 파괴 행위, 국가 전복과 기간시설의 파괴, 금전적 이익과 손실, 정치적 결정에 대한 영향 등에 이르는 모든 2차적 파괴 행위와 결과 역시 사이버전에 포함시켜야 한다.

CHAPTER 4

국가의 사이버 대리전 : 비국가 행위자의 급부상

중국의 병서 『삼십육계三十六計』는 줄행랑으로 잘 알려진 '주위상계走爲上計'와 '미인계美人計' 등 일반 대중에게 친숙한 계책을 담고 있는 것으로 유명하다. 여기서 하나 눈에 띄는 계책이 있다. 그것은 '차도살인借刀殺人'이다. 이 계략의 뜻은 '남의 칼을 빌려 사람을 죽인다'이다. 쉽게 말하면, 이는 자신이 직접 나서지 않고 제3자를 이용해 내 손에 피를 묻히지 않고 적을 제거하는 것을 말한다. 국가는 자신의 존망이 걸린 대결에서 승리를 위해서라면 모든 계책을 적용하기 마련이며, 승리하더라도 자신의 피해를 최소화하기 바랄 것이다. 이때, 상당히 매력적인 것은 직접 싸우기보다 제3자인 '대리자proxy'를 두거나 대리자의 도움을 받아 전투를 벌이는 것이다. 대리자는 국가일 수도 있지만, 비국가 행위자non-state actor일 수도 있다. 이러한 계책은 사이버전에서도 사용되고 있는

데, 이를 가리켜 '사이버 대리전cyber proxy warfare'이라 한다.

사이버 대리전

역사적으로 국가들은 생존이라는 궁극적 목적을 달성하기 위해 끊임없이 전쟁을 벌여왔다. 그들은 승리를 위해서라면 뭐든지 해야만 했다. 국가들이 선택한 많은 방법 중 하나는 대리자를 내세우는 것이었다. 동양의 병서 『삼십육계』 속 차도살인 계책처럼 서양에서도 고대 도시국가인 그리스부터 중세의 봉건국가, 그리고 근대 국가에 이르기까지 많은 국가들이 대리자를 내세워 싸우는 방법을 사용해왔다.

펠로폰네소스 전쟁The Peloponnesian War(기원전 431~기원전 404)은 고대 그리스 도시국가들이 아테네를 중심으로 한 델로스 동맹과 스파르타 주도의 펠로폰네소스 동맹으로 나뉘어 벌인 전쟁이다. 이 전쟁을 기록한 투키디데스Thucydides의 고전 『펠로폰네소스 전쟁사The History of the Peloponnesian War』는 양측이 용병mercenary을 고용하여 싸운 사실을 담고 있다. "라이스로이퍼Reisläufer'라 불린 스위스의 용병은 중세시대부터 근대에 이르기까지 다른 국가에 고용되어 백년전쟁과 스페인·폴란드·오스트리아 등의 왕위계승전쟁, 그리고 나폴레옹 전쟁 등에 참전하여 큰 명성을 얻었다. 1874년 스위스에서 헌법 개정에 따라 용병 수출이 금지되고 용병 산업이 폐지된 이후로 스위스 용병은 바티칸 시국Vatican City State에서 교황에 대한 경찰 임무를 수행하는 것으로 명맥을 이어나가고 있다.

동서고금을 막론하고 전쟁의 주체인 국가는 생존이라는 궁극적 목적 달성을 위해 제3자를 고용 또는 이용하여 자신에게 가해질 피해를 최

16세기 스위스 용병을 묘사한 판화. 라이스로이퍼(Reisläufer)라 불린 스위스의 용병은 중세시대부터 근대에 이르기까지 다른 국가에 고용되어 백년전쟁과 스페인·폴란드·오스트리아 등의 왕위계승전쟁, 그리고 나폴레옹 전쟁 등에 참전하여 큰 명성을 얻었다. 그런데 사이버 공간에서도 이러한 대리전은 여전히 유효하다. 국가들은 비국가 행위자를 적극적으로 활용해 사이버전을 하고 있다. 〈출처: WIKIMEDIA COMMONS | Public Domain〉

소화해왔다. 국제정치학에서 현실주의자들은 국제체제에서 국가를 유일한 행위자로 규정했지만, 역사는 국가만을 전쟁과 분쟁의 유일한 행위자로 기록하고 있지 않다.

국가는 비국가 행위자를 대리자로 고용해왔으며, 그들의 역할은 중요했다. 국가가 제3자를 고용해서 실시하는 전쟁을 통상 '대리전쟁proxy war'이라 부른다. 물론, 그 규모와 특징에 따라 이를 '대리전proxy warfare'이라 칭하기도 한다. 여기서는 혼란을 피하기 위해 대리전쟁과 대리전 모두를 포괄하는 의미로서 대리전으로 통합해 부르겠다.

엄밀히 말해, 대리전에서 국가만이 고용주로, 비국가 행위자인 용병만이 대리자의 역할을 담당하는 것은 아니다. 대리전에서 국가와 비국가 행위자 모두 고용주가 될 수도 있고, 반대로 대리자가 될 수도 있다. 따라서 행위자 중심적인 측면에서 대리전은 '국가-국가', '국가-비국가 행위자', '비국가 행위자-국가', 그리고 '비국가 행위자-비국가 행위자'의 네 가지 조합이 가능하다. 물론, 이러한 네 가지 조합이 가능함에도 불구하고 역사를 보면, 국가가 고용주로서의 역할을 맡고, 용병과 같은 비국가 행위자가 대리자인 경우가 대부분을 차지하고, 또 강대국이 약소국을 대리자로 내세우는 경우를 많이 볼 수 있다. 이처럼 금전적으로 여유가 있는 국가는 용병을 대리자로 고용해 싸우고, 돈이 절실한 개인이나 약소국은 자신의 생존을 담보로 고용 국가를 위해 싸우는 경우가 일반적이다.

그런데 사이버 공간에서도 이러한 대리전은 여전히 유효하다. 국가들은 비국가 행위자를 적극적으로 활용해 사이버전을 하고 있다. 앞서 이야기했듯이 사이버전의 특징은 익명성anonymity, 모호성ambiguity, 그리고 비대칭성asymmetry이라는 3A로 정의할 수 있다. 이러한 특징은 비국가 행위자가 쉽게 사이버전에 뛰어들게 만들며, 국가가 비국가 행위자를 활용하여 '사이버 대리전'을 수행할 수 있는 기반을 제공한다.

첫째, 사이버 공간에서 행위자는 익명성을 이용해 자신의 실제 정체를 드러내지 않고 활동할 수 있다. 둘째, 사이버 공간의 모호성을 이용하는 행위자는 실제 위치와 활동하는 위치가 일치할 필요가 없다. 셋째, 사이버 공격 행위자의 위력은 행위자가 개인이든 단체이든 국가이든 간에 현실 세계에서의 규모가 아닌 자신의 능력에 비례한다. 즉, 행위자가 개인일지라도 뛰어난 컴퓨터 실력만 있다면 국가에 대항할 수 있다. 이는 사이버 공간에서 싸우는 양측 간에 비대칭이 일어날 수 있음을 보여준다.

결과적으로 국가들은 익명성과 모호성, 그리고 비대칭성을 특징으로 하는 사이버전에서 자신이 행한 적대적인 무력행위에 대한 책임을 지기 위해 자신을 드러낼 필요가 없다. 피해 국가 또는 단체는 적대적인 국가의 대리자인 사이버 전사들이 투입된 사이버 공격을 받았더라도 그 사이버 공격의 주체를 증명하기란 쉽지 않다. 익명의 이름 뒤에 숨은 대리자로서 사이버 전사는 시공간적으로 모호한 사이버 공간의 특성까지 이용해 자신과 고용주인 국가와의 관계 고리를 알 수 없게 만들 수 있기 때문이다.

사이버전의 대리자가 일개 개인이라고 해서 우습게 봐서는 안 된다. 사이버 공간에서 전투력은 전통적인 군대의 잣대로 평가할 수 없다. 사이버 공간에서 대리자인 '사이버 용병cyber mercenary'의 전투력은 그 수나 규모, 장비가 아니라 대리자 개인이 지닌 뛰어난 컴퓨터 실력에 의해 좌우되기 때문이다. 그리고 만약 자신들에게 우호적인 세력을 간접적으로 이용하여 사이버 공격을 실시한 경우라면, 공격한 측은 더 쉽게 피해자 측의 보복이나 국제 사회의 비난과 제재를 피할 수 있다.

사이버 비국가 행위자와 애국주의적 해커

비국가 행위자란 국제관계에 영향을 미치는 국가 이외의 행위 주체를 말한다. 사이버 공간에서 활동하거나 IT 기술을 이용해 자신이 속한 조직의 이익을 위해 일하는 비국가 행위자는 '사이버 비국가 행위자cyber non-state actor'로 구분할 수 있다. 그렇다면 사이버 공간에서 활동하는 비국가 행위자는 누구인가?

사이버 비국가 행위자를 분류하려는 시도는 사이버전의 서막이라 할 수 있는 1999년 코소보 전쟁이 발발하면서부터 시작되었다. 당시 한 학자는 코소보 전쟁에 등장한 사이버 비국가 행위자를 대략 행동주의자activist, 핵티비스트hacktivist, 사이버테러리스트cyberterrorist로 분류했다. 행동주의자들은 자신들이 지지하는 정치적 의제를 알리기 위해 정상적이고 합법적인 방법으로 인터넷을 활용했다. 파괴적이지 않았던 이들은 전통적 비국가 행위자로서 단지 인터넷을 활용했다는 정도로 정의할 수 있다. 해커hacker와 행동주의자activist의 합성어인 핵티비스트hacktivist는 인터넷을 통한 컴퓨터 해킹을 투쟁 수단으로 사용해 사이버 공격을 하는 새로운 형태의 행동주의자들로, 사이버 비국가 행위자라고 부르기에 합당했다. 끝으로 사이버테러리스트는 자신들의 정치적 목적을 달성하기 위해 사이버 공간에서 상대방에게 엄청난 경제적·인적 피해를 줄 의도를 가지고 테러를 가하는 집단이다. 그러나 이러한 시도는 사이버 비국가 행위자를 분류한 첫 시도라는 점에서는 의미가 있지만, 사이버 비국가 행위자를 정확히 보여주지는 못했다.

2000년대에 들어 사이버전의 다양한 사례가 축적되면서 사이버 비국가 행위자의 역할과 중요성이 부각되기 시작했다. 이러한 분위기를 만든 대표적인 사건은 2007년 에스토니아와 2008년 조지아에 대한 사이버 공격이었다. 사이버 공격을 당한 두 국가뿐만이 아니라 전 세계 안보 기관과 컴퓨터 전문가들은 엄청난 분석을 통해 공격의 배후로 러시아를 지목했다. 여기서 주목할 만한 점은 러시아가 직접 사이버 공격을 실시한 것이 아니었다는 사실이다. 전문가들은 러시아가 다양한 비국가 행위자의 사이버 공격을 조장 또는 묵인했다고 결론을 내렸다. 또

'애국주의적 해커'는 컴퓨터 전문가, 해커, 또는 일반 인터넷 사용자로서 평상시에는 평범한 일상을 살다가 어느 순간 자신이 속하거나 지지하는 국가의 정치적 목적을 위해서 자발적으로 사이버 공격에 가담하는 특징을 갖고 있다. 문제는 익명성과 모호성 때문에 현실적으로 이들이 누군인지 밝히기 어렵다는 것이다. 이들은 일반적으로 자국(自國)을 위해 일하지만, 그렇지 않은 경우도 있다. 〈출처: Creative Commons CC0 1.0 Universal Public Domain Dedication〉

한, 그들은 국가들이 사이버 공격 행위에 대한 피해국과 국제 사회의 추적과 보복, 그리고 제재를 피하기 위해 앞으로 비국가 행위자를 더 적극적으로 동원할 것이라 내다봤다. 그들의 판단은 옳았다.

국가들의 정치적 목적 달성에 동원되는 해커를 지칭하는 '애국주의적 해커patriotic hacker'라는 용어마저 생겨났다. 이들은 컴퓨터 전문가, 해커, 또는 일반 인터넷 사용자로서 평상시에는 평범한 일상을 살다가 어느 순간 자신이 속하거나 지지하는 국가의 정치적 목적을 위해서 자발적으로 사이버 공격에 가담하는 특징을 갖고 있다. 문제는 익명성과 모호성 때문에 현실적으로 이들이 누군인지 밝히기 어렵다는 것이다. 이들은 일반적으로 자국自國을 위해 일하지만, 그렇지 않은 경우도 있다.

그런데 애국주의적 해커가 진짜 일반 시민들로만 구성되었을까? 국가에 직접 고용되어 있는 컴퓨터 전문가가 민간 해커로 위장하여 사이버 공격을 실행하는 일이 벌어져도 누구도 그것을 증명하기란 쉽지 않다. 따라서 애국주의적 해커는 특정 국가를 위해 자발적으로 사이버 공격에 참여하는 일반인부터 국가에 직접 또는 간접적으로 고용되어 주어진 임무에 따라 사이버 공격을 실시하는 전문적 사이버 전사 모두를 포괄하는 개념이다. 한편, 애국주의적 해커와 유사한 단어로는 사이버 용병과 '사이버 민병대cyber militia'가 있다.

그런데 사이버 비국가 행위자와 애국주의적 해커들을 대리자로 앞세운 사이버 대리전이 급부상하고 있음을 알린 것은 아이러니하게도 이를 전략적으로 즐겨 활용하는 러시아의 푸틴 대통령이었다. 푸틴은 러시아 정부가 2016년 미국 민주당 전국위원회DNC, Democratic National Committee 서버를 해킹하여 당시 미국의 대선 결과에 영향을 미쳤다는 주장을 강력히 부인해왔다. 특별히 그는 2017년 6월 1일 러시아 상트 페테르부르크Sankt Peterburg에서 열린 한 국제 포럼에서 주요 언론사 대표들에게 해커를 "아침에 기분 좋게 일어나 그림을 그리는 예술가처럼 자유로운 사람들"이라고 표현했다. 그리고 그 자리에서 러시아 정부가 DNC 서버 해킹에 관여하지 않았다고 부인하면서 오히려 다음과 같이 러시아의 일반 애국주의적 해커들이 관여했을 것이라고 말했다.

"해커들은 (예술가들과) 똑같습니다. 애국심이 있는 해커라면 일어나서 국가들 간의 관계에 대한 것들을 읽고 러시아에 대해 나쁘게 말하는 사람들과 싸우는 데 기여하려 할 것입니다."

러시아 정부 해커의 미국 대선 개입에 관한 언론사 대표들의 끊임없는 의심 어린 눈초리를 피하려던 푸틴의 발언은 오히려 강력한 러시아 애국주의적 해커들의 존재만을 대외적으로 드러내고 말았다.

여기서 분명한 것은 그들이 러시아 정부의 해커인지 아니면 푸틴의 말처럼 애국주의적 해커들인지 모르지만 그들의 활동이 러시아 정부에 이익이 되었다는 사실이다. 이처럼 오늘날 특정 국가에 이익이 되는 사이버전을 수행하는 정체성이 모호한 사이버 비국가 행위자들이 대세를 이루며 국가안보를 심각하게 위협하고 있다.

이어지는 제2부부터는 지금까지 있었던 다양한 사이버전의 사례를 구체적으로 하나하나 살펴보면서 흔히 '사이버 불량국가'라 불리는 러시아, 이란, 북한, 중국 등을 중심으로 각 국가의 사이버전 전략을 집중적으로 설명하겠다.

| PART 2 |

사이버 마키아벨리즘

Who am I?

DDoS Attack

DoS Attack

Ransomware

Malware

YOU
HAVE BEEN
HACKED!

마키아벨리는 유명한 이탈리아의 정치사상가 · 외교가 · 역사학자(1469~1527)로서 그의 저서 『군주론』에서 정치는 일체의 도덕 · 종교에서 독립된 존재이므로 일정한 정치 목적을 위한 수단이 도덕 · 종교에 반하더라도 목적 달성이라는 결과에 따라서 수단의 반(反)도덕 · 반(反)종교성은 정당화된다는 마키아벨리즘을 주장했다. 〈출처: WIKIMEDIA COMMONS | Public Domain〉

권모술수權謀術數는 목적을 위해서라면 권세와 모략, 술수 등 수단과 방법을 가리지 않는 것을 말한다. 서양에서의 이러한 전통은 마키아벨리Niccolò Machiavelli의 저서 『군주론Il principe』에서 찾을 수 있다. 그는 정치를 도덕과 종교로부터 독립된 존재로 봤기에 정치적 목적 달성을 위한 수단과 방법이 도덕이나 종교에 반하더라도 괜찮다고 봤다. 그래서 후대 사람들은 이러한 권모술수가 목적의 달성을 통해 정당화되는 것을 '마키아벨리즘Machiavellism'이라고 불렀다. 그런데 이러한 마키아벨리즘이 사이버 공간에서도 이루어지고 있다.

러시아의 빛바랜 과거 영광과 '사이버 마키아벨리즘'

일반적으로 한때 제국이었던 국가들은 그들의 찬란했던 과거를 마음속으로 그리워한다. 그중에서도 특히 러시아는 다른 나라들과 달랐다. 그들은 전 세계 최대 강국으로서의 명성을 떨쳤던 러시아 제국(1721~1917)과 소련(소비에트 사회주의 공화국 연방, 1922~1991) 때로 돌아가고 싶어 한다. 특히, 소련에 대한 러시아인들의 향수는 여전히 강하다. 러시아에 거주하는 러시아인뿐만 아니라 옛 소련 구성국들에 거주하는 러시아인도 소련 시절을 러시아 역사상 가장 강력하고 위대했던 시기로 기억한다.

그러나 사회주의는 실패했고, 소련은 1991년을 기점으로 붕괴되었다. 이후 소련의 중심이었던 러시아의 경제는 급격하게 몰락해갔다. 러시아가 과거의 영광을 재현하기 위해서는 옛 소련 구성국들의 지지와 협력이 필요한데, 문제는 연방을 구성했던 국가들 대부분이 독립 후 러시아를 등한시하면서 경제적 번영을 위해 몰락한 러시아가 아니라 한때 적이었던 냉전의 승리자인 미국을 비롯한 서방국가들을 협력 파트너로 선택하고 있다는 것이다.

심지어 러시아는 이 국가들을 여전히 자신들의 옛 영토로 인식하면서 회복해야 할 영토로 여기고 있다. 그러나 러시아는 체제 대결에서 패하고 경제적으로나 정치적으로 어려움을 겪고 있어 냉전시대 때처럼 미국과 서방국가들을 상대로 동등한 대결을 하기 어려운 상황이다. 결국, 러시아는 빛바랜 과거의 영광을 되돌리기 위한 방법으로 "목적 달성을 위해 수단과 방법을 가리지 않는 권모술수"를 선택하기에 이르렀다.

사이버 공간은 러시아에게 새로운 권모술수의 장場을 열어주었다. 러

〈1991년 소련 붕괴 이후 러시아 국경〉

시아는 발칸 반도에서의 영향력 확대를 위한 1999년 코소보 전쟁의 사이버 전투에 참전하는 것을 시작으로 자신들을 떠나 미국과 유럽 국가들로 향하던 에스토니아, 조지아, 우크라이나 등을 불법적인 사이버 수단과 방법을 통해 공격하기 시작했다. 이 과정에서 전통적인 군사력과 사이버전 능력이 합쳐진 하이브리드 전쟁이 새롭게 주목받게 되었다. 심지어 러시아는 사이버 공격을 통해 '민주주의의 꽃'이라 불리는 선거에까지 개입했다. 이것은 과거 자신과 경쟁했지만 지금은 상대가 되지 않는 세계 최강국 미국을 우회적으로 공격한 것이다. 자신의 행위가 옳은지 그른지는 상관없다. 러시아는 현실 세계의 물리적 파워로는 과거의 영광 재현이 어려운 상황에서 사이버 파워cyber power를 선택한 것이다. 안타깝게도 전 세계는 앞으로도 끊임없이 자행될 러시아의 '사이버 마키아벨리즘Cyber Machiavellism'의 공포에 놓여 있다.

CHAPTER 5

사이버전의 서막 : 코소보 전쟁

발칸 반도는 유럽 남동부에 위치해 아시아와 유럽을 연결하는 중요한 역할을 해왔다. 그러한 발칸 반도는 민족 · 종교 · 역사적 문제로 인해 유럽의 화약고로 불려왔다. 제1차 세계대전(1914년 7월 28일~1918년 11월 11일)도 바로 이곳에서 시작되었다. 세르비아 왕국의 육군 장교가 결성한 비밀결사조직인 블랙핸드Black Hand(흑수단) 소속 청년이 보스니아 사라예보Sarajevo를 방문한 오스트리아 프란츠 페르디난트Franz Ferdinand 황태자 부부를 암살한 사건이 전쟁의 직접적인 도화선이 되었다. 그런데 이러한 전력前歷에 걸맞게 이번에는 발칸 반도의 코소보에서 사이버전의 서막이 올랐다.

사진은 블랙핸드(흑수단) 인장과 조직원의 서명이다. 블랙핸드는 1901년 8월 세르비아 왕국 육군 장교들이 결성한 비밀결사조직으로, 1903년 5월 쿠데타, 오스트리아 프란츠 페르디난트 황태자 암살사건 등을 일으켰다. 〈출처: WIKIMEDIA COMMONS | Public Domain〉

사이버 공간으로 전이된 물리적 폭력

코소보는 대한민국 면적의 10분의 1밖에 되지 않는 작은 나라로 발칸 반도의 내륙에 위치해 있다. 14세기 중반까지는 슬라브족이 세운 세르비아 왕국의 중심지였다. 14세기 말부터는 동로마 제국을 멸망시킨 오스만 제국이 발칸 반도 전체와 이곳을 통치하기 시작했다. 코소보 지역에 살고 있던 세르비아인들이 이슬람교로의 개종을 거부하며 자신들의 터전을 떠나면서 이 지역에는 이슬람교를 믿는 알바니아계 주민들이 들어와 살게 되었다.

시간이 흘러 1945년 이후부터는 세르비아인과 슬로베니아인이 중심을 이루는 남슬라브족 국가들의 연합인 '유고슬라비아 인민 연방 공화국The Federal People's Republic of Yugoslavia'이 다시 코소보 지역을 통치하게

구 유고 연방 vs. 신 유고 연방

크로아티아 출신 요시프 브로즈 티토Josip Broz Tito는 1945년 11월 11일 공산당 일당 독재체제를 근간으로 하는 '유고슬라비아 인민 연방 공화국The Federal People's Republic of Yugoslavia'의 건국을 선언했다. 유고슬라비아는 '남슬라브 국가'를 의미했다. 수도는 베오그라드Beograd였다. 연방을 구성하는 6개 국가는 세르비아, 슬로베니아, 몬테네그로, 크로아티아, 마케도니아, 보스니아-헤르체고비나였다. 연방의 국호는 1963년 4월 7일 '유고슬라비아 사회주의 연방공화국The Socialist Federal Republic of Yugoslavia'으로 변경되어 1992년까지 지속되었다.

1980년 티토 사후 연방 내 민족 간 분규가 끊이지 않았다. 그간 티토 통치 하에서 불만이 쌓인 다수의 세르비아계가 슬로보단 밀로셰비치Slobodan Milošević를 중심으로 권력을 독점하기 시작하면서 연방 내 다른 공화국들이 차별을 당했다. 결국, 1991년 6월 슬로베니아와 크로아티아의 독립 선언을 시작으로 11월 마케도니아, 1992년 3월 보스니아-헤르체고비나가 연방에서 탈퇴했다. 그러나 이러한 연방의 해체 움직임에도 불구하고 1992년 4월 세르비아와 몬테네그로 2개 공화국은 유고슬라비아 연방공화국을 계속 유지하기로 했다. 따라서 2개의 유고 연방을 구분하기 위해 앞의 6개 국가로 이루어진 유고 연방은 '구舊 유고 연방', 이후 2개로 이루어진 유고 연방은 '신新 유고 연방'으로 불리게 되었다.

한편, 티토는 세르비아에 속해 있던 보이보디나와 코소보를 연방 내 자치주로 분리시켰다. 보이보디나는 헝가리계를 중심으로 다수의 민족이 거주하는 지역이었고, 코소보는 알바니아계가 다수를 이루는 지역이었다. 세르비아는 이러한 티토의 결정에 불만을 품고 있었다. 코소보의 알바니아인들은 구 유고 연방 내 다른 국가들처럼 독립을 원했으나, 세르비아인들은 이를 허용하지 않았다. 이것이 코소보 분쟁의 원인이었다.

되었다. 6개의 국가로 구성된 '구舊 유고 연방'이었다. 그중 4개 국가가 독립한 후 남게 된 세르비아와 몬테네그로는 1992년 4월에 '신新 유고 연방(이하 유고)'으로 불리는 '유고슬라비아 연방공화국The Federal Republic of Yogoslavia'을 결성했다. 그러나 코소보에 살고 있는 알바니아계 주민들은 세르비아 주도의 구 유고 연방과 신 유고 연방 모두로부터 자치권을 확보하고, 더 나아가 독립하기를 원했다. 이러한 서로 간의 갈등과 긴장이 1980년부터 서서히 격화되다가 실제적인 물리적 충돌로 이어진 것이 1999년에 발발한 코소보 전쟁이었다.

알바니아계 분리독립주의자들은 1990년대 중반 무장단체인 코소보 해방군KLA, Kosovo Liberation Army을 조직했다. 이 지하조직은 1998년 본격적으로 유고의 군과 경찰 등 주요 목표들을 공격하기 시작했다. 많은 무고한 알바니아계 시민들이 유고가 압도적인 경찰력과 군사력으로 KLA를 진압하는 과정에서 희생되었다. 그래서 미국과 NATO가 코소보에 살고 있는 알바니아계 주민들의 입장을 대변하기 위해 유고와의 중재를 시도했다. 그러나 유고는 이를 거부했다. 결국, 미국과 NATO는 유고에 대해 78일간의 공습을 실시했다.

NATO의 공습이 시작되자, 세르비아계의 유고슬라비아와 알바니아계의 코소보 등지에 사는 일반 시민들은 인터넷을 자신들이 겪고 있는 전쟁에 대한 공포와 두려움을 세상에 알리는 수단으로 사용했다. 그리고 그들은 인터넷을 통해 전쟁 상황에 대한 중요한 정보를 얻었다. 그러나 애국주의에 깊게 몰입한 세르비아계와 알바니아계 시민들은 온라인에서 코소보의 주인이 누구인지 가리기 위한 국제여론전을 펼쳤다. 그들에게 사이버 공간은 상대방을 비난하고 악마로 묘사하는 장소, 또는 자신들에게 유리한 내용을 전파하기 위한 새로운 성지가 되었다. 코소보 문제와 관련해 조금이라도 자신들의 이야기를 전할 수 있는 국제적인 웹사이트가 있다면 그곳에는 어김없이 양측의 선전물들로 넘쳐났다. 국제적 비정부기구, 인권단체, 종교시설, 여성단체 등의 웹사이

전쟁 종료 후 세르비아 측 해커의 위·변조 공격을 받은 코소보의 한 웹사이트 화면 〈출처: https://inspiratron.org/blog/2014/07/01/case-cyber-war-kosovo-conflict/〉

트들도 예외 없이 그들의 온라인 여론 전쟁터가 되었다. 온라인 채팅방에서는 실시간으로 양측 간의 싸움이 빈번히 벌어졌다.

유고 정부 역시 인터넷을 통해 직접 여론전을 펼쳤다. 그들의 공식 웹사이트에는 NATO의 공습을 비난하고, 진정한 코소보의 주인이 자신들임을 주장하는 선전물들이 게시되었다. 더욱이 유고 정부는 일반인을 직접적으로 선전 활동에 동원하기도 했다. 일반 세르비아계 유고 시민들이 미국과 NATO 회원국의 언론기관, 민간 회사, 교육기관, 그리고 심지어 일반인에게 NATO의 폭격을 멈추게 해달라고 요청하는 친정부적 성향의 이메일을 보낸 것이다. 어설픈 영어로 작성된 이메일에는 NATO와 미국을 강력하게 비난하는 내용, 유고인들의 권리보호,

멀웨어란?

멀웨어Malware는 악성 소프트웨어Malicious Software의 줄임말로, 우리말로는 '악성 코드Malicious Code'로 번역된다. 멀웨어는 컴퓨터 사용자 몰래 시스템에 침투해 피해를 입히기 위해 개발된 소프트웨어를 의미한다. 바이러스, 웜, 트로이 목마 등이 이에 속하는 대표적인 것들이다.

선전용 카툰들이 포함되어 있었다. 유고에서 날아온 이메일에는 단순 선전용 문구들만 있었던 것이 아니라 컴퓨터에 치명적인 멀웨어Malware도 첨부되었다. 이 때문에 런던 주재 IT 기업인 mi2g는 유고의 이메일 공격이 NATO의 군사 지휘 및 통제 네트워크뿐 아니라 서방의 경제 기반시설을 위협했다고 평가했다. 한편, 코소보 전쟁 동안 많은 일반 미국인들의 이메일함은 유고에서 온 수천 통이 넘는 스팸 이메일로 넘쳐났다. 얼마나 짜증이 났던지 당시 미국인들이 이를 '유고 스팸'이라고 부를 정도였다.

일반인이 아닌 전문가가 수행한 사이버전도 있었다. 조국 수호의 의무를 느낀 많은 세르비아계 유고 사람들이 적의 공습작전을 무력화 또는 중지시키고자 했다. 재래식 군사력의 현격한 차이로 인해 그들 중 일부는 컴퓨터를 이용해 미국과 NATO에 대항하기로 했다. 세르비아계 유고 컴퓨터 전문가들은 온라인에서 미국과 NATO를 침략자로 규정하고 공격을 시작했다. 그들은 작은 여러 개의 그룹으로 나뉘어 NATO의 웹사이트와 서버, 그리고 NATO에 가입한 국가들의 사회기반시설에 대해 사이버 공격을 가했다.

이들 중 가장 유명한 해커 조직이 세르비아의 사이버 블랙핸드Cyber Black Hand(사이버 흑수단)였다. 한 온라인 해커 조직이 과거 사라예보 사건을 주도한 조직의 명칭을 따서 자신들의 이름을 지었다. 사이버 공격은 1차적으로 알바니아계 주민들을 대상으로 자행되었다. 사이버 블랙핸드는 알바니아의 웹사이트들에 위협적인 선전 문구를 퍼뜨렸다. 그리고 알바니아인들이 온라인에 써놓은 모든 내용을 거짓으로 규정하고 그것들을 지워나갔다. 대표적으로 사이버 블랙핸드는 알바니아인들이 가장 많이 이용하는 kosova.com과 zik.com을 공격해 웹사이트를 마비 및 위·변조시켰다. zik.com의 경우 코소보 내 알바니아인들의 목소리를 대변하는 가장 중요한 뉴스 포털 사이트였기 때문에 그 효과는 강력했다. 사이버 블랙핸드는 또한 알바니아계 무장조직인 KLA의 공식 웹사이트에 대해 위·변조 공격을 하는가 하면, 웹사이트에 침투하여 홈페이지의 내용을 훼손하고 도메인 IP 주소를 바꾸는 등 사이버 공격을 했다.

사이버전의 확전 : 러·중 해커 사이버전 가담, 무방비 미·NATO에 타격

그런데 사이버전은 여기서 그치지 않았다. 러시아와 중국 해커들이 유고를 돕기 위해 합류하면서 전통적 대결구도인 미국과 NATO 대 러시아와 중국의 구도가 사이버 공간에서도 만들어졌다.

러시아 해커들이 같은 슬라브족인 유고 내 세르비아계 해커들을 돕기 위해 전선에 가담했다. 알바니아, 더 나아가 미국과 NATO를 대상으로 한 첫 국제적 사이버전에 합류한 것이다. 러시아의 애국주의적 해커들은 이전부터 미군의 웹사이트와 인터넷 기반시설에 대한 공격에 열을 올리고 있었다.

유고와 러시아 해커들은 자연스럽게 공동의 목표를 공격했다. 러시아 해커들은 미 해군 웹사이트 해킹에 성공했다. 물론, 미 해군은 해당 사실이 없다고 부인했다. NATO 서버의 경우는 세르비아로부터의 '핑ping' 포화 기반 도스DoS, Denial of Service(서비스 거부) 공격을 받아 다운되었다. 핑 공격은 서버가 감당할 수 있는 것 이상의 메시지를 보내 악의적으로 서버를 포화상태로 만드는 공격 방식이다. NATO의 네트워크 담당자는 서버와 라인을 증설해 핑 공격을 막고자 했다. 이 당시 NATO의 이메일 서버도 마비되었다. 매일같이 밀려 들어오는 멀웨어가 포함된 2만 통 이상의 이메일을 감당할 수 없었던 것이다.

중국 해커들도 사이버전에 합류했다. 유고를 공습하던 NATO의 전투기들이 유고의 수도 베오그라드 주재 중국 대사관을 폭격해 3명의 중국인이 사망하는 사고가 발생했다. 중국의 해커들은 오발 사고라는

베오그라드 주재 중국 대사관 폭격 2주년 시점에 중국 추정 해커들의 위·변조 공격을 받은 미국 백악관 웹사이트 〈출처: http://news.bbc.co.uk/2/hi/americas/1313753.stm〉

NATO의 해명에도 직접적인 보복 행동에 나섰다. 먼저, 그들은 미국 백악관의 인터넷 웹사이트 메인 페이지를 "미국의 나치 행동에 저항하라!", "NATO의 잔인한 행동에 저항하라!"는 문구로 도배했다. 베이징 주재 미 대사관의 공식 웹사이트에는 중국어로 "야만인을 타도하라"고 쓰인 슬로건이 게시되었다.

미국 국무부 웹사이트는 3개의 이미지로 장식되었다. 폭격으로 사망한 3명의 저널리스트, 폭격에 항의하는 베이징의 대중, 그리고 펄럭이는 중국 국기였다. 국무부 대변인은 보안전문가의 조사 결과를 바탕으로 중국에 거주하는 해커의 소행이라고 밝혔다. 이외에도 수많은 미국과 NATO 회원국의 웹사이트가 유사한 공격을 받았다. NATO 국가들은 결국 .cn(중국)과 .yu(유고) 도메인에서 들어오는 트래픽을 차단하는 특단의 조치를 취했다. 미국 연방수사국FBI의 경우 미국 내에서 유사한 공격을 수행하는 해커들을 잡기 위한 작전에 돌입했다. 그러나 오히려 역으로 FBI의 서버가 사이버 공격을 받고 1주일간 사용이 불가능하게 되었다. 미국 상원의 웹사이트도 유사한 피해를 입었다.

미국과 NATO는 계속된 사이버 공격에도 불구하고 유고의 인터넷 사용을 완전히 차단시키지는 않았다. 미 국무부 대변인은 오히려 유고의 일반 시민들이 인터넷을 자유롭게 사용함으로써 슬로보단 밀로셰비치 유고 대통령의 독재정치와 코소보에서 자행되는 비인간적인 범죄행위의 진실을 마주할 수 있어야 한다고 했다. 따라서 전쟁 기간이었지만, 약 150만 명의 베오그라드 시민 중 인터넷에 가입한 10만여 명은 집에서, 인터넷에 가입하지 않은 나머지 사람들은 인터넷 카페를 통해 온라인에 접속할 수 있었다.

알바니아계 해커 단체인 코소보 워리어 그룹 〈출처: https://www.facebook.com/KosovaWarriosGroup/〉

영국 정부는 온라인을 통해 유고의 일반 시민들이 가지고 있는 이번 전쟁에 대한 잘못된 인식을 바꾸려 했다. 영국 외교부는 이번 전쟁에 NATO군이 투입된 것은 밀로셰비치의 잔인한 행위를 응징하기 위한 것일 뿐, 무고한 시민들을 대상으로 한 것이 아니라는 메시지를 여러 웹사이트에 게시했다. 영국 국방부 웹사이트도 전쟁의 진실을 알리기 위해 영어가 아닌 세르비아어로 서비스를 제공했다.

조직적으로 사이버 공격을 실시했던 세르비아계 유고인들에 비할 바는 아니지만 알바니아인들도 세르비아가 완전히 철수할 때까지 폭격이 계속되어야 한다는 내용을 담은 이메일들을 무작위로 보냈다. 또한, 미국에서 발송된 50만 통의 스팸 이메일이 유고 정부의 웹사이트를 다운시켰다. 미국 내 해커들과 일반인들은 베오그라드 해커들이 NATO 웹사이트를 공격하고 있다는 소식을 접하고 이에 대한 대응으로 사이버 보복 공격을 실시했다.

중국의 반체제 인사들이 조직한 지하조직도 중국의 사이버전 가세에 대응했다. '홍콩 블론즈the Hong Kong Blondes'라는 해킹 그룹은 민주주의와 인권의 이름으로 중국 정부의 수많은 컴퓨터를 해킹했다. 이후, 그들은 중국 정부의 공공기관과 회사에 투자한 서구 회사까지 공격하겠다는 경고성 발언도 내놨지만, 눈에 띄는 큰 사건은 일어나지 않았다.

정부와 비정부 행위자들이 뒤섞여 혼탁한 양상을 보이던 사이버 공간과 달리, 양측은 1999년 6월 9일 마케도니아Macedonia(현 북마케도니아) 쿠마노보Kumanovo에서 휴전을 합의했다. 이어진 유엔의 결의안에 따라 이틀 뒤(6월 11일) 코소보 전쟁은 종료되었다. 압도적인 전투력을 보유한 미국과 NATO가 유고를 상대로 재래식 전쟁에서 승리하는 건 당연한 일이었다. 그러나 사이버 공간에서의 결과는 완전히 달랐다. 유고, 러시아, 그리고 중국의 해커들은 사이버 공간에서 아무런 대비책이 없던 미국과 NATO를 공격해 상당한 피해와 충격을 줬다. 특히, 미국과 NATO는 사이버전에 대한 그들의 대응전략 부재를 여실히 드러냈다.

한편, 공식적인 전쟁은 종식되었지만, 코소보를 둘러싼 알바니아계와 세르비아계의 대립은 온·오프라인에서 끝나지 않았다. 오프라인에서 독립을 하려는 자와 막으려는 자의 외교 전쟁이 여전히 진행 중이다. 코소보의 온라인도 전시 상황이다. 양측은 서로의 정부기관과 사회기반시설의 웹사이트에 대한 위·변조 공격과 도스DoS 공격 및 디도스DDoS, Distribute DoS(분산 서비스 거부) 공격을 끊임없이 주고받고 있다.

CHAPTER 6

최초의 대규모 사이버전 : 에스토니아의 마비

소련의 통치자 스탈린Iosif Vissarionovich Stalin의 꼭두각시 정부인 에스토니아 소비에트 사회주의 공화국은 1947년 제2차 세계대전의 전사자를 기리기 위해 '탈린 해방 기념비Monument to the Liberators of Tallinn'를 수도 탈린Tallinn에 세웠다. '청동 군인상Bronze Soldier'으로도 불리는 2m 높이의 이 기념비는 소련군을 상징하는 적군Red Army의 군복을 입고 오른손에는 헬멧을 들고 있는 이름 없는 군인의 형상을 하고 있다. 약간 아래로 고개를 숙이고 있는 모습이 마치 제2차 세계대전에서 전사한 약 1,100만 명의 소련군 동료들을 기리는 듯해 보인다. 그런데 이 청동 군인상이 사상 첫 대규모 사이버전의 직접적인 도화선이 되었다는 사실을 아는 이는 드물다.

청동 군인상의 두 얼굴

북유럽에 위치한 에스토니아Estonia는 지리적으로 북쪽과 서쪽으로 발트해, 남쪽은 라트비아Latvia, 동쪽은 러시아와 면해 있는 인구 약 130만 명의 작은 국가이다. 흔히 리투아니아Lithuania, 라트비아와 함께 발틱 3국으로 불린다. 그런 에스토니아는 지정학적 이유로 독일 계통의 리보니아Livonia, 그리고 덴마크, 스웨덴, 폴란드와 같은 주변의 큰 국가들로부터 지배를 받았으며, 이 과정에서 기독교가 전파되었다. 게다가 1710년부터는 오랫동안 러시아의 그늘 아래 있었다. 약 200년 동안 러시아 제국의 지배를 받았으며 볼셰비키 혁명의 영향으로 1918년에 잠깐 독립했지만 사실상 소련 치하에 있었고, 1991년에 소련 붕괴와 함께 완전히 독립하게 되었다.

독립 후, 에스토니아는 과거 그들의 압제자였던 러시아가 아닌 서유럽과의 관계 정상화에 노력을 기울였다. 그 결실로 그들은 2004년 NATO와 유럽연합EU에 가입하게 된다. 그런데 영광스러운 과거의 부활을 꿈꾸는 러시아는 에스토니아의 친서방 정책을 노골적으로 반대해왔다. 또한, 역사와 지리적 이유로 인구 중 4분의 1가량을 구성하고 있던 러시아계 에스토니아인들 역시 국내적으로 민족주의자들의 친서방 정책을 못마땅하게 여겼다.

첫 대규모 사이버전은 에스토니아 정부가 2007년 1월에 발표한 겉으로 보기에는 아주 단순해 보이는 계획에서 비롯되었다. 그 계획은 차들로 항상 붐비는 수도 탈린 중심부 교차로에 오랫동안 자리 잡고 있던 소련군 참전용사를 기리는 청동 군인상을 수도 탈린 외곽의 한적한 국립묘지로 이전하는 것이었다. 이 청동 군인상은 러시아와 에스토니

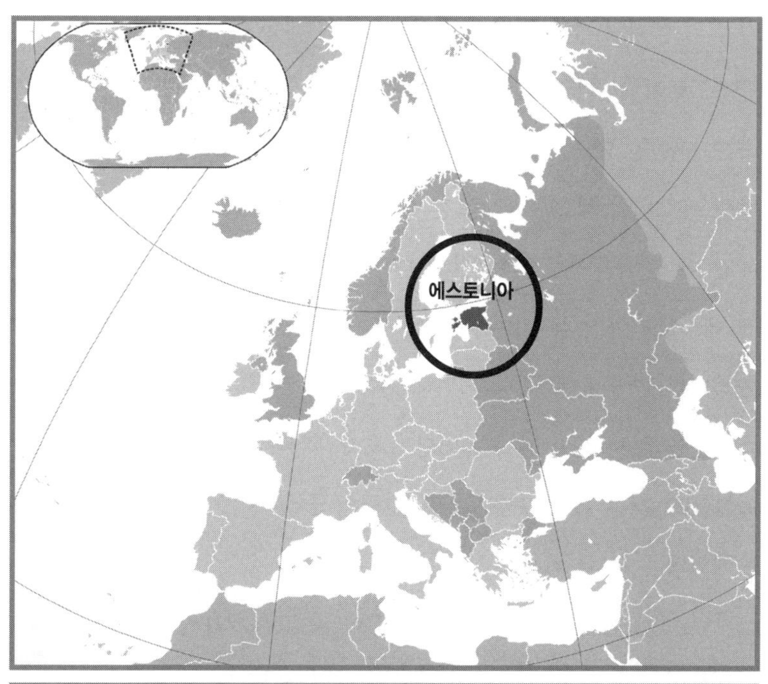

EU 회원국인 에스토니아의 지정학적 위치

아 간의 복잡한 과거 역사와 현재의 외교관계를 상징하고 있었다.

에스토니아는 1991년 소련 붕괴와 함께 독립하자마자 동상을 제거하는 문제를 놓고 두 진영으로 갈려 치열한 논쟁을 벌이기 시작했다. 양측은 소련의 제2차 세계대전 전승 기념일인 5월 9일을 전후로 해서 매년 이 문제를 놓고 격렬하게 대립했다. 소련군 참전용사와 러시아계 에스토니아인들에게 이 동상은 나치 독일의 침략으로부터의 해방을 상징하는 동시에 해방을 위해 전투에서 격렬히 싸우다가 쓰러져간 소련군을 잊지 않고 기리기 위한 소중한 역사적 조형물이었다. 당연히 이들에게 이 청동 군인상은 수도 탈린의 중심부에서 매일 만나야 하는 존재였다.

반면, 보수적인 에스토니아인에게 이 동상은 치욕과도 같은 역사의 상징물이었다. 러시아 제국의 통치는 차치하더라도 에스토니아인들은 1940년부터 약 50년간 소련의 지배하에 세월을 보내야 했다. 적군의 군복을 입은 동상은 자신들의 독립을 가로막았던 압제자를 상징했다. 동상을 철거하자는 민족주의적인 요구는 2006년에 절정에 다다랐다.

친서방·반러시아를 외치는 정치세력이 2007년 3월 4일 국회의원 선거에서 승리를 거두었다. 그들은 소련 지우기의 첫발로 동상 제거를 위한 법안을 신속하게 발의했다. 에스토니아 정부도 의회의 법안에 보조를 맞춰 구체적인 계획을 수립했다. 동상 제거를 위한 움직임에 당황한 러시아 외교부는 4월 3일에 제1차관을 통해 에스토니아의 상품과 서비스를 거부하겠다며 에스토니아 정부를 강하게 압박했다. 그럼에도 불구하고 에스토니아 공무원들은 러시아의 위협에 굴하지 않고 실제적인 행동에 나섰다. 그들은 4월 26일 동상 주변에 펜스를 설치했고,

에스토니아의 수도 탈린 중심부에서 국립묘지로 옮겨진 '청동 군인상'. 에스토니아는 1991년 소련 붕괴와 함께 독립한 이후로 소련군 참전용사를 상징하는 이 청동 군인상을 제거하는 문제를 놓고 러시아계 에스토니아인과 친서방 에스토니아 민족주의자들이 치열한 논쟁을 벌여왔다. 이 동상은 러시아계 에스토니아인들에게 나치 독일의 침략으로부터의 해방을 상징하는 동시에 전투에서 싸우다가 쓰러져 간 소련군 참전용사들을 잊지 않고 기리기 위한 중요한 역사적 조형물인 반면, 에스토니아 민족주의자들에게는 치욕과도 같은 역사의 상징물이었다. 2007년 1월에 소련 지우기에 나선 에스토니아 정부는 수도 탈린 중심부에 있는 청동 군인상을 수도 외곽의 국립묘지로 이전하는 계획을 발표했고, 이것이 첫 대규모 사이버전의 직접적인 도화선이 되었다. 〈출처: WIKIMEDIA COMMONS | CC0 1.0 | Liilia Moroz | Public Domain〉

다음날 동상과 그 밑에 묻혀 있던 적군의 유해를 탈린 외곽에 위치한 국립묘지로 옮겼다. 친서방 에스토니아 민족주의자들의 숙원이 이루어지는 순간이었다.

청동 군인상 이전이 현실화되자마자 러시아의 블라디미르 푸틴 대통령이 에스토니아 정부의 결정을 격렬하게 비난했다. 러시아 주재 에스토니아 대사관 직원들이 모스크바에서 러시아 시민들로부터 신변의 위협을 받기도 했다. 러시아에 우호적인 많은 에스토니아 시민들은 정부의 결정에 반대하면서 수도 탈린의 거리로 뛰쳐나왔다. 그들은 거리의 상점을 약탈하고, 자동차를 부수었다. 일부 성난 러시아 지지층은 시위를 통제하기 위해 나온 경찰에게 돌을 던지기도 했다. 경찰은 폭동을 강제로 진압하는 과정에서 수백 명의 시위자를 체포했다. 다행히도 국내 폭력시위는 금방 진정되었다. 4월 28일 오전이 되자 언제 격렬한 폭동이 있었냐는 듯 거리는 깨끗해졌다.

국가 간 정치적 분쟁의 해결 수단으로 등장한 사이버전

그런데 이보다 더 격렬한 폭력과 보복 행위는 사이버 공간에서 벌어졌다. 동상이 옮겨진 4월 27일 금요일 밤부터 에스토니아에 대한 전방위적 대규모 사이버 공격이 시작되었다. 에스토니아의 공공 및 민간 영역 모두가 공격의 대상이었다. 더욱이 당시 인터넷이 어느 국가보다 더 잘 발달되어 있었던 에스토니아에게는 치명적이었다. 무엇보다도 러시아의 정치적 위협과 현실 세계에서 나타난 폭력사태, 그리고 이와 동시에 일어난 사이버 공격은 절대 우연의 일치가 아니었다. 국가 간의 정치적 분쟁의 해결 수단으로 사이버전이 동원되기 시작한 것이다.

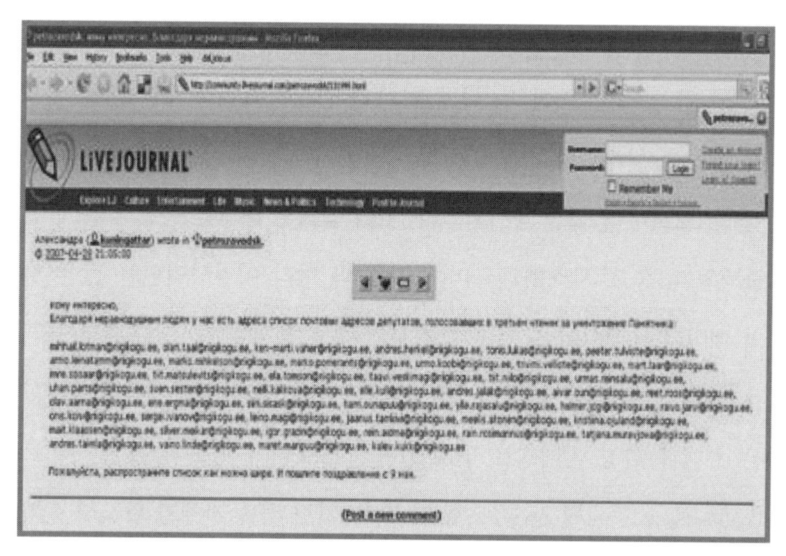

사이버 공격이 한창이던 2007년 4월 28일 한 커뮤니티 사이트에 올라온 에스토니아 국회의원 이메일 주소. 사이버에 대한 의존도가 남달리 매우 높았던 에스토니아에 이와 같은 전면적 사이버 공격은 대재앙으로 다가왔다. 〈출처: https://www.slideserve.com/manning/estonia-cyber-attacks-2007〉

에스토니아는 1991년 소련으로부터 독립한 작은 신생국가였지만, 사이버 분야에서만큼은 세계를 선도하고 있었다. 사이버 공격을 받을 당시인 2007년 기준으로 에스토니아 시민들은 온라인을 통해 언제든 99% 이상의 공공 서비스를 이용할 수 있었다. 인구의 절반 이상이 인터넷 뱅킹을 사용했다. 2005년 에스토니아 정부는 인터넷을 통해 지방선거를 실시했다. 법적으로 유효한 인터넷 기반 총선거를 실시한 최초의 국가였다. 국내총생산GDP, Gross Domestic Product에서 IT 산업이 차지하는 비중 역시 상당히 높았다. 이처럼 에스토니아는 인터넷을 통해 모든 공공 행정 및 민간 서비스 업무를 처리할 수 있도록 시스템이 잘 갖추어져 있었기 때문에 국제적으로 'E-에스토니아'로 불렸다. 이렇게 사이버에 대한 의존도가 남달리 매우 높았던 에스토니아에 전면적 사이버 공격은 대재앙으로 다가왔다.

사이버 공격은 크게 두 단계로 나뉘어 실시되었다. 1단계는 '사이버 전초전' 형태였다. 1단계 공격은 청동 군인상이 이전되었던 4월 27일 밤 22시부터 즉각 개시되었다. 초기 공격의 대상은 공공 부문에 집중되었고, 중요 시스템과 서버에 평소와 달리 이상하리만큼 많은 양의 데이터 트래픽이 발생했다. 정부의 주요 웹사이트는 위·변조 공격을 받아 심하게 훼손되었다. 에스토니아 주요 인사들의 이메일 보관함은 스팸과 피싱 이메일로 넘쳐났다. 에스토니아 정부 공식 웹사이트(valitsus.ee)는 4월 28일 오후 약 8시간가량 접속 자체가 완전히 불가능했다. 복구된 이후에도 이틀간 접속 실패 사례가 속출했고, 접속하더라도 오래 대기해야 했다. 이외에도 총리실, 국회, 경제통신부, 내무부, 외무부 등의 웹사이트가 전부 공격을 받았다.

일부이지만 에스토니아인들에게 온라인을 통해 각종 소식을 전하는 언론도 공격의 대상이었다. 사이버 공격이 시작되었을 당시 에스토니아의 한 유력 언론사 IT 책임자는 자신의 사무실 벽에 걸린 모니터로 언론사 서버의 용량 대비 방문자 수를 보고 있었다. 그는 평소 20~30% 정도 여유가 있던 서버의 용량이 서서히 20%, 10%, 5%로 줄어들더니 결국 0%로 변하는 순간에 웹사이트가 접속 불가 상태가 되어버리는 광경을 목격하고 소스라치게 놀랐다. 사이버 공격으로 만들어진 인위적인 트래픽 증가로 인해 해당 언론사의 서버는 무려 20회에 걸쳐 다운되었다.

그나마 다행인 것은 사이버전이 시작되고 첫 3일간은 수동적인 공격이 주를 이루어 그 규모가 크지는 않았다는 것이다. 초기 사이버 공격

위 · 변조 공격을 받은 에스토니아의 한 웹사이트 〈출처: https://www.slideserve.com/manning/estonia-cyber-attacks-2007〉

은 공격을 주도하는 세력이 러시아어를 사용하는 온라인 포럼과 커뮤니티에 공격 대상과 방법을 올려놓으면 에스토니아의 정치적 방향성에 반대하는 온라인 유저들이 이를 따라 사이버 공격에 참여하는 방식으로 진행되었다. 물론, 수동적인 사이버 전초전이었지만, 기습은 대성공이었다. 초전에 에스토니아는 사이버 공격에 속수무책이었다.

2단계 작전으로서 본격적인 대규모 사이버전은 4월 30일부터 시작되었다. 공격자들은 2단계 '전선 확대' 작전에 돌입하면서 악성 코드를 통해 감염되어 자신들의 통제 하에 있던 좀비 PC들로 구성된 봇넷Botnet을 이용하여 자동화된 대규모 공격을 실시했다. 또한, 공격의 목표도 1단계 동안 정부기관과 주요 정치인, 일부 언론사에 국한되었던 것이 2단계에서는 은행, ISPInternet Service Provider(인터넷 서비스를 제공하는 회사), 학교, 통신사와 언론기관, 그리고 민간 회사의 웹사이트까지 에스토니아의 전 사이버 공간으로 확대되었다.

에스토니아를 공격한 해커들은 제3국에 위치한 자신의 지휘 및 통제

'봇넷Botnet'이란?

봇넷은 로봇Robot과 네트워크Network의 합성어이다. 봇넷은 일반적으로 악의적 공격자에 의해 동일한 멀웨어(악성 코드)에 감염된 상태로 인터넷 연결되어 있는 복수의 디바이스들의 집합을 의미하지만, 경우에 따라 봇넷에 속한 디바이스 자체를 의미하는 용도로 사용되기도 한다. 여기서 봇넷을 구성하게 되는 디바이스는 컴퓨터, 스마트폰, 그리고 최근 주위에서 자주 볼 수 있는 IoT 장치들이다.

오너Owner로서 악의적 해커는 멀웨어를 사용해 인터넷에 연결된 평범한 디바이스을 봇Bot으로 만들어 여러 개의 봇으로 구성된 봇넷을 만든다. 여기서 봇은 쉽게 좀비 PC(또는 좀비 디바이스)로 이해할 수 있다. 오너는 자신의 C&CCommand and Control 서버를 통해 인터넷에 연결된 봇넷을 조정하여 대규모 자동화가 필요한 여러 형태의 악의적인 활동을 수행한다. 대표적인 행위가 디도스DDoS 공격이다. 이것이 가장 보편적인 봇넷 구성 방식인 C&C 방식이다. 그런데 C&C 방식은 서버의 차단 등과 같은 문제가 발생할 시 모든 봇넷 운영이 차단될 수 있기 때문에, 이에 대한 약점을 개선한 방식이 P2PPeer-to-Peer 방식이다. 이는 분산식 좀비 PC를 이용하여 봇넷을 보호하고 네트워크가 끊기는 상황을 방지하는 것이다. P2P 방식에서 봇넷에 속한 디바이스 각각이 통제 서버Command Server의 기능도 함께 수행한다.

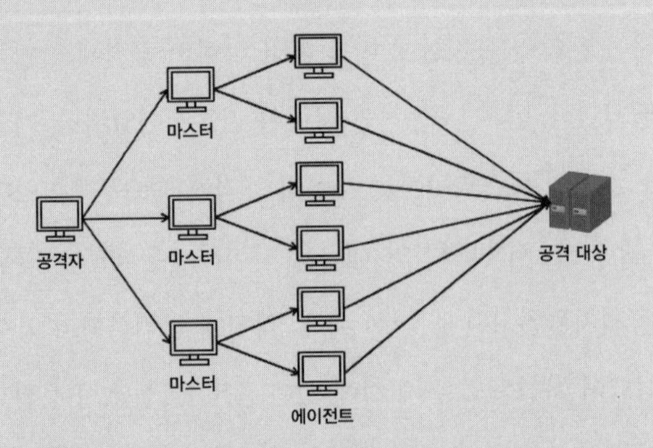

위의 그림은 일반적인 봇넷에 의한 공격 방식을 그림으로 나타낸 것이다. 공격자Attacker는 공격을 주도하는 해커의 컴퓨터, C&C 서버의 공격 명령을 전달하는 해커의 컴퓨터라고 하며, 이를 봇마스터Botmaster라고 부르기도 한다. 마스터Master는 공격자에게 직접 명령을 받는 시스템으로서 여러 대의 에이전트Agent를 관리한다. 핸들러Handler 프로그램은 마스터 시스템의 역할을 수행하는 프로그램을 뜻한다. 에이전트는 공격 대상에 대해 직접적인 공격을 가하는 악성 코드에 감염된 시스템(디바이스)을 말한다. 데몬Daemon은 에이전트 시스템 역할을 수행하는 프로그램이다. 타깃Target은 공격 대상이 되는 시스템이다.

한편, 봇넷을 이용한 디도스 공격의 한 예인 슈타첼드라트Stacheldraht(철조망이라는 뜻의 독일어) 공격은 트리누Trinoo와 트리벌 플러드 네트워크TFN, Tribal Flood Network가 갖고 있는 특성 대부분을 가진 진화된 형태의 디도스 공격 도구이다. 이는 마스터와 에이전트가 자동으로 갱신되는 특징을 갖고 있으며, 슈타첼드라트 마스터 시스템 및 자동으로 업데이트되는 에이전트 데몬 사이에서 통신 시 암호화하는 기능이 추가되어 있다. 슈타첼드라트 디도스 공격의 그림 도식은 아래와 같다.

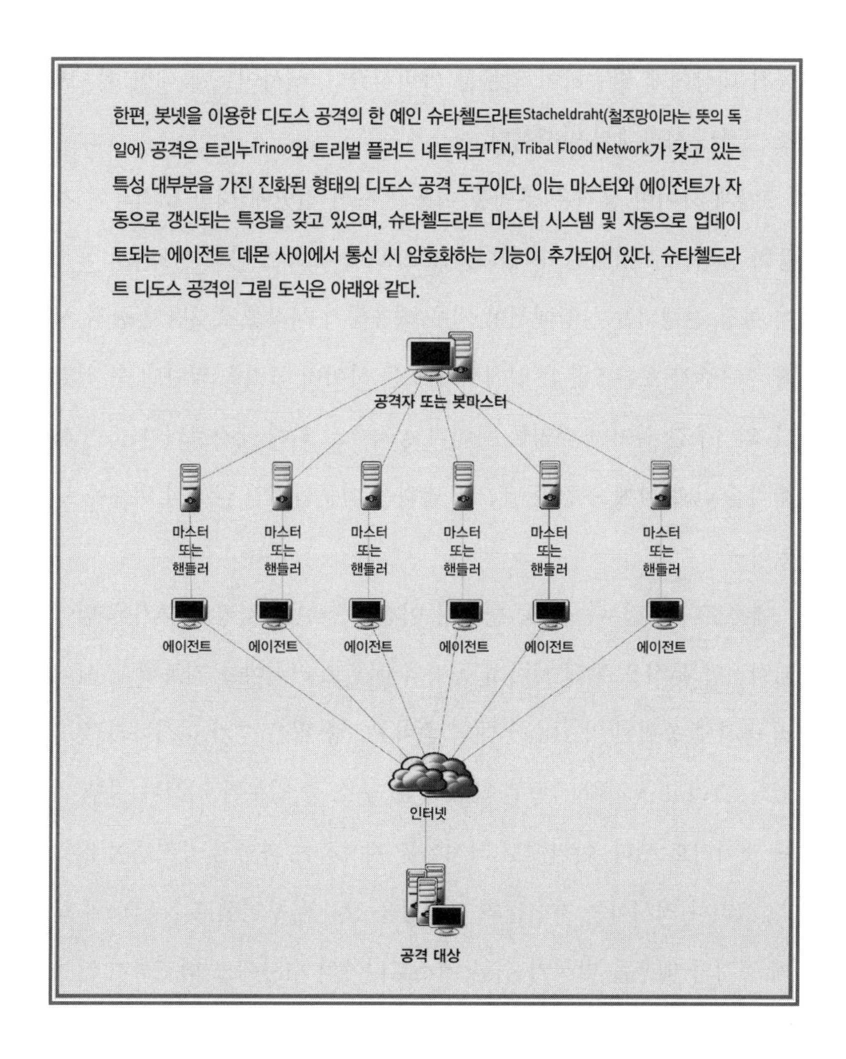

서버를 이용해 인터넷으로 연결된 좀비 PC 수천 대를 원격으로 제어했다. 해커들의 명령에 따라 좀비 PC들은 지정된 공격 대상인 서버, 시스템, 또는 웹사이트에 동시에 접속하여 이들을 무력화시켰다. 1단계에서 수동 방식의 도스 공격이 있었다면, 2단계에서는 더 위력적인 디도스 공격이 자행되었던 것이다. 또한, 해커들은 봇넷을 이용해 규모와 용량에서 이전과 비교도 되지 않을 만큼 많은 스팸 및 피싱 이메일을

공격 대상에게 발송하여 업무를 마비시켰다. 웹사이트에 대한 위·변조 공격도 사방에서 발생했다.

2단계 사이버 공격은 봇넷을 이용한 사회 전반에 대한 조직적인 자동화 공격으로 정의할 수 있다. 에스토니아와 국제 사회는 2단계 공격이 한창 진행되는 상황에서야 겨우 대응하기 시작했고, 2단계 공격 시작 후 3주가 흐른 5월 18일에서야 모든 사이버 공격을 막아낼 수 있었다. 약 3주간 일어난 다양한 사이버 공격으로 인해 에스토니아는 큰 사회적 혼란과 함께 수천만 달러에 달하는 천문학적인 금전적 피해를 보았다.

에스토니아 정부는 청동 군인상 이전과 관련된 정황적 증거를 넘어 과학적인 분석을 통해 사이버 공격의 배후로 러시아를 지목했다. 사이버 공격에 동원된 약 100만 대의 좀비 PC 중 많은 수가 러시아의 것이었다. 그리고 공격에 사용된 대표적 IP 주소 중 일부가 러시아 정부 기관 것이기도 했다. 이외에도 러시아를 지목하는 과학적 증거들이 많았다. 그러나 러시아는 자신들의 관련성을 강하게 부인했고, NATO와 함께 공격의 배후를 밝히기 위한 에스토니아의 수사에도 협조하지 않는 행태를 보였다.

러시아의 강력한 부인과 비협조로 에스토니아에 대한 조직적인 사이버 공격에 대한 적절한 처벌과 보복 행위는 이루어지지 않았다. 그러나 이 첫 대규모 사이버전을 통해 전 세계 모든 국가들은 현실화되어가는 사이버전의 위협을 인식하게 되었다. 이후 NATO와 에스토니아 정부는 2008년 5월에 사이버 공격에 대한 회원국 간의 집단 방위를 위해 에스토니아의 수도 탈린에 NATO 합동사이버방어센터CCDCOE, Cooperative

NATO 사이버방어협력센터는 2010년부터 매년 봄에 회원국들 간의 사이버 협력 체제를 구축하고 종합적인 사이버 위기 해결을 위해 세계 최대 최첨단 사이버 방어 훈련인 '락드 쉴즈'를 실시하고 있다.
〈출처: https://ccdcoe.org/exercises/locked-shields/〉

Cyber Defence Centre of Excellence를 설립했다. NATO 합동사이버방어센터는 2010년부터 매년 봄마다 회원국들 간의 사이버 협력 체제를 구축하고 종합적인 사이버 위기 해결을 위해 '락드 쉴즈Locked Shields'라는 세계 최대 최첨단 사이버 공격 방어 훈련을 실시하고 있다. 락드 쉴즈는 적의 사이버 공격에 대한 기술적 방어 역량 평가뿐 아니라 사이버 방어와 연계된 국가 차원의 상황별 사이버 · 법률 · 미디어 전략 등 다양한 정책적 요소에 대한 대응 과정도 종합적으로 평가하는 훈련이다.

대한민국은 2019년 NATO 합동사이버방어센터의 회원국이 되었다. 우리나라의 경우 처음에는 준회원의 자격으로 NATO 합동사이버방어센터 및 그 회원국들과 다양한 협력을 해오다가 2022년 5월 5일 정식 회원으로 지위가 상향되었다. 이는 앞으로 대한민국이 정회원으로서 NATO와 사이버전에 대해 더 긴밀히 협력할 수 있는 중요한 계기를 마련한 것으로 평가된다.

우리나라는 2021년부터 NATO 합동사이버방어센터가 주관하는 락드 쉴즈 훈련에 참가하기 시작했다. 처음으로 참가한 실시간 온라인 훈련(2021년 4월 13일~16일)에는 국정원을 중심으로 한국전력공사, 한전KDN, 국가보안기술연구소 소속 사이버 보안 전문가 30여 명이 라트비아와 연합해 다른 20여 개 회원국 팀들과 실력을 겨뤘다. 이는 국가적으로 우수한 사이버 역량을 양성하는 동시에 참가국과 사이버 대응 전략 노하우 공유와 NATO 회원국과의 협력체계를 공고히 하는 계기로서 큰 의의를 갖는다.

CHAPTER 7

하이브리드 전쟁 : 러시아-조지아 전쟁

1991년의 걸프 전쟁은 크게 공중과 지상 작전으로 나뉜다. 먼저, 미국의 다국적군은 약 39일간의 공습으로 이라크의 군 지휘부, 통신시설, 대공망, 레이더 등 전략 목표를 무력화시켰다. 완벽한 공습에 이은 지상군 투입은 약 100시간 만에 종료되었다. 다국적군은 최소한의 손실로 승리를 거두었다.

2008년 러시아-조지아 전쟁도 이와 유사했다. 다만, 러시아-조지아 전쟁에서는 강력한 사이버 공격이 공습을 대신했다. 러시아는 사이버전을 통해 조지아 내의 전략적 중요 시설을 무력화시키는 동시에 조지아를 외부와 완전히 단절시켰다. 이와 동시에 이루어진 러시아 육 · 해 · 공군의 재래식 전투력은 단 5일 만에 조지아를 항복하게 만들었다.

전쟁으로 가는 길

조지아는 1991년 4월 9일 소련으로부터 독립을 선언한 인구 400만 명의 작은 신생 국가이다. 한때 '그루지야'로 알려져 있었지만, 2000년대 후반 국제 사회에 러시아식 발음이 아닌 영어식 발음인 조지아Georgia로 불러줄 것을 공식적으로 요청했다. 지리적으로는 북쪽으로 러시아, 서쪽으로 흑해, 남쪽으로 터키와 아르메니아 그리고 아제르바이잔과 맞닿아 있다. 역사적으로 조지아는 그리스, 페르시아, 오스만 제국, 그리고 러시아 제국에 이르기까지 강대국들의 통치를 끊임없이 받아왔다. 조지아가 위치한 유라시아 대륙의 캅카스Kavkaz 지역(아시아 서북부 흑해와 카스피해 사이에 위치한 산악지역)이 유럽과 아시아가 만나는 전략적 거점이었기 때문이다.

조지아 민족은 소련으로부터 독립하는 과정에서 친親러시아 성향의

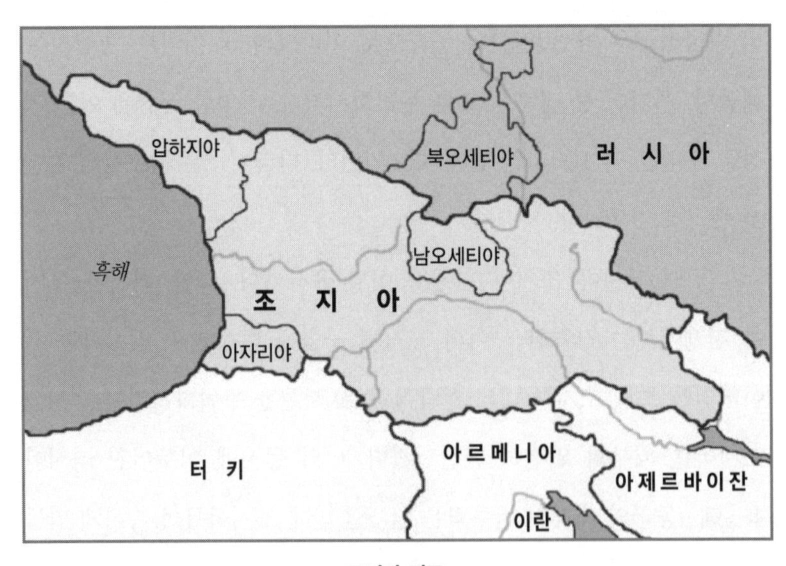

조지아 지도

2002년 3월 1일 러시아 대통령 블라디미르 푸틴을 만난 친러 성향의 조지아 대통령 예두아르트 셰바르드나제. 예두아르트 셰바르드나제 대통령은 2003년 부정선거가 발각되자 시민들이 일으킨 장미 혁명으로 대통령직에서 물러났다. 장미 혁명은 2000년대 소련으로부터 독립한 국가들의 시민들이 일으킨 각종 색깔 혁명의 시초가 되었다. 〈출처: WIKIMEDIA COMMONS | 〉

이질적인 3개의 민족과 함께 하나의 국가로 독립했다. 그러나 조지아 정부는 러시아의 압력 때문에 이질적인 민족에게 자치권을 부여해야만 했다. 조지아 내에 남오세티야South Ossetia, 압하지야Abkhazia, 그리고 아자리야Adjara라는 3개의 자치공화국이 있는 것은 이 때문이다. 그럼에도 조지아는 건국 초기부터 완전한 분리독립을 원하는 자치공화국들과 내전을 치르며 끊임없는 긴장 관계를 형성하고 있다.

2003년 조지아의 현역 대통령이자 친러 성향의 예두아르트 셰바르드나제Eduard Shevardnadze가 선거에서 부정을 저지른 일이 발각되었다. 시민들은 정권에 대한 항의의 표시로 손에 장미를 들고 민주화와 탈脫러시아를 외치면서 대규모 시위에 나섬으로써 예두아르트 셰바르드나제 대통령을 하야시켰다. 이것을 일명 장미 혁명Rose Revolution이라 부르

'색깔 혁명'이란?

공산주의가 붕괴된 이후 과거 소련의 영향력 아래에 있던 국가에서 민주주의로의 개혁을 원하던 대중에 의해 일어난 비폭력적 시위와 저항운동을 일컫는다. 전 세계 언론들은 참여자들이 특정 색깔이나 식물 등을 혁명의 상징으로 내세웠기에 이를 색깔 혁명으로 불렀다. 엄밀히 2003년 조지아의 장미 혁명이 색깔 혁명의 시초가 되었고, 이후 우크라이나의 오렌지 혁명(2004)과 키르기스스탄의 튤립 혁명(2005), 아랍의 봄(2011) 등 많은 혁명들이 뒤를 이었다. 넓게는 1976년 포르투갈의 카네이션 혁명을 색깔 혁명의 시초로 보는 견해도 있다.

는데, 장미 혁명은 2000년대 소련으로부터 독립한 국가들의 시민들이 일으킨 각종 색깔 혁명Color Revolution의 시초가 되었다.

장미 혁명으로 부정을 저지른 친러 성향의 예두아르트 셰바르드나제 대통령이 물러나자, 2004년 미하일 사카슈빌리Mikheil Saakashvili가 대통령으로 선출되었다. 미하일 사카슈빌리는 NATO와 EU 가입 등의 친서방 정책, 남오세티야와 압하지야 두 자치공화국의 자치권 박탈을 공약으로 내세웠다. 그는 미국을 중심으로 한 친서방 정책을 통해 강력한 군대와 동맹을 확보하여 러시아의 영향력에서 벗어나고자 했으며, 조지아 국민은 그를 선택했다.

조지아가 촉발한 색깔 혁명은 단순한 민주화 운동을 넘어 탈러시아를 향한 시도였다. 이어진 새로운 조지아 정부의 미국을 중심으로 한 친서방적 행보는 러시아를 자극했다. 러시아 입장에서는 이러한 현상이 도미노처럼 자신의 영향력 내에 있는 주변 국가들로 번져나가는 것을 차단해야 했다.

장미 혁명으로 부정을 저지른 친러 성향의 예두아르트 셰바르드나제 대통령이 물러나자, 2004년 NATO와 EU 가입 등의 친서방 정책, 남오세티야와 압하지야 두 자치공화국의 자치권 박탈을 공약으로 내세운 미하일 사카슈빌리가 대통령으로 선출되었다. 이후 조지아 정부의 친서방적 행보는 러시아를 자극했다. 사진은 2005년 5월 10일 조지아의 수도 트빌리시에 있는 자유광장에서 시민들을 향해 부시 미 대통령(왼쪽)과 함께 굳게 잡은 손을 들어 올려 보이는 미하일 사카슈빌리 대통령의 모습이다. 〈출처: WIKIMEDIA COMMONS | Public Domain〉

2008년 초 친서방 성향의 사카슈빌리의 재선과 함께 조지아와 러시아 간의 정치적 긴장감이 이전보다 더 높아지기 시작했다. 그해 봄부터는 양측 간의 물리적 충돌이 평소보다 격화하는 양상을 보인 것이다. 4월 20일 압하지야 자치공화국 상공을 날던 조지아의 드론이 러시아 전투기에 의해 격추되는 사건이 발생했다. 러시아는 자신의 소행이 아니라며 오히려 군대를 압하지야 지역으로 집결시켰다. 과거 조지아와 맺은 협정에 따라 평화유지군이라는 미명 하에 최대 3,000명의 러시아군이 압하지야에 주둔할 수 있었다. 심지어 러시아는 철도부대를 동원하여 전쟁이 가능하도록 압하지야 지역 내 철도망을 보수 및 증설했다. 조지아는 그들이 평화유지군이 아닌 전쟁을 위해 중무장한 군대라며 반발하는 동시에 맞대응 차원에서 압하지야에 군대를 보내 러시아군과 대치 상태에 들어갔다.

한편, 조지아와 러시아는 각각 대규모 군사훈련을 통해 서로에 대한 무력시위에 들어갔다. 조지아군은 7월 15일부터 약 보름간 미군 1,000명, 그리고 우크라이나·아제르바이잔·아르메니아 군대와 함께 연합훈련인 '즉각대응 2008' 훈련을 실시했다. 러시아도 이에 대응하여 압하지야와 남오세티야를 군사적으로 지원하는 군사계획을 포함한 '코카서스 프론티어 2008' 훈련을 실시했다. 여기서 중요한 사실은 러시아는 훈련 종료 후에도 참가 부대 대부분을 조지아와의 국경에 임시로 주둔시켰다는 점이다.

훈련이 한창이던 7월이 되자 조지아와 러시아 간의 군사적 긴장이 압하지야 자치공화국에서 이제는 남오세티야 자치공화국으로까지 번졌다. 조지아와 남오세티야의 분리독립주의자 간에 국지적인 충돌이 빈번히 일어났다. 8월 1일에는 결정적인 사건이 벌어졌다. 조지아의 경찰이 남오세티야 자치공화국의 중심도시인 츠힌발리Tskhinvali에서 일어난 의문의 폭발로 큰 부상을 입었다. 조지아는 바로 남오세티야 분리주의자들에 대해 보복성 공격을 감행했다. 양측 간의 국지적인 게릴라전이 이어졌다. 2004년 친서방 대통령 당선 이후 최악의 군사적 상황이었다.

러시아는 기다렸다는 듯이 이번 사태에 개입했다. 러시아는 8월 3일 여자와 어린이들을 포함해 분쟁지역에 거주하는 약 2만 명의 남오세티야 민간인을 안전한 곳으로 피신시켰다. 이틀 뒤 남오세티야는 조지아에 대해 선전포고를 했다. 다음날 조지아와 남오세티야 간에 격렬한 포사격이 이어졌다. 남오세티야의 도발을 응징하기 위해 조지아의 군대가 8월 7일 오후 남오세티야로 진격해 들어가며 전쟁이 본격적으로 시작되었다. 동시에 조지아는 외교적으로 러시아의 개입을 막기 위한 회담을 원했다. 그러나 러시아는 이를 거부하며 기다렸다는 듯이 조지아에 대해 무력행위를 개시했다.

사이버전과 재래식 전쟁의 완벽한 결합

그런데 러시아-조지아 전쟁은 독특한 이유로 전 세계의 이목을 집중시켰다. 전통적인 전장戰場인 지상, 해상, 공중 이외에 사이버 공간에서도 전쟁이 동시에 벌어졌기 때문이다. 이러한 이유로 러시아-조지아 전쟁을 하이브리드 전쟁hybrid warfare이라고 부른다.

군대는 앞으로 있을 군사작전을 위해 훈련을 한다. 러시아의 '코카서스 프론티어 2008'은 조지아를 공격하기 위한 전통적인 군사훈련이었다. 그런데 러시아는 또 다른 곳에서도 훈련을 진행했다. 8월 7일 조지아에서 물리적인 포성이 시작되기 수주일 전부터 인터넷 공간에서 사이버전에 대한 논의가 시작되었다. 러시아 정부와 관련이 깊은 웹사이트, 채팅방, 온라인 커뮤니티에서 사이버전에 참여할 민간 해커들을 모집하기 시작했다. 그들은 사이버 전사로서 온라인 커뮤니티에서 공격대상과 방법에 대한 논의를 광범위하게 진행했다.

러시아 해커들의 본격적인 움직임은 공교롭게도 군사훈련과 맞아떨어졌다. 러시아의 군사훈련은 7월 5일 시작되었고, 미국과 조지아의 연합훈련이 시작된 둘째 주부터 실기동훈련 단계로 전환되었다. 사이버 공간에서 실시된 해커들의 훈련도 실기동 훈련에 맞춰 7월 18일경

'하이브리드 전쟁'이란?

하이브리드 전쟁hybrid warfare은 '잡종 또는 혼합물'을 뜻하는 '하이브리드hybrid'와 '전쟁war'이 결합된 단어로, 프랭크 호프만Frank G. Hoffman 박사가 언급했다고 알려져 있다. 호프만 박사는 2007년 자신의 연구보고서를 통해 국가뿐만이 아니라 그에 준하는 정치 집단, 즉 비국가 행위자까지도 행위자로 참여하는 것을 하이브리드 전쟁이라 하며, 이를 재래식 전쟁 능력과 비정규적 전술과 편제, 무차별적인 폭력과 강압을 일으키는 테러 행위, 그리고 범죄와 무질서 등이 포함된 서로 다른 전쟁 양식들의 혼합으로 정의한 바 있다. 또한, 같은 보고서에서 그는 사이버전 역시 국가가 직면한 하이브리드 위협으로 분류한 바 있다. 즉, 하이브리드 전쟁은 과거의 정형화된 정규전이 아닌 행위의 주체, 수단과 방법 등 모든 면에서 다양한 것들이 결합되어 수행되는 전쟁을 말하는 것으로, 그 모습이 특정한 것으로 한정되지 않는다. 특히, 사이버 수단은 하이브리드 전쟁에서 중요한 역할을 담당하고 있다.

하이브리드 전쟁을 가장 적극적으로 수행한다고 평가되는 러시아는 이 용어를 직접적으로 사용하지 않고 비선형 전쟁이나 차세대 전쟁이라는 용어를 하이브리드 전쟁과 유사한 개념으로 사용하고 있다.

부터 본격화되었다. 러시아가 곧 있을 대규모 전쟁을 위해 7월에 두 번의 드레스 리허설Dress Rehearsal(의상과 분장을 갖추고 실제와 동일하게 행하는 연극의 마지막 총연습)을 실시한 것이다. 즉, 러시아는 지상 · 해상 · 공중 이외에 사이버 공간까지 4개 전선에서 동시 공격을 위한 준비를 완료한 것이다.

서구 사이버 보안 전문가들은 7월 18일부터 이틀간 발생한 디도스 공격을 받아 조지아 정부의 일부 웹사이트가 마비되었다는 사실을 알아차렸다. 주요 공격 대상이었던 미하일 사카슈빌리 조지아 대통령의 웹사이트는 24시간 동안 접속이 불가능한 상태에 놓였다. 디도스 공격

러시아 해커들의 위·변조 공격으로 조지아의 대통령 미하일 사카슈빌리를 히틀러에 비유한 악의적 사진으로 도배된 조지아 외교부 웹사이트 〈출처: 저자 제공〉

을 명령한 C&C 서버(좀비 PC를 통제하는 지휘 및 통제 서버)가 러시아의 한 지방 ISP를 이용했다. 그리고 공격 명령에도 러시아와 연관된 메시지가 있었다. 그러나 이것들은 정황적 증거였을 뿐 공격의 배후로 러시아를 지목하기에는 부족했다. 그러나 이것들이 대규모 사이버전의 전조임에는 분명했다.

2008년 7월부터 남오세티야 내 분리독립주의자들은 테러 행위의 강도를 높여갔고, 급기야는 8월 5일 남오세티야 자치정부가 조지아에 선전포고했다. 8월 7일 중무장한 조지아의 군대는 남오세티야 자치공화국 내에서만 제한적인 군사작전을 시도했다. 약 3,000명으로 구성된 남오세티야의 준군사조직은 조지아의 상대가 될 수 없었다. 오히려 문제는 그동안 조지아 내 자치공화국의 분리독립을 강력히 지원해왔던 러시아였다.

러시아는 조지아의 제한된 군사행동에 대한 대응으로 조지아 전역에 대한 군사작전으로 맞섰다. 그들은 조지아 내 러시아계 주민과 자국의 평화유지군 보호를 명분으로 군사개입을 결정했다. 8월 8일 러시아의 전투기가 조지아 상공을 비행하며 군사목표를 타격하기 시작했다. 해군은 흑해를 봉쇄하여 조지아를 외부로부터 고립시켰다. 이미 조지아 내에 주둔하고 있던 평화유지군에 더해 '코카서스 프론티어 2008' 훈련을 마치고 국경에서 대기 중이던 7만 명 이상의 러시아 육군도 조지아의 국경을 넘었다. 러시아는 전통적인 전장인 지상 · 해상 · 공중, 이 3개 전선에서 조지아를 압박했다.

그런데 러시아는 지상 · 해상 · 공중, 이 3개의 전선이 아닌 4개의 전선에서 조지아를 공격했다. 그 네 번째 전선은 사이버 공간이었다. 사이버 인프라 구축 상태와 국민의 인터넷 접근성이 세계 기준 최하위였던 조지아이지만, 그들도 지휘 및 통제 시스템은 인터넷에 의존하고 있었다. 러시아는 재래식 군사력이 투사되기 하루 전인 8월 7일에 조지아의 지휘체계를 무력화시키기 위한 사이버 선제공격을 개시했다. 8일 절정에 이른 집중적인 사이버 공격으로 외부세력이 조지아의 주요 서버를 통제하게 되었다.

조지아의 대통령, 국방부, 내무부, 외교부, 의회 등의 웹사이트들이 디도스와 악성 바이러스, 웹사이트 위 · 변조 공격에 노출되어 그 기능을 완전히 상실했다. 전쟁 중 가장 중요한 의사결정을 내려야 할 대통령, 전쟁을 직접적으로 수행하는 국방부, 현재 상황을 국민들에게 알리

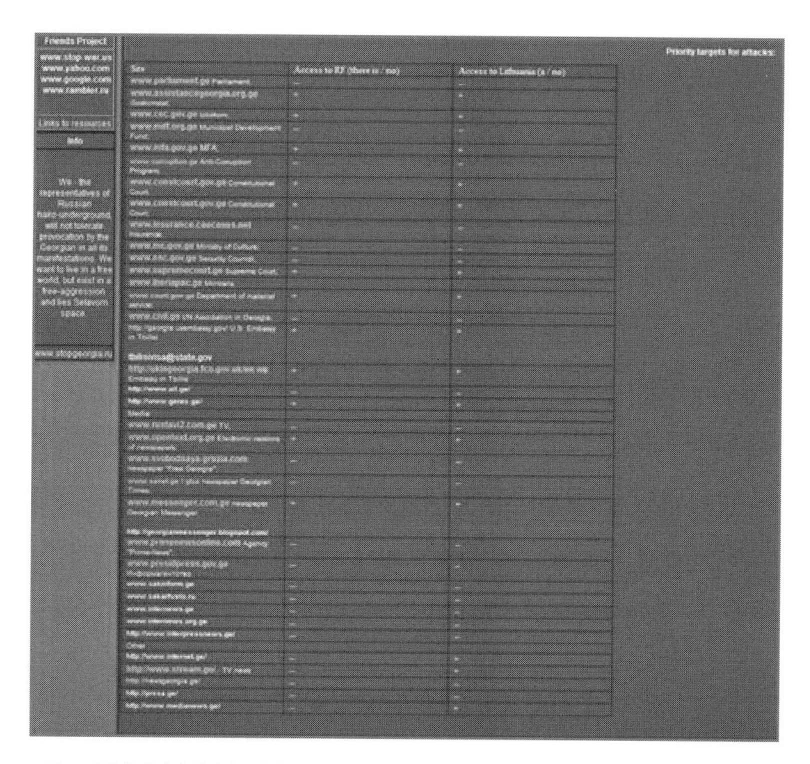

어느 러시아 해커의 웹사이트에 올라온 조지아 내 디도스 공격 목표 웹사이트 리스트 〈출처: 저자 제공〉

고 통제해야 하는 내무부, 그들을 도울 수 있는 서방국가와 소통해야 하는 외교부, 입법을 통해 행정부의 기능을 도와야 하는 의회 등에 대한 전면적 사이버 공격이 실시된 것이었다. 초기 사이버 공격은 조지아 내의 전략적 목표들을 완전히 무력화하기 위한 것이었다.

민간 영역에 대한 러시아의 사이버 공격은 조지아 국민들을 충격과 공포로 몰아넣었다. 조지아 국민들은 대부분의 중요 정부 웹사이트에 접근할 수 없는 상태였다. 일부 조지아 국민이 정부 웹사이트에 접속해도 러시아의 웹사이트 위·변조 공격이 만들어낸 각종 악의적인 선전 문구만을 볼 수 있었다. 여기에 더해 조지아의 언론기관 역시 집중 공격의 대상이었다. 전쟁 기간 디도스 공격으로 접속이 불가능했던 웹사이트들은 조지아 국민들이 가장 많이 사용하는 인터넷 커뮤니티 사이트, 뉴스포털, 영문 뉴스 사이트, 민영TV 및 외국계 통신사 웹사이트 등이었다.

결국, 조지아 국민들은 전쟁 발발, 계엄령 선포, 전선 상황, 위급 시 행동요령 등 긴급 상황에 필요한 각종 정보를 제공받을 길이 없었다. 또한, 외국 정부와 해외 언론 역시 조지아 내에서 벌어지는 상황에 대해 어떠한 정보도 얻을 수 없었다. 이외에도 조지아의 ISP, 통신사, 금융회사 등도 사이버 공격을 받아 무력화되었다.

결국, 러시아는 지상 · 해상 · 공중, 그리고 사이버 공간에서 엄청난 공세를 펼쳐 단 5일 만인 8월 12일에 조지아로부터 항복을 받았다. 재래식 군사력의 현격한 차이로 인해 러시아가 지상 · 해상 · 공중에서 쉽게 승리한 것은 어찌 보면 당연하다고 할 수 있었지만, 여기에 더해 사이버 공간에서도 조지아를 맹공격함으로써 민 · 관 · 군에 대한 지휘통제력을 조기에 잃게 만든 것이 항복을 받아내는 데 결정적으로 작용했다. 재래식 전쟁과 사이버전을 결합한 하이브리드전을 수행한 러시아의 전략은 대성공이었다. 러시아와 조지아 간의 전쟁은 앞으로 벌어질 새로운 형태의 전쟁 양상을 보여주는 중요한 사례이며, 이는 재래식 전쟁과 사이버전이 결합된 첫 번째 하이브리드 전쟁이라 할 수 있다.

CHAPTER 8

성동격서 : 암흑 속의 우크라이나

'성동격서聲東擊西'는 동쪽에서 소란을 피우고 서쪽을 공격한다는 뜻을 가진 유명한 고사성어이다. 러시아는 바로 이 전략을 사용하여 2015년 우크라이나Ukraine를 공격했다. 러시아는 우크라이나 남부의 크림 반도를 강제로 합병하고, 동부에서 활동하는 반정부 · 친러시아계 군사조직을 적극적으로 지원하여 큰 소란을 피웠다. 그리고 그 틈을 노려 상대적으로 러시아와 멀리 떨어져 있어 군사적으로 조용하기만 하던 우크라이나의 서쪽 지역과 중앙의 수도를 단 한 번의 사이버 공격을 통해 암흑으로 만들어버렸다.

'에너지 독립 시도'와 러시아의 물리적 공세

러시아는 천연자원 수출에 의존하는 경제 구조를 가지고 있다. 러시아

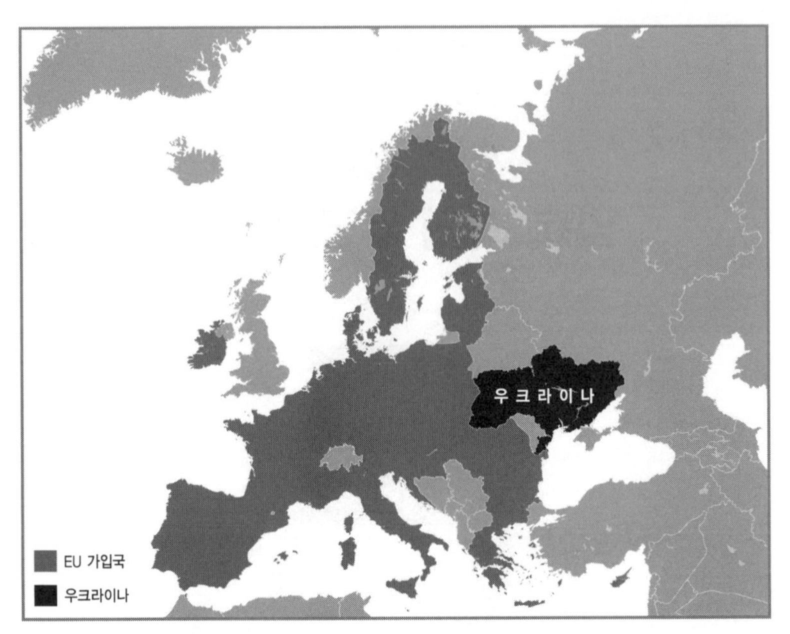

EU 가입국과 우크라이나

우크라이나 지도

에서 생산되는 천연가스의 3분의 1이 유럽으로 수출되고 있다. 이는 EU에서 매년 소비되는 천연가스의 약 40%를 차지한다. EU의 맹주격인 독일 역시 에너지 사용량의 35% 정도를 러시아산 천연가스에 의존하고 있을 정도이다. EU의 높은 러시아산 천연가스 의존도는 러시아에게 강력한 무기일 수밖에 없다. 실제로 러시아는 전략적으로 천연가스의 가격과 공급을 통제함으로써 유럽 국가들에게 정치적 영향력을 행사하기도 한다.

과거 소련에서 독립한 우크라이나 역시 러시아의 에너지 자원에 대한 의존도가 매우 높은 국가이다. 우크라이나는 여러 측면에서 러시아에게 전략적으로 매우 중요하다. 러시아와 우크라이나 모두 역사적으로 중세 키이우Kyiv(러시아어 발음 키예프Kiev) 공국을 뿌리로 하고 있다. 우크라이나는 지리적으로 유럽과 러시아를 이어주는 곳에 위치하고 있다. 제2차 세계대전 당시 독일의 남부집단군은 캅카스Kavkaz(영어로 코카서스Caucasus)의 유전지대를 점령하기 위해 우크라이나의 수도 키이우를 지나 소련의 스탈린그라드Stalingrad로 진격하기도 했다. 러시아는 군사적으로 우크라이나의 크림 반도 남서부에 위치한 항구도시 세바스토폴Sevastopol에 자국의 흑해함대를 배치하여 지중해에 대한 영향력을 유지하고자 한다. 우크라이나는 경제적으로도 러시아에게 매우 중요하다. 러시아산 천연가스는 여러 파이프라인을 통해 유럽으로 수출되고 있는데, 이 중 약 50~80%가량이 우크라이나를 통과하는 파이프라인을 거치고 있다.

그런데 러시아에게 전략적으로 중요한 우크라이나가 오히려 친서방 정책을 펼치고 있고, 이는 두 국가 간의 분쟁의 원인으로 작용하고 있

우크라이나의 국민들은 2004년 친러 성향의 여당 후보 빅토르 야누코비치가 조작을 통해 대통령 선거에서 승리했다며 거리로 나와 재선거 결정을 이끌어냈다. 다시 치러진 선거에서 친서방 정책을 주장한 야당 후보 빅토르 유셴코가 대통령이 되었다. 당시 부정선거를 규탄하는 시위자들이 야당을 상징하는 오렌지색 옷을 입거나 목도리를 두르거나 오렌지색 깃발을 휘두르는 등 거리는 오렌지색으로 뒤덮였다. 이를 이유로 사람들은 이 시민 혁명을 '오렌지 혁명'이라고 부르게 되었다. 〈출처: WIKIMEDIA COMMONS | CC BY-SA 3.0 | Marion Duimel〉

다. 이러한 두 국가 간의 갈등이 외부로 표출된 대표적인 사건이 2000년대 초에 발생했다. 우크라이나의 시민들은 2004년 친러 성향의 여당 후보 빅토르 야누코비치Viktor Yanukovych가 조작을 통해 대통령 선거에서 승리했다며 거리로 나와 재선거 결정을 이끌어냈다. 다시 치러진 선거에서 친서방 정책을 주장한 야당 후보 빅토르 유셴코Viktor Yushchenko가 대통령이 되었다. 당시 부정선거를 규탄하는 시위자들이 야당을 상징하는 오렌지색 옷을 입거나 목도리를 두르거나 오렌지색 깃발을 휘두르는 등 거리는 오렌지색으로 뒤덮였다. 이를 이유로 사람들은 이 시민 혁명을 '오렌지 혁명Orange Revolution'이라고 부르게 되었다. 오렌지 혁명은 우크라이나에게 본격적으로 친서방 정책을 펴는 계기가 된 반면, 러시아에게는 역사적 · 지리적 · 군사적 · 경제적으로 중요한 우크라이나에 대한 통제력 상실을 의미했다.

러시아는 즉각 우크라이나에 대한 보복에 나섰다. 그들은 2006년과 2009년 두 번에 걸쳐 천연가스 공급을 차단해 우크라이나를 압박했다. 천연가스 소비량의 70% 이상을 러시아에 의존해오던 우크라이나에게 이것은 큰 타격이 아닐 수 없었다. 2010년부터 잠시나마 러시아는 우크라이나에게 안정적으로 천연가스를 공급하기도 했다. 당시 친러 성향의 인물인 빅토르 야누코비치가 우크라이나 대통령으로 선출되면서 우크라이나와 러시아의 관계가 개선되었기 때문이다. 그러나 우크라이나 시민들은 친러 노선을 강하게 밀어붙인 야누코비치 대통령을 2014년 초에 축출했다. 이것이 2014년의 우크라이나 혁명Ukrainian Revolution이다. 이에 대한 보복으로 러시아는 우크라이나에 대해 천연가스 공급을 차단하는 전략을 재개했다.

우크라이나는 친서방 정책을 통해 국가를 발전시키려 했다. 그러나 그들에게 러시아의 천연가스 공급 차단 전략은 큰 걸림돌이었다. 우크라이나는 이러한 문제를 극복하고자 국가 내 셰일 자원 지대 개발을 통해 러시아로부터 에너지 독립을 추구했다.

유럽 내에서 세 번째로 많은 양의 셰일 가스를 보유한 우크라이나는 총 세 곳의 주요 매장지를 보유하고 있다. 그 세 곳은 크림 반도 남서쪽 흑해 대륙붕에 있는 '스키프스카Skifska 매장지', 동부의 '유지브스카Yuzivska 매장지', 그리고 서부의 '올레스카Olesska 매장지'이다. 우크라이나 정부는 이 셰일 가스 지대들을 개발하기 위해 서구 정유업계 자본을 끌어들였다. 흑해와 동부에 있는 셰일 가스 매장지 개발을 위해 유럽의 로열 더치 셸Royal Dutch Shell과 계약을 했고, 서부의 매장지는 미국의 셰브론Chevron에 맡겼다.

우크라이나의 에너지 독립 프로젝트는 러시아를 더 크게 자극했다. 우크라이나의 셰일 가스 개발은 유럽 내에서 러시아의 경제적 이익을 손상시킬 뿐만 아니라 러시아가 우크라이나를 포함한 주변국들에 사용하던 천연가스 독점권을 활용한 정치적 영향력 행사 전략을 약화시키는 행위였다.

러시아는 우크라이나의 친서방 정책과 에너지 독립을 막기 위해 군사력을 사용했다. 그들은 2013년 11월 우크라이나에서 일어난 유로마이단Euromaidan(유럽광장이라는 뜻의 우크라이나어) 사건을 이유로 이듬해 2월 말부터 기습적인 군사작전을 통해 크림 반도를 자국 영토로 편입시키려 했다. 친러 성향의 우크라이나 대통령 빅토르 야누코비치가 EU가 아니라 러시아와 협력을 추진하자, 우크라이나 시민들이 이에 반기를 들고 일어나 빅토르 야누코비치를 축출했다.

러시아는 무력을 동원해 2014년 3월 18일 크림 반도를 합병하면서 크림 반도 내의 러시아인을 보호한다는 명분을 내세웠다. 크림 반도 내에 있는 친러 성향의 주민들은 이에 동조했다. 러시아의 크림 반도 합병은 단순히 흑해함대를 위한 세바스토폴 항구의 영구적 사용을 넘어 우크라이나 전역에 대한 힘의 과시였다. 또 하나 우크라이나가 꿈꾸던 에너지 독립의 거점이었던 크림 반도 남서쪽 스키프스카 셰일 지대 개발을 저지하는 효과도 거두었다.

러시아는 또한 우크라이나 동부에 있는 반정부 세력을 군사적으로

'유로마이단'이란?

유로마이단Euromaidan은 빅토르 야누코비치 대통령이 EU 가입과 경제협력을 포기하고 러시아와의 우호적인 협력조약을 추진하기로 급작스럽게 결정한 날인 2013년 11월 21일 키이우 중앙에 있는 독립광장에서 작은 규모로 시작된 우크라이나 시민들의 시위에서 비롯된 시민 혁명이다. 이후 우크라이나 시민들은 정부의 강경 진압에도 불구하고 대규모로 시위를 이어나가 새로운 친서방 과도정권을 수립했다.

지원했다. 도네츠크Donetsk, 루한스크Luhansk, 그리고 하르키우Kharkiv는 러시아계 주민들이 많이 거주하는 지역이자, 분리독립을 꿈꾸는 반군이 활동하는 지역이기도 하다. 이들 중 우크라이나 동남부 도네츠크와 루한스크가 있는 돈바스 지역은 러시아의 지원을 받는 반군의 끊임없는 무력 도발로 인해 치안과 안보가 매우 불안하다. 2014년 3월 러시아

2014년 러시아의 크림 반도 합병

친러 성향의 대통령 빅토르 야누코비치가 EU와의 경제협력에 서명하지 않은 것을 이유로 2013년 11월 말 유로마이단 시위가 일어났다. 이러한 친서방 성향의 시위는 계속해서 격화되었고, 마침내 2014년 2월 22일 야누코비치 대통령은 키이우를 탈출하고 우크라이나에는 친서방 성향의 새로운 과도정부가 세워졌다. 이 사건은 60% 정도가 러시아계 주민으로 이루어진 우크라이나 남부 크림 반도에 직접적인 정치적 위기를 촉발시켰다. 1783년 크림 칸국Crimean Khanate이 러시아 제국에 합병되면서 크림 반도는 러시아의 영토가 되었다. 그런데 소련(소비에트 사회주의 공화국 연방) 시절인 1954년 당시 최고권력자인 니키타 흐루쇼프Nikita Khrushchyov가 러시아와 우크라이나 양국 간의 우애를 기념하여 크림 반도를 우크라이나에게 선물했다. 우크라이나가 소련이었던 시절에는 이것이 문제가 되지 않았지만, 1991년 소련의 붕괴와 함께 우크라이나가 크림 반도와 함께 하나의 국가로 독립하면서 영토 문제로 부각되었다. 이러한 역사적 상황 속에서 2013년 11월 유로마이단 사건 이후 우크라이나가 친서방 쪽으로 기울자, 러시아계가 다수를 이루고 있던 크림 반도 주민들이 동요하게 되었던 것이다. 우크라이나 수도를 중심으로 친서방 시위가 일어났다면, 2014년 2월 말 야누코비치 대통령이 우크라이나를 떠나자 크림 반도 내에서는 친서방 성향의 과도정부를 반대하는 친러시아 시위가 일어났다. 크림 반도는 친러 시위대와 반러 시위대가 충돌하면서 대혼돈으로 빠져들었다. 친러 지지자들의 지지를 등에 업고 러시아 국적자가 크림 반도의 중심 도시 세바스토폴의 시장에 선출되면서 우크라이나 중앙정부에 반기를 들었다. 그리고 크림 반도 내에 전직 특수부대 소속 대원들로 구성된 친러 성향의 자경단까지 활동하기 시작했다. 크림 반도의 자치 정부 총리 역시 친러 성향의 인물로 바뀌고 지역 의회와 지방 정부 청사 등 주요 시설 등이 친러 성향의 주민들의 통제 아래 놓이기 시작했다.

심지어 2014년 2월 28일 러시아 군인들이 세바스토폴의 국제공항과 지역 방송국 등을 점령했다. 속칭 '리틀 그린맨Little green men'으로 불리는 그들은 러시아 군인임을 알리는 부대 마크와 같은 표식 없이 활동하는 등 러시아의 직접적 군사력 투입 사실을 은폐하는 전략을 사용했다. 우크라이나의 과도정부는 이를 명백한 러시아군의 침략으로 규정하고 비난 성명을 발표했지만, 러시아 정부는 이를 강하게 부인했다. 이런 모호한 전략 속에 3월 1일 공식적으로 무장한 러시아의 군대가 크림 반도에 속속들이 진입해 지역 내 전략시설 등을 빠르게 점령함으로써 크림 반도는 러시아의 통제 하에 놓이게 되었다. 크림 반도의 친러 성향의 지도자들 역시 지역 의회를 통해 러시아에 합세하여 3월 11일 우크라이나로부터의 독립을 결의했다.

3월 16일 크림 반도에서는 러시아로의 합병 여부를 놓고 주민 투표가 실시되었다. 3월 17일 독립 및 러시아로의 합병에 찬성하는 측이 절대다수라는 결과가 발표되었고, 3월 18일 러시아 정부와 크림 반도 자치정부 간에 크림 반도의 러시아 합병 안이 공식적으로 체결되었다. 이 사건은 동남부에서의 우크라이나 정부군과 분리독립을 지지하는 반군 간의 돈바스 전쟁과 2022년 러시아의 우크라이나 침공으로 이어지게 된다.

돈바스 전쟁Donbas War

유로마이단 혁명과 2014년 러시아의 크림 반도 강제 합병은 우크라이나의 남부와 동부에 거주하는 친러·반정부 러시아계 분리주의자들의 독립을 지지하는 시위로 이어졌다. 이 지역 역시도 크림 반도처럼 러시아와의 합병을 위한 주민투표를 실시했으나, 정치적 부담을 느낀 러시아의 거부로 합병으로 이어지지는 못했다. 그 대신 러시아는 크림 반도 때와는 달리 은밀히 우크라이나 내 분리주의자의 활동을 지원하는 방식을 선택했다.

러시아로의 합병에 실패한 분리주의자들은 포기하지 않고 돈바스 지역 내에 도네츠크 인민공화국DPR, the Donetsk People's Republic과 루한스크 인민공화국LPR, the Luhansk People's Republic을 수립했다. 그들은 2014년 4월 초부터 돈바스 내의 정부 건물을 점거하는 등의 군사적 행동을 취하며 우크라이나 정부군과 무력 충돌을 이어갔다. 그때부터 시작된 양측 간의 군사적 충돌은 돈바스 전쟁으로 불리며 지금까지 이어지고 있다.

의 크림 반도 강제 합병 성공 후 이곳 동부의 돈바스 지역에서는 우크라이나 정부군과 분리주의 반군 간의 돈바스 전쟁Donbas War이 시작되었다. 게다가 유지브스카 셰일 자원 지대가 이곳에 속해 있었다. 결국, 우크라이나 정부와 계약을 맺은 외국계 회사 두 곳은 정치·군사적 불안을 이유로 우크라이나 동부 지역의 셰일 가스 개발을 보류했다. 러시아의 군사적 행위로 인해 자신들의 투자금 회수가 어려울 것이라 예측한 것이다.

악성 코드를 이용한 사이버 공격이 일으킨 대규모 정전

러시아는 우크라이나 남부의 크림 반도와 동부의 돈바스 지역에 대한 군사적 개입을 실시했다. 이를 통해 남부와 동부에서 실행되고 있던 우

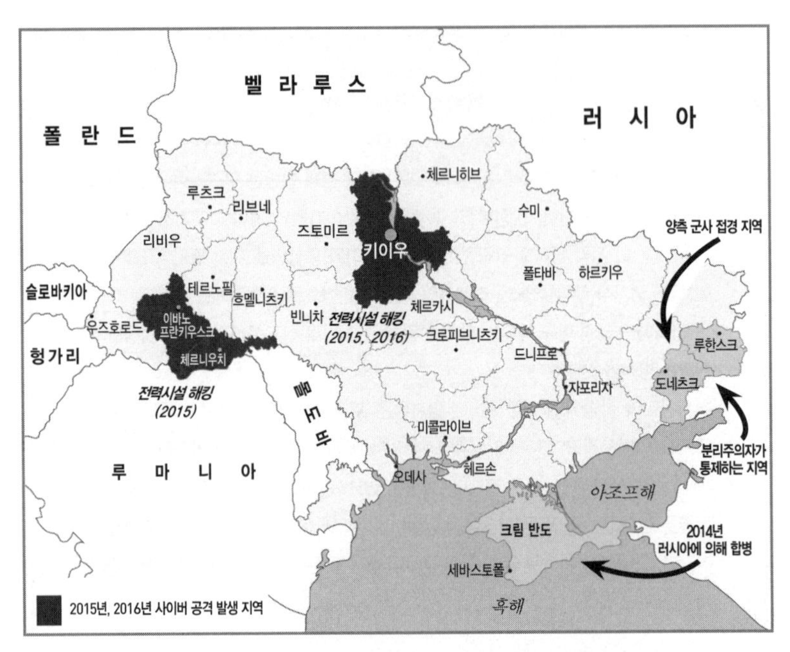

2015년과 2016년 우크라이나 전력시설 사이버 공격 발생 지역

크라이나의 에너지 독립을 방해하는 데 성공했다. 그러나 러시아 국경으로부터 멀리 떨어져 있고, 반러 성향이 강한 서부에서의 에너지 독립을 방해하는 것은 물리적으로 쉬운 일이 아니었다. 러시아는 이 문제를 사이버전을 통해 단숨에 해결했다. 소란스러운 군사작전과 달리 우크라이나 서부에 대한 러시아의 사이버 공세 전략은 조용했지만 큰 충격을 주었다.

2015년 12월 23일 우크라이나의 이바노프란키우스크Ivano-Frankivsk 주에 전기 공급 회사 프리카르파티아오블레네르고Prykarpattyaoblenergo의 '배전용 변전소' 30곳이 사이버 공격으로 무력화되었다. 공격을 받은 7곳의 110kV 변전소, 23곳의 35kV 변전소의 전기 공급 차단으로 그 지역에 사는 우크라이나 주민 약 23만 명이 1~6시간 동안 전기를 사

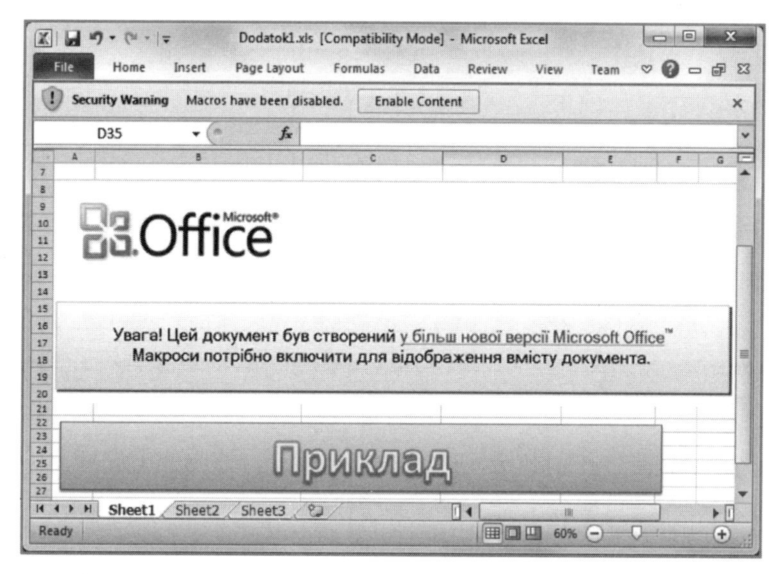

2015년 우크라이나 전력시설에 대한 사이버 공격에 사용된 블랙에너지 악성 코드 매크로 〈출처: https://www.welivesecurity.com/2016/01/04/blackenergy-trojan-strikes-again-attacks-ukrainian-electric-power-industry/〉

용하지 못했다. 이바노프란키우스크는 올레스카Olesska 셰일 가스 지대가 있는 곳이었다. 규모는 작았지만, 우크라이나의 수도 키이우 주변 중북부와 이바노프란키우스크 주 남쪽의 체르니우치Chernivtsi 주에 전기를 공급하는 회사 두 곳도 동시에 사이버 공격을 받았다. 체르니우치도 올레스카 셰일 가스 지대에서 멀리 떨어지지 않은 곳이었다. 수도 키이우는 당연히 반러시아 정책의 중심지였다.

우크라이나는 공식적으로 러시아를 사이버 공격의 배후로 지목했다. 사이버 보안 전문가들은 정황적 증거인 두 국가 간의 정치적 상황을 넘어 러시아가 개입되었다는 과학적 증거도 내놓았다. 정치적으로 러시아에 유리한 사이버 공격을 오랫동안 주도했던 '샌드웜Sandworm 팀'의 변종 악성 코드 '블랙에너지3BlackEnergy3'가 발견된 것이다. 그들은 지

'지능형 지속 공격'이란?

지능형 지속 공격APT은 해커나 해커 조직이 특정 국가나 기관, 또는 기업을 목표로 정한 뒤 장기간에 걸쳐 다양한 수단을 총동원하여 지능적으로 수행하는 해킹 방식을 말한다. 공격자는 고도의 해킹 기술을 활용하여 공격 목표의 내부에 은밀하게 장기간 침투한다. 이때, 그들은 통상 상대방의 정보보호체계에 식별되지 않도록 미량의 정보만을 지속적으로 탈취하는 방식을 취한다. 특정 국가의 이익을 위해 해킹을 하는 행위자의 많은 수가 지능형 지속 공격 행위를 통해 사이버전을 수행하고 있다.

능형 지속 공격APT, Advanced Persistent Threat을 통해 사이버 공간에서 러시아를 위한 스파이 활동과 사보타주sabotage(파괴적인 테러 행위)를 주로 해왔다. 그들은 해킹을 통해 경제적 이득을 취하려는 민간 해커 집단과는 확연히 다른 길을 걸어온 것이다. 샌드웜 팀의 주요 목표는 러시아에 적대적인 NATO 소속 국가였다.

샌드웜 팀은 2007년 '블랙에너지' 악성 코드를 사용해 디도스 공격을 실시한 바 있었다. '블랙에너지'는 산업공정을 통제하는 휴먼-머신 인터페이스를 목표로 만들어졌다. 그리고 2015년 12월 23일 사이버 공격에는 '블랙에너지3'가 사용되었다. 이는 원격으로 산업 시스템을 제어하고 데이터를 수집하는 스카다SCADA, Supervisory Control and Data Acquisition를 공격하도록 고안되었다. 블랙에너지3는 다양한 해킹 활동을 패키지화한 모듈식 악성 코드로, 산업 전반에 걸쳐 보편적으로 사용되는 스카다를 공격할 수 있게 설계되어 있었다.

알려진 바에 따르면, 샌드웜 팀은 공격이 개시되기 약 6개월 전 우크

WANTED
BY THE FBI
GRU HACKERS' DESTRUCTIVE MALWARE
AND INTERNATIONAL CYBER ATTACKS
Conspiracy to Commit an Offense Against the United States; False Registration of a Domain Name; Conspiracy to Commit Wire Fraud; Wire Fraud; Intentional Damage to Protected Computers; Aggravated Identity Theft

2020년 미국 법무부가 우크라이나 대규모 정전을 비롯한 여러 국제적 사이버 공격에 가담한 혐의로 기소한 러시아군 정보기관 소속 장교들을 FBI가 인터넷에 사진을 올려 공개수배했다. 〈출처: 저자가 직접 FBI 웹사이트 캡처. https://www.fbi.gov/wanted/cyber/gru-hackers-destructive-malware-and-international-cyber-attacks〉

라이나 전기 공급 회사의 임직원에게 스피어 피싱spear phishing(불특정 다수가 아닌 특정한 공격 목표를 대상으로 한 피싱 공격) 이메일을 발송했다. 이메일을 받은 직원의 일부가 첨부된 블랙에너지3 악성 코드를 실행시켜 자신의 회사 시스템에 악성 코드가 침투하는 것을 의도치 않게 도왔다. 샌드웜 팀은 블랙에너지3를 통해 원격으로 해당 기업에 대한 정찰을 시작했다. 그리고 그들은 우크라이나 전기 공급 회사의 변전소 운영자들이 원격으로 컨트롤 센터에 접속할 때 사용하는 VPNsVirtual Private Networks(통상 보안을 이유로 특정 단체들이 내부인만 사용할 수 있도록 구축하는 가상 사설망)에 관한 비밀 정보를 획득하고 그들의 시스템 운영 방식을 철저히 조사했다.

2015년 12월 23일 샌드웜 팀은 불법으로 탈취한 권한과 지금까지 수집된 정보를 바탕으로 원격으로 배전용 변전소의 차단기를 작동시켜 대규모 정전을 일으켰다. 그들의 공격은 여기서 멈추지 않았다. 전기 공급 회사의 신속한 전력 복구를 방해하기 위해 지역의 콜센터에 도스 공격을 실시했다. 도스 공격이 만들어낸 수많은 가짜 전화 때문에 콜센터 직원들은 정전 지역의 정확한 위치와 규모를 파악하지 못했다. 일반 시민들은 콜센터를 통해 현재의 상황을 안내받지 못했다. 따라서 사이버 공격을 받은 지역의 거주민은 겨울철 전기 공급 차단으로 전기와 난방을 사용하지 못했을 뿐만 아니라 정보의 부재로 더 큰 공포감에 휩싸였다. 한편, 샌드웜 팀은 일부 변전소 컨트롤 센터의 복구 지원 장비들의 작업 속도를 지연시키기도 했다.

블랙에너지3에는 킬디스크KillDisk 악성 코드도 있었다. 킬디스크는 침투한 컴퓨터와 시스템에 저장된 파일들을 삭제하고 컴퓨터와 시스템의 재가동을 불가능하게 했다. 물론, 샌드웜 팀의 침투 흔적 역시 삭제되었다. 사이버 공격으로 대규모 정전이 발생한 첫 번째 사례였다.

러시아는 2016년 12월 17일에 또다시 우크라이나의 전력망에 대한 사이버 공격에 성공했다. 이번 사이버 공격에는 '인더스트로이어Industroyer'라는 새로운 악성 코드가 사용되었다. 범용 악성 코드였던 블랙에너지3와 달리, 인더스트로이어는 오로지 전기 공급망을 통제하는 스카다 시스템, 즉 우크라이나의 변전소만을 공격하도록 개발된 아주 정교한 모듈식 악성 코드였다. 이 공격으로 우크라이나의 수도 키이우 북쪽에 위치한 '송전용 변전소'를 제어하는 스카다가 무력화되었다. 피

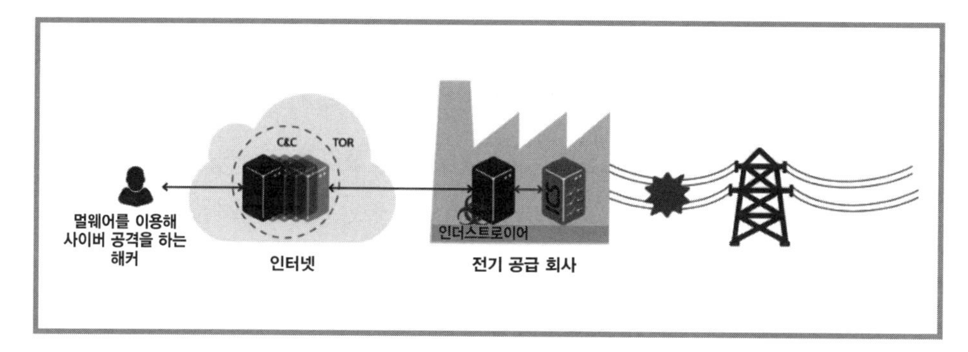

인더스트로이어 멀웨어의 공격 매커니즘

〈출처: https://www.welivesecurity.com/2017/06/12/industroyer-biggest-threat-industrial-control-systems-since-stuxnet/〉

해 규모는 정확히 알려지지 않았지만, 이번에도 대규모 정전이 발생해 우크라이나 시민들이 큰 불편을 겪었다. 자정 무렵 시작된 정전으로 약 1시간 이상 우크라이나 수도 키이우 주변 시민들이 겨울철 전기와 난방을 사용하지 못했다. 짧은 시간이었지만, 자정 무렵 키이우에서 소비되는 전력의 약 5분의 1가량이 손실을 입었다. 이번에도 러시아 해커들은 공격 개시 약 6개월 전 한 전기 공급 회사에 침입해 사이버 공격을 위한 각종 정보를 수집했으며, 공격 당일 전기 공급을 차단해 시민들의 불편을 초래하는 한편, 우크라이나 정부를 정치적으로 압박했다.

유로마이단 사건으로 우크라이나 대통령에 오르게 된 친서방 성향의 페트로 포로셴코Petro Poroshenko는 2016년 12월 전력망에 대한 두 번째 사이버 공격이 발생한 후, 지난 두 달간 자국 내 변전소에 6,500여 회의 해킹 시도가 발생했었다고 밝혔다. 또한, 그는 이번 공격을 단순한 테러 행위가 아닌 러시아에 의한 사이버전으로 규정했다.

샌드웜 팀의 사이버 공격은 한 국가가 정치적 목적 달성을 위해 사이버 수단을 활용해 다른 국가의 국가기반시설을 기습적으로 무력화시킨 전쟁 행위로서, 앞으로의 전쟁 양상을 잘 보여주는 사례라 하겠다. 러시아는 우크라이나의 친서방 정책과 에너지 독립 시도를 무력화시키기 위해 두 곳의 대규모 셰일 가스 지대에는 물리적 군사력을 투사했고, 나머지 한 곳에는 사이버 공격을 실시했던 것이다.

CHAPTER 9

2022년 러시아의 우크라이나 사이버 선제공격과 무력 침공

우크라이나 시간으로 2022년 2월 24일 05시경[3] 러시아의 블라디미르 푸틴 대통령은 우크라이나 침공을 공식적으로 발표했다. 그는 미리 녹화된 영상에서 '특별 군사작전special military operation' 명령을 하달했다. 그의 전쟁 명분은 우크라이나의 '탈나치화'와 '중립화'였다. 하지만 그것은 대외적으로 그들의 불법적 행동을 정당화하기 위한 발언일 뿐, 그 이면에는 우크라이나의 친서방 정책과 NATO 가입 추진을 저지하고, NATO를 필두로 한 서구 세력의 동진을 멈추고 자신들의 과거 영광을

3 우크라이나의 표준시간은 러시아보다 1시간 빠르다. 따라서 푸틴의 발표 시점은 모스크바 현지 시각으로 2월 24일 오전 06시이다. 영국 기준 24일 새벽 03시, 대한민국 기준 정오인 12시였다. 미국의 시간으로는 2월 23일 22시였다. 9장에서 언급한 사건들은 가능한 한 현지 시간을 기준으로 설명했음을 밝힌다.

러시아의 폭격을 받고 있는 우크라이나의 건물 〈출처: 미카일로 페도로프 부총리의 트위터에 올라온 영상을 저자가 캡처한 사진〉

부활시키려는 의도가 숨겨져 있었다.

처음에 사람들은 러시아의 군사작전이 우크라이나 동부에 위치한 돈바스Donbass 지역에 한정될 것으로 예상했다. 그러나 러시아는 속전속결 전략에 따라 돈바스뿐만이 아니라 3면에서 우크라이나를 기습 침공했다. 러시아군은 2014년 불법적으로 합병했던 크림 반도 쪽에서 우크라이나 남부 해안 지역을 향해, 그리고 우크라이나의 북쪽 국경에서부터 우크라이나의 심장인 수도 키이우를 향해 진격했다. 군사적으로 열세에 놓여 있던 우크라이나는 러시아의 주공 방향으로 예상되던 돈바스 쪽에 대부분의 전력을 집중시키고 있었기 때문에 완벽하게 기습을 당한 상황이었다. 게다가 푸틴이 무력이 아닌 대화로 문제를 해결하겠다고 공언하던 터라 러시아의 갑작스런 무력 침공은 전 세계를 충격으로 몰아넣었다. 그러나 조기 결전을 통해 전쟁을 종결하고 원하는 목표를 달성하려던 푸틴의 계획은 우크라이나인들의 항전 의지와 국제 사회의 전폭적 지지로 인해 큰 차질을 빚었다.

그런데 여기서 흥미로운 것은 우크라이나와 러시아 간의 치열한 물리적 충돌 못지않게 사이버 공간에서도 양측이 치열하게 전투를 벌이고 있다는 사실이다.

러시아의 전격적 우크라이나 침공

대통령 선거에서 엄청난 지지를 얻어 당선된 볼로디미르 젤렌스키Volodymyr Zelensky는 2019년 5월 20일 우크라이나의 제6대 대통령으로 취임했다. 신임 우크라이나 대통령은 한 달 뒤에 EU의 주요 기관과 NATO 본부가 위치하여 사실상 유럽의 수도라고도 불리는 벨기에 브뤼셀Brussel을 방문했다. 방문 기간 동안 그는 현지 시간으로 6월 5일에 자국 TV 채널인 '1+1'과의 인터뷰를 통해 EU와 NATO 가입이 우크라이나의 전략적 노선이며 이는 헌법에 명시되어 있다고 강력한 어조로 말했다. 이는 이전 정권이 추진해오던 EU와 NATO 가입 등 친서방 정책을 계속 이어나가겠다는 그의 강력한 다짐이었다.

젤렌스키 정부의 친서방 정책은 러시아의 큰 반발을 불러왔다. 러시아는 이미 2014년 크림 반도를 불법적으로 합병한 바 있다. 또한 그들은 이후 이어진 우크라이나 정부군과 친러 성향의 반군 간의 돈바스 전쟁에서 반군을 지원해오고 있다. 일례로 2019년 4월 러시아는 돈바스 지역 주민들에게 신속하게 러시아 여권을 발급받을 수 있도록 대통령령을 통해 조치를 취했다. 우크라이나는 이러한 조치를 러시아의 분리주의 책동으로 규정하며 반발했지만, 러시아의 대답은 돈바스에 거주하는 러시아계 주민들의 자유와 권리 보호 조치라는 주장뿐이었다.

2019년 6월 NATO 사무총장인 옌스 스톨텐베르크(오른쪽)를 만난 젤렌스키(왼쪽). 2019년 5월 20일 우크라이나의 제6대 대통령으로 취임한 젤렌스키는 EU와 NATO 가입 등 친서방 정책을 계속 이어나가겠다고 주장하면서 NATO 본부를 방문했다. 이런 젤렌스키의 친서방 정책은 러시아의 큰 반발을 불러왔다. 〈출처: WIKIMEDIA COMMONS | CC BY 4.0〉

우크라이나와 러시아의 물리적 충돌 가능성의 징조는 2021년 4월 직접적으로 나타났다. 4월 초 러시아가 우크라이나와의 국경에 군사력을 증강시키는 것이 포착되었다. NATO 사무총장인 옌스 스톨텐베르크Jens Stoltenberg는 공식 웹사이트를 통해 러시아에 대한 비난 성명을 냈다. 러시아는 이러한 비난에도 아랑곳 하지 않고 오히려 4월 22일 병력 10만 명 이상과 40척 이상의 전함이 참가한 대규모 군사훈련을 크림 반도에서 실시했다. 친서방 정책을 펼치고 있던 우크라이나에 대한 강력한 경고의 메시지였다. 러시아는 군사훈련 후 병력이 원래의 자국 내 주둔지로 복귀할 것이라고 했지만, 많은 수가 그대로 그 지역에 잔류했다.

2021년 11월 1일 러시아가 병력과 장비를 우크라이나 국경에 새롭게 증강시키고 있다는 사실이 서방의 위성 사진을 통해 알려졌다. 이후 미국 등 서방은 러시아의 이해할 수 없는 군사적 움직임에 대해 우려하는 한편, 러시아에게 우크라이나 침공 준비를 중단하라는 메시지를 지속적으로 보냈다. 이러한 우려에도 불구하고 러시아의 군사적 증강과 훈련이 계속되자 그해 12월 7일 미국의 조 바이든Joe Biden 대통령은 러시아가 우크라이나를 침공할 시 경제 제재를 포함한 다른 강력한 수단들로 그것에 상응하는 대가를 치르게 할 것이라고 푸틴에게 경고를 보냈다. 그러나 오히려 푸틴은 12월 17일 우크라이나의 NATO 가입 반대, 서방과 NATO의 우크라이나를 포함한 동유럽 내에서의 군사 활동 중지, 구 소련 국가의 NATO 가입 금지, 러시아에 대한 법적인 안전보장 등을 요구했다.

2022년 1월 17일 러시아의 군대 약 3만 명은 12월 30일 바이든 미국 대통령의 재차 경제 제재 경고에도 불구하고 우크라이나의 북쪽 국경을 맞대고 있는 벨라루스에 도착하기 시작했다. 러시아와 동맹국인 벨라루스는 연합훈련을 위해서라고 이번 부대 이동의 이유를 밝혔으나, 우크라이나에서의 군사적 긴장은 높아만 갔다. 이러한 러시아의 계속적인 군사적 움직임에 대한 대응으로 미국과 NATO의 군대 역시도 우크라이나의 서쪽 NATO 회원국가에 집결을 선택했다. 1월 19일 NATO 회원국이 아닌 우크라이나에 대한 직접적 군사 개입에 대한 명분이 없었던 미국은 안보 능력 증강에 사용할 수 있도록 2억 달러를 우크라이나에 제공했다.

1월 말 우크라이나를 둘러싸고 전운이 감돌자, 미국을 비롯한 다른 국가들이 자국민들의 철수를 권고했다. 이와 동시에 각국은 우크라이나

2021년 12월 7일 화상 대화를 나누고 있는 조 바이든 미국 대통령과 러시아 대통령 블라디미르 푸틴의 모습. 조 바이든 대통령은 러시아가 우크라이나를 침공할 시 경제를 포함한 다른 강력한 수단들로 그것에 상응하는 대가를 치르게 할 것이라고 푸틴에게 경고를 보냈다. 〈출처: WIKIMEDIA COMMONS | CC BY 4.0〉

주재 자국 대사관 직원들을 안전한 곳으로 이동시키는 작업에도 돌입했다. 급기야 1월 27일 바이든 대통령은 2월 중 러시아가 우크라이나를 침공할 것이라고 발표했다. 그는 베이징 올림픽(2월 4일 ~ 20일)이 한창 진행 중인 2월 16일 전쟁이 일어날 것이라는 예측도 내놓았다.[4] 일부 전문가들은 미국이 선제적으로 전쟁 예상 날짜를 공개함으로써 러시아를 심리적으로 압박함과 동시에 전쟁 발발을 억제하려 한다고 보았다. 푸틴은 미국의 주장을 일축했다. 오히려 그는 우크라이나의 중립지대화 등 그가 주장하던 안보 조건을 서방에 다시 요청하는 한편, 물

---

4 러시아는 2014년 소치 동계 올림픽 폐막을 앞둔 시점에 크림 반도를 강제로 합병하기 위한 군사적 행동에 나섰던 전력이 있다.

리적 전쟁이 아니라 계속적인 대화로 문제를 풀어나가고 싶다는 의사를 밝혔다.

그러나 실제 상황은 대화를 원한다는 말과는 전혀 다른 방향으로 흐르고 있었다. 2월에 접어 들어서도 서방과 러시아의 대화는 진전이 없었다. NATO 동맹국에 미군의 전력이 서서히 증가되었다. 2월 6일 보도된 기사는 익명의 미국 관료의 말을 빌려 우크라이나 주변에 집결된 러시아의 전력이 전면전을 치를 수 있는 수준의 70%에 도달했다고 보도했다. 급기야 2월 10일 러시아는 예정대로 열흘 일정의 벨라루스와의 대규모 연합훈련인 '얼라이드 리졸브 2022Allied Resolve 2022'에 돌입했다. 이틀 뒤에 있었던 바이든 대통령과 푸틴 대통령 간의 화상 회담은 서로 간의 입장 차이만 확인한 채 종료되었다.

전쟁의 시계는 더욱 급박하게 돌아갔다. 돈바스 지역에서 우크라이나 정부군과 반군 사이의 대립이 이전보다 더 격해져갔다. 모스크바 시간으로 2월 21일 22시 35분 푸틴은 돈바스 내의 도네츠크 인민공화국Donetsk People's Republic과 루한스크 인민공화국Luhansk People's Republic을 독립국으로 인정한다고 발표했다. 게다가 두 공화국의 지도자들은 그날 러시아와 체결한 우호조약에 근거해 러시아에 병력 지원을 요청했다. 이러한 도발행위는 NATO 국가들에 의한 첫 번째 러시아 경제 제재로 이어졌다.

러시아는 한 발 더 나아갔다. 2022년 2월 24일 05시경 푸틴 대통령이 미리 녹화된 영상을 통해 우크라이나 침공을 공식화했다. 그는 우크라이나 동부 돈바스에서의 '특별 군사작전' 명령이 발령되었다고 했다. 그러나 이는 돈바스에서의 제한적인 군사작전이 아니었다. 러시아

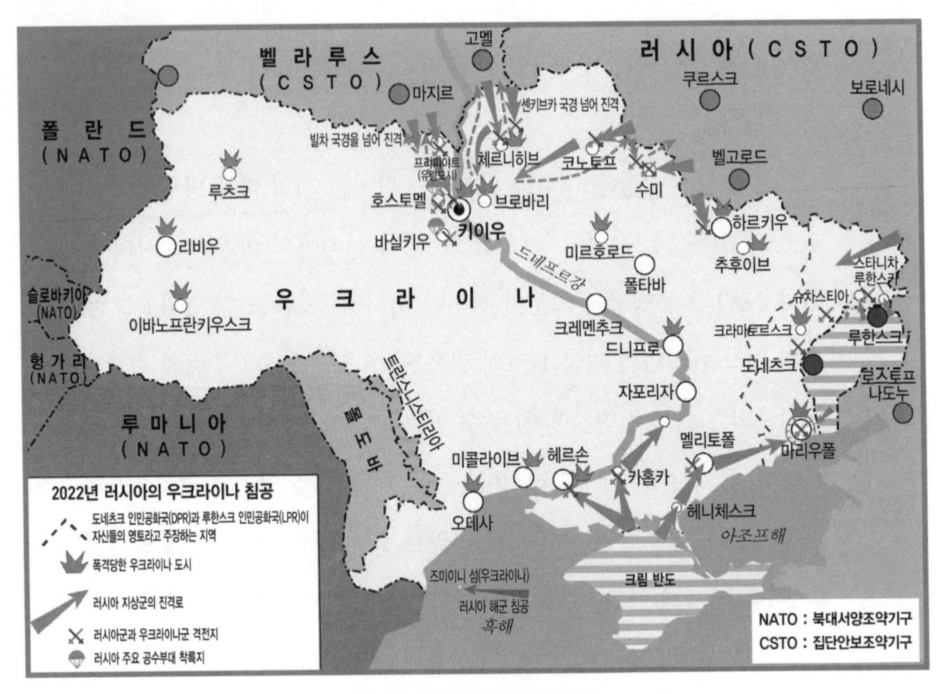

2022년 러시아의 우크라이나 침공

는 우크라이나 동부의 돈바스, 남부의 크림 반도 방면, 북부의 벨라루스 방면에서 동시에 총공세를 시작했다.

젤렌스키 우크라이나 대통령과 우크라이나인들은 러시아의 공격에 굴하지 않았다. 우크라이나도 푸틴이 공격 명령을 내린 시각에 계엄령을 선포하고 결사항전의지를 드러냈다. 특히, 우크라이나는 물리적 군사력의 절대적 열세에도 불구하고 강력히 저항하며 러시아의 총공세를 막아내기 위해 노력했다. 러시아군이 조기에 수도 키이우를 점령할 것이라 예상했던 국외 군사전문가들의 예측은 빗나갔다. 결국 단기 속전속결을 원하던 러시아의 바람과 달리 전쟁은 장기화하는 국면으로 변화하며 우크라이나와 러시아 간의 휴전을 위한 회담도 동시에 진행되고 있다.

2022년 4월 4일 수도 키이우를 돌아보며 결사항전을 촉구하는 젤렌스키 우크라이나 대통령
〈출처: WIKIMEDIA COMMONS | CC BY 4.0 | President.gov.ua〉

2022년 4월 11일 화상을 통해 대한민국 국회의원들에게 무기 지원을 요청하며 연설 중인 젤렌스키 우크라이나 대통령 〈출처: WIKIMEDIA COMMONS | CC BY-SA 4.0 | President.gov.ua〉

2022년 러시아의 우크라이나 침공

❶ 2022년 3월 1일, 러시아의 폭격을 받아 화염에 휩싸인 하르키우 외곽 지역 〈출처: WIKIMEDIA COMMONS | CC BY 4.0〉

❷ 화염병을 만드는 키이우 시민들 〈출처: WIKIMEDIA COMMONS | Public Domain〉

❸ 러시아의 공습으로 파괴된 마우리폴의 어린이병원 〈출처: WIKIMEDIA COMMONS | Public Domain〉

❹ 2022년 4월 러시아군에게 학살당한 부차 민간인들의 모습 〈출처: WIKIMEDIA COMMONS | Public Domain〉

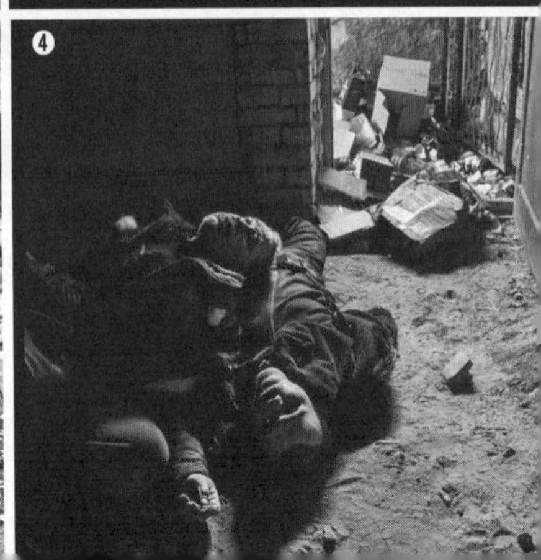

❺ 2022년 3월 1일, 키이우 외곽 부차의 거리에 파괴된 채 방치된 러시아 군용 차량들 〈출처: WIKIMEDIA COMMONS | CC BY 4.0〉

❻ 2022년 3월 5일 키이우에 있는 다리 밑으로 피신한 우크라이나 피난민들 〈출처: WIKIMEDIA COMMONS | CC BY 4.0〉

물리적 전쟁의 서막, 사이버 드레스 리허설 : 위스퍼게이트 공격

역시나 이번 전쟁에서도 러시아는 사이버 수단을 활용해 조기에 우크라이나를 무력화하고자 했다. 그 시작은 2008년 러시아-조지아 전쟁과 유사했다. 하지만 사이버전의 전개는 이전과 달랐다. 조지아는 아무런 준비 없이 러시아의 사이버 공격에 쉽게 무력화된 반면, 우크라이나는 서방 세계와의 협력을 통해 사이버 공간에서 러시아와 격전을 벌이고 있다.

우크라이나는 이미 2014년 러시아의 불법적 크림 반도 합병 당시 사이버 공격을 당해 외부와의 연락 두절을 겪은 바 있었다. 크림 반도의 인터넷과 전화가 마비되고, 지역 내 시민들은 우크라이나의 9개 TV 채널이 아닌 러시아의 채널만을 시청할 수 있었다. 우크라이나에 대한 디도스 공격도 일어났다. 2015년과 2016년 러시아는 우크라이나의 전력망에 대한 사이버 공격을 감행했다. 당시는 겨울철로 많은 우크라이나 시민들이 일시적으로 전기와 난방을 사용하지 못해 큰 어려움을 겪었다.

우크라이나는 이러한 일련의 사이버 공격으로 큰 피해를 입은 후 러시아의 또 다른 대규모 사이버 공격을 막기 위해 차근차근 대비해왔다. 미국과 동맹국들은 2015년 이후부터 약 7년간 러시아의 사이버 공격에 맞서 우크라이나의 전력망을 보호할 수 있도록 수천만 달러를 투자했다. 우크라이나 정부도 자체적인 사이버 방어 능력 향상을 위해 대규모 프로젝트를 진행해왔다. 물론, 이러한 노력만으로는 부족하다는 평가가 지배적이었다. 우크라이나의 사이버 보안 전문가들은 해외에서 투자받은 많은 자금이 비효율적으로 사용되어왔기 때문에 러시아의 전력망에 대한 사이버 공격을 충분히 방어할 수 없을 것이라는 비관적인 의견을 내놓았다. 2021년 12월 EU가 향후 3년간 우크라이나의 사이버 보안 등의 분야를 지원하는 데 3,100만 유로를 사용하기로 결정했다. 그러나 러시아의 사이버 공격이 이듬해 1월부터 시작되었던 것을 감안한다면 그 결정은 너무 늦은 것이었다.

러시아는 2008년 조지아를 침공할 때처럼 '사이버 드레스 리허설'과 함께 우크라이나 침공을 개시했다. 사이버전은 2022년 1월 13일 러시아의 선공으로부터 시작되었다. 물리적 공간에서 러시아가 우크라이나를 2월 24일 침공했다면, 사이버 공간에서의 침공은 바로 1월 13일에 개시되었다. 이날 우크라이나의 정부 기관과 비영리 단체, 그리고 IT 기관 웹사이트에서 파괴를 일삼는 멀웨어가 설치된 것이 발견되었다. 이것을 처음 발견한 기관은 MSTIC[Microsoft Threat Intelligence Center](마이크로소프트위협지능센터)였다. 이 파괴형 멀웨어가 처음 발견되고 이틀 뒤에 발표된 MSTIC의 위협 보고서에 따르면, 우크라이나의 기관들만을 목표로 등장한 이 파괴형 멀웨어는 이전에 보고된 적 없는 새로운 것이었다. 따라서 MSTIC는 누가 만들어 유포했는지 불분명하기에 이를 사용한 행위자에게는 임시 식별부호인 'DEV-0586'라는 코드명을 부여했고, 이 멀웨어에는 '위스퍼게이트[WhisperGate]'라는 이름을 붙였다.

그러나 사이버 공격의 기본적 특징 때문에 행위자를 명확히 식별하는 것이 어렵지만, 러시아와 우크라이나 간의 긴장감이 높아지던 주변 정황상 러시아와 관련된 행위자가 우크라이나에 대한 사이버 공격을 시도한 것으로 의심을 할 만했다. 중립적 입장에 있는 민간 컴퓨터 전문가들도 국가의 지원을 받는 비국가 행위자가 이번 사이버 공격과 연

랜섬웨어란?

랜섬웨어Ransomware는 납치 또는 유괴된 사람에 대한 몸값을 의미하는 '랜섬Ransom'과 컴퓨터 프로그램에 흔히 사용되는 만질 수 없는 상품이란 뜻을 가진 '웨어Ware'의 합성어로, 시스템을 잠그거나 데이터를 암호화해 사용하지 못하도록 한 뒤 이를 풀어주는 대가로 금전을 요구하는 악성 프로그램을 뜻한다.

관되어 있을 것이라는 분석을 내놓았다. 여기에 더하여 이 멀웨어는 우크라이나 이외의 다른 국가 또는 지역에서는 발견되지 않았다. 뒤에 자세히 설명하겠지만 심지어 대규모 디도스 공격도 연이어 우크라이나를 강타했다.

위스퍼게이트를 활용한 사이버 공격이 특정 국가와 연관되어 있을 가능성이 높다는 주장을 뒷받침하는 마지막 간접적 근거는 이 멀웨어를 사용해 사이버 공격을 한 행위자가 사이버 공격을 통해 금전적 이득을 취하지 않고 오로지 목표 대상의 파괴만을 노렸다는 점이다. 통상 개별 해커 또는 해커 집단은 멀웨어를 사용한 사이버 공격을 통해 금전적 이득을 추구하기 마련이다. 그런데 이번 멀웨어는 오로지 파괴만을 목표로 했다. 이는 겉보기에 랜섬웨어Ransomware로 위장되어 있지만 실제로는 목표 대상을 변질(파괴)시키는 와이퍼Wiper 멀웨어의 특징을 갖고 있었다. 그 이유는 일반적인 랜섬웨어와 달리 랜섬 복구 매커니즘을 포함하고 있지 않았기 때문이다. 명확히 말하면 이 멀웨어는 금전을 요구하는 랜섬웨어와는 달리, 목표 대상 장치가 작동하지 못하도록 하는 기능을 갖추고 있었다.

MSTIC의 최초 보고서 등 글로벌 사이버 보안 기업의 분석은 위스퍼게이트의 공격 방식을 2단계로 구분해 설명한다. 1단계(MBR 오버라이트Overwrite)에서 위스퍼게이트 와이퍼 멀웨어는 stage1.exe를 통해 C:\PerFLogs, C:\ProgramData, C:\, 그리고 C:\temp와 같은 다양한 작업 디렉토리 안에 첫 번째 페이로드payload를 심은 후 임패킷Impacket이라는 도구를 활용해 실행된다. 사이버 보안 분야에서 페이로드란 멀웨어(악성 코드)의 일부를 뜻하며, 바이러스, 트로이 목마, 웜 같은 악성 소프트웨어 분석 시에 페이로드는 해당 소프트웨어가 공격 목표에게 입히는 피해를 말한다. 임패킷은 공격자가 레터럴 무브먼트Lateral Movement(횡적 내부 확산) 방식의 사이버 공격 또는 원격 실행에 사용하는 도구이다. 한편, 레터럴 무브먼트는 지능형 지속 공격APT 중 공격자가 최초 시스템 해킹에 성공한 후 내부망에서 사용되는 계정 정보를 획득하여 내부망 내에서 중요한 데이터를 확보하기 위해 내부에서 내부로 이동하는 것을 말한다.

실행 이후 멀웨어는 마스터 부트 레코드MBR, Master Boot Record를 덮어쓰고, 1만 달러의 비트코인을 요구하는 랜섬웨어 노트를 표시한다. MBR은 하드디스크의 맨 앞에 기록되어 있는 시스템 기동용 영역으로, 컴퓨터 부팅 시 가장 먼저 실행되며 운영체제 기동을 위한 중요한 역할을 담당한다. 즉, MBR의 정보가 멀웨어의 공격으로 파괴된다면 컴퓨터의 기동은 불가능하다. 그러나 앞서 이야기한 것처럼 이는 진정한 랜섬웨어 공격은 아니다. 랜섬웨어 노트에는 통상적인 랜섬웨어 공격자의 방식과 달리 복구 매커니즘을 포함하지 않았을 뿐만 아니라 비트코인 지갑 주소가 명시되어 있으며 잘 사용되지 않는 통신 방법인 Tox ID가 등장한다. 이 멀웨어는 랜섬웨어의 피해자가 공격자와의 통신 간에 사용할 커스텀 ID[custom ID]도 제공하지 않았다. 일반적인 랜섬웨어 공격 시 페이로드가 피해자에 따라 맞춤형으로 구성되는 것에 반해 이 멀웨어 공격에는 다수의 피해자들에게 동일한 랜섬웨어 페이로드가 발견되기도 했다. 결국 1단계에서 MBR 오버라이트 공격을 받은 컴퓨터 또는 시스템은 부팅이 불가능한 상황에 놓이게 된다.

```
Your hard drive has been corrupted.
In case you want to recover all hard drives
of your organization,
You should pay us  $10k via bitcoin wallet
1AVNM68gj6PGPFcJuftKATa4WLnzg8fpfv and send message via
tox ID 8BEDC411012A33BA34F49130D0F186993C6A32DAD8976F6A5D82C1ED2
3054C057ECED5496F65
with your organization name.
We will contact you to give further instructions.
```

1단계 공격 후 부팅 시 화면에 출력된 랜섬 노트

〈출처: https://www.microsoft.com/security/blog/2022/01/15/destructive-malware-targeting-ukrainian-organizations/〉

1단계 종료 후 위스퍼케이트는 컴퓨터의 자동 재부팅을 수행하지 않고 2단계 파일 손상 멀웨어[File Corrupter Malware]로 넘어간다. 2단계 진입 시 위스퍼게이트 멜웨어는 실행 파일인 stage2.exe를 다운로드하여 디스코드[Discord] 채널에서 호스팅되는 파일 손상 멀웨어를 받아오게 한다. 디스코드는 음성, 채팅, 화상통화를 지원하는 인스턴트 메시지 서비스로, 전 세계적으로 많은 사람들이 온라인 게임 간 상호 대화와 의견 교환을 위해 사용하고 있는 게임용 메신저의 대명사이다. 한편, 추가로 다운로드된 와이퍼 악성 코드는 바이너리 코드가 전부 반대로 작성되어 있다가 2단계 악성 파일에서 복호화 과정을 거친 후 메모리에서 실행

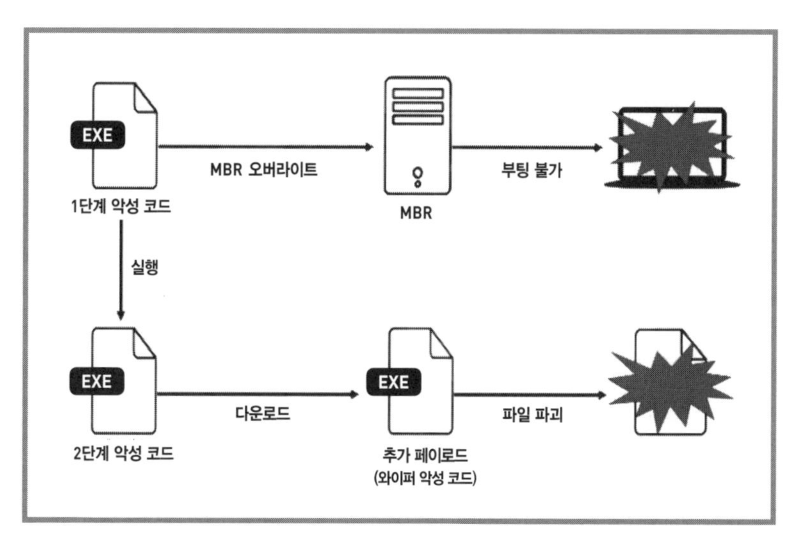

위스퍼게이트 멀웨어 실행 흐름도

〈출처: https://isarc.tachyonlab.com/4892〉

된다. 이후 이 파일 손상 멀웨어는 사전에 입력된 특정한 189개의 확장자extension를 공격 대상 컴퓨터 내에서 검색한 다음 바이너리의 1MB를 고정된 수의 OxCC 바이트로 덮어씌워 변경할 수 없도록 만든다. 이 와이퍼 멀웨어는 내용 덮어쓰기 이후 마지막 공격으로 각 파일의 확장자를 임의의 4바이트 문자열로 변경시킨다. 2단계 과정이 종료되면 파일들은 파괴되어 실행할 수 없게 될 뿐만 아니라 복원할 수도 없는 상태에 이르게 된다.

공격자는 피해자에게 자신을 숨기고 공격 의도를 오인하게 만들고자 위스퍼게이트를 외형적으로 랜섬웨어인 것처럼 보이게 만들었다. 그러나 이 멀웨어는 오로지 우크라이나만을 목표로 했으며, 활성화될 경우 감염된 컴퓨터 시스템을 작동하지 못하게 만들도록 제작되었다. 결국, 위스퍼게이트 공격은 특정 국가가 우크라이나의 정부 등이 비상상황 발생 시 적절한 대응 역할을 하지 못하게 만들려는 악의적인 의도를 품고 실행한 것으로 볼 수 있다.

위스퍼게이트처럼 랜섬웨어로 위장한 와이퍼 멀웨어가 우크라이나에 등장한 것은 이번이 처음은 아니었다. 2017년 낫페트야NotPetya라는 가짜 랜섬웨어가 우크라이나의 수많은 기업들을 마비시켰던 적이 있었다. 그러나 물리적 공격에 직면한 우크라이나의 이번 상황은 그때와는 그 심각성 자체가 달랐다.

온라인 전선의 확대 : 주요 정부 웹사이트를 목표로 한 대규모 디도스 공격

2022년 1월 13일의 위스퍼게이트 공격은 큰 피해를 일으키거나 대중적으로 큰 주목을 받지 못했지만 국가의 핵심적 지휘 기능의 마비를 추구했다는 측면에서 중요한 의미를 갖는다. 그런데 다음날 일어난 우크라이나 주요 정부 웹사이트를 목표로 한 대규모 디도스 공격은 빠른 복구(회복)에도 불구하고 우크라이나인들에게 직접적인 전쟁의 공포라는 크고도 긴 여운을 남겼다.

1월 14일의 디도스 공격으로 약 70여 개의 우크라이나 정부기관 웹사이트가 다운되어 서비스를 제공할 수 없게 되었다. 우크라이나 정부는 신속한 대응을 통해 대부분의 웹사이트를 수시간 안에 복구시켰다. 그런데 외교부, 내무부, 에너지부, 교육부, 농업부 등과 함께 공공 서비스를 담당하는 주요 기관들의 웹사이트에 대한 디도스 공격으로 단순히 서비스 장애만 발생한 것이 아니었다. 디도스 공격과 함께 중요 데이터 탈취 시도와 위·변조 공격도 함께 이루어졌다. 위·변조 공격을 받은 정부 웹사이트 중 일부는 무시무시한 글로 도배되었다. 우크라이나어, 러시아어, 그리고 폴란드어로 쓰인 화면의 내용은 다음과 같았다.

"우크라이나인이여! 너희의 모든 개인 데이터가 인터넷상에 업로드되었다. 컴퓨터에 있는 모든 데이터는 파괴되었고, 그것들을 복구하는 것은 불가능하다. 너희들과 관련된 모든 정보가 세상에 공개되었다. 두려워하고 최악을 기대하라."

2022년 1월 14일 위·변조 공격을 받은 우크라이나 외교부 웹사이트 화면에 나타난 경고 문구 〈출처: 우크라이나 외교부 웹사이트 캡처〉

이 짧은 문구는 러시아가 침공할지 모르는 공포 속에 하루하루를 살아가던 우크라이나 시민들에게 엄청난 충격을 주었다. 더욱이 "두려워하고 최악을 기대하라"는 마지막 문구는 러시아가 우크라이나에게 선전포고를 하는 내용으로 이해해도 무방했다. 총알과 포탄 없이도 러시아는 큰 선전 효과를 거둔 것이다. 우크라이나 정부가 어떠한 정보 유출도 없었다고 선을 그었지만, 사이버 공격의 충격은 줄어들지 않았다.

우크라이나뿐만이 아니라 미국을 비롯한 서방 세력은 일제히 러시아를 배후로 지목하며 강력히 비난했다. 우크라이나 국가안보국방회의의 부의장인 세르히 데미듀크Serhiy Demedyuk는 이번 사이버 공격의 주도 세력으로 사이버 스파이 행위를 주로 하는 해커 그룹 UNC1151을 지목했다.

글로벌 사이버 보안 기업인 맨디언트Mandiant의 위협 인텔리전스Threat Intelligence가 2021년 4월 발표한 기술 보고서는 UNC1151이 벨라루스의 정보기관과 긴밀한 관계에 있다고 밝힌 바 있다. 이 보고서는 구체적으로 UNC1151과 벨라루스 정부의 이익을 위해 일하는 고스트라이터Ghostwriter가 연관되어 있을 것이라 보았다. 맨디언트는 UNC1151이 적어도 고스터라이터의 정보작전 캠페인information operations campaign을 기술적으로 지원했다고 확신했다. 이 보고서의 분석 결과에 따르면, 고스트라이터 작전은 벨라루스 정부의 이익과 연관이 있는 것으로 드러났다. 따라서 벨라루스가 고스트라이터 작전에 대해 부분적으로나마 책임이 있는 것으로 판단되었다. 그러나 안타깝게도 해당 기술 보고서는 러시아가 UNC1151이나 고스트라이터를 지원하고 있다는 직접적인 증거는 발견하지 못했음을 밝히고 있다. 그럼에도 불구하고 이 기술 보고서가 러시아를 굳이 수차례 언급했다는 것은 어느 정도의 연관성이 있음을 간접적으로 드러낸 것으로 볼 수 있다. 심지어 UNC1151과 고스트라이터가 같은 단체일 것이라고 의심하는 사람들도 있다.

사이버 스파이 행위를 주로 하는 UNC1151은 2016년경에 처음 등장해서 지금까지 주로 우크라이나, 리투아니아, 라트비아, 폴란드, 그리고 독일 등의 다양한 정부 기관과 민간 영역 등에 침투해 중요 정보 탈취를 시도해왔다. 그들이 웹사이트 침투에 사용하던 멀웨어 역시 우크라이나를 비롯한 벨라루스 주변의 동유럽 국가들에서만 주로 발견되어왔다. 그에 반해 그들은 벨라루스와 러시아 정부에 대한 사이버 공격은 실시한 적이 없다. 그들은 벨라루스의 반체제 인사, 러시아와 벨라루스에 반대하는 세력에 대한 공격을 끊임없이 실시하고 있다. 특히 2020년 벨라루스의 선거 전 독재정부에 대항해 싸우는 야당 정치 세력과 미디어에 대해 집중적인 사이버 공격을 실시했다. 이들이 벨라루스와 밀접하게 연결되어 있다는 의심의 또 다른 증거는 사이버 공격의 목적이 금전적 획득과는 전혀 무관하다는 점이다. 기술적 분석에 따르면, 이 조직의 운영자들은 벨라루스 수도인 민스크Minsk를 중심으로 활동하고 있다.

이번 사이버 공격에 대해 EU는 즉각적으로 배후에 러시아가 있을 것이라는 논평을 내놓았다. NATO 사무총장 스톨텐베르그는 추가적으로 발생 가능한 잠재적 사이버 공격을 방어하기 위해 NATO가 우크라이나와의 협력을 강화할 것이라고 말했다. NATO는 이어서 자신들의 멀웨어 정보 공유 플랫폼에 우크라이나가 접속할 수 있도록 협정을 체결하겠다고 발표했다. 우크라이나와 국제 사회의 비난에도 불구하고 러시아는 이번 사이버 공격에 대한 자신들의 관련성을 부인했다.

러시아의 사이버 공격은 여기서 멈추지 않았다. 2022년 2월 15일 2

차 사이버 드레스 리허설인 대규모 디도스 공격이 발생했다. 전쟁이 임박했음을 암시하듯이 이번 공격은 우크라이나의 국방을 책임지는 군의 핵심 웹사이트를 마비시켰다. 군의 통신과 지휘체계, 그리고 많은 현대화된 무기가 온라인을 기반으로 하고 있기 때문에 이번 공격은 매우 심각한 상황으로 연결될 수 있었다. 물론, 2차 디도스 공격에는 일반 우크라이나 사회의 혼란을 유발시키려는 목적도 있었다. 총자산 기준으로 우크라이나에서 가장 큰 두 은행이자 국영은행인 프리바트뱅크PrivatBank와 오샤드뱅크Oschadbank도 디도스 공격으로 피해를 입었다. 사이버 보안과 인터넷 거버넌스를 감시하는 조직인 넷블럭스NetBlocks에 따르면, 이 두 은행의 모바일 앱과 ATM 기기가 피해를 입었다.

우크라이나 정부는 이번에도 외국 정부가 관련된 사이버 공격이라며 그 배후로 러시아를 지목했다. 영국 정부와 미국 국가안보회의는 러시아의 메인 정보기관인 군사정보국GRU, Glavnoye Razvedyvatelnoye Upravlenie을 디도스 공격의 주범으로 지목했다. 이러한 주장은 어느 사이버 보안 기업이 기술적 분석을 통해 해당 사이버 공격 기간 동안 GRU가 보유한 IT 인프라와 우크라이나에 속한 IP 주소 및 도메인 간에 엄청나게 많은 양의 통신 행위가 발생했음을 밝혀냄으로써 어느 정도 근거를 확보할 수 있었다. 그러나 이번에도 러시아는 이번 사이버 공격과 자신들 간의 관계를 전면 부인했다.

공격자 입장에서 이번 공격도 성공적이었다. 우크라이나의 빠른 복구 노력에도 불구하고 많은 우크라이나 국민들은 두 번째로 발생한 직접적인 대규모 디도스 공격으로 인해 큰 불편함을 겪어야 했고, 더 나아가 물리적 전쟁이 임박했음을 느끼고 공포에 휩싸이기도 했다.

하이브리드 전쟁의 필수 공식 : 사이버 선제공격 후 물리적 전쟁 개시

전통적으로 물리적 전쟁에서는 포병과 항공기를 통한 준비사격으로 선제타격이 시작되고, 이어서 주력 부대가 전장에 투입된다. 그런데 현대 하이브리드 전쟁에서는 사이버 전사들의 사이버 공격으로 선제타격이 시작된다. 러시아 역시 2022년 2월 24일 새벽 05시 포와 미사일, 그리고 항공기를 통한 준비사격 실시 바로 전날인 23일에 사이버 공간에서 사이버 선제공격을 실시했다.

물리적 전쟁 바로 직전에 발생한 제3차 사이버 공격은 그야말로 이전에 실시된 사이버 드레스 리허설의 총체였다. 러시아의 사이버 공격을 세분화하면 멀웨어 공격과 디도스 공격으로 나눌 수 있다. 먼저, 디도스 공격으로 우크라이나의 다수 정부기관, 군, 그리고 금융기관의 웹사이트가 순식간에 마비되었다. 이것은 정부와 군의 지휘체계에 대한 공격과 함께 은행의 마비를 통해 사회적 혼란을 유도하기 위한 것이었다. 정부기관과 군의 웹사이트는 피해로부터 신속히 복구되었지만, 우크라이나 보안국SBU, Sluzhba Bezpeky Ukraiyny 웹사이트의 마비는 쉽게 해결되지 않았다.

거의 같은 시각 우크라이나 내 중요 웹사이트가 파괴를 목적으로 한 멀웨어의 기습을 받았다. 러시아의 우크라이나 침공 불과 몇 시간 전에 일어난 컴퓨터와 시스템 파괴를 주목적으로 하는 멀웨어의 공격을 자세히 살펴보면 다음과 같다.

이셋 연구소ESET research는 여러 중요 웹사이트들이 마비되기 직전인 2월 23일 오후 4시 52분(우크라이나 현지 시간) 최초로 자사 보안프로그램을 통해 Win32/KillDisk.NCV로 감지된 데이터 파괴 멀웨어를 우크라이나 내 컴퓨터에서 발견했다. 데이터를 삭제시키도록 고안된 멀웨어가 우크라이나의 국방과 항공을 담당하는 정부기관의 컴퓨터는 물론이고 금융기관과 IT 기업들의 수많은 컴퓨터에 설치되어 있었던 것이다. 이셋 연구소는 적어도 5개 이상의 우크라이나 기관에 속한 수백 대의 컴퓨터가 이 멀웨어의 공격을 받은 것으로 분석했다.

하지만 이 멀웨어가 대규모 사이버 공격에 사용되어 발견된 시점이 2월 23일이었을 뿐, 실제로 사이버 공격은 수개월간 준비 과정을 거친 뒤 실행된 것이었다. 이 와이퍼 멀웨어의 타임스탬프 기록 중 가장 오래된 것은 2021년 12월 28일이었다. 시만텍Symantec 역시 이 멀웨어가 적어도 2021년 11월부터 활동했을 것이라고 분석했다. 리투아니아에서도 동일한 멀웨어에 의한 공격이 작게나마 식별되기도 했다. 이 멀웨어의 공격은 한 달 이상 우크라이나를 중심으로 한 동유럽 지역에서 진행되어왔던 것이다.

이셋 연구소는 이 와이퍼 멀웨어에 '헤르메틱와이퍼HermeticWiper'라는 이름을 부여했다. 이는 공격자가 사이프러스Cyprus에 본사를 둔 헤르메티카 디지털Hermetica Digital이라는 회사에서 2021년 4월 13일 발급한 정품 코드 서명 인증서를 사용했기 때문이다. 이 와이퍼 멀웨어의 특징은 데이터를 손상시키기 위해 디스크 관리 소프트웨어인 이지어스 파티션 마스터EaseUS Partition Master의 합법적 드라이버를 악용했다는 것이다. 한편, 기술적 분석에 따르면, 공격자가 멀웨어 유포 전에 공격 대상인 피해 네트워크를 사전에 방문한 기록도 나타난다. 이러한 사실은 이번 사이버 공격이 우크라이나를 명확한 공격 대상으로 설정하고 사전에 치밀하게 계획된 상태에서 이루어졌음을 말해주고 있다.

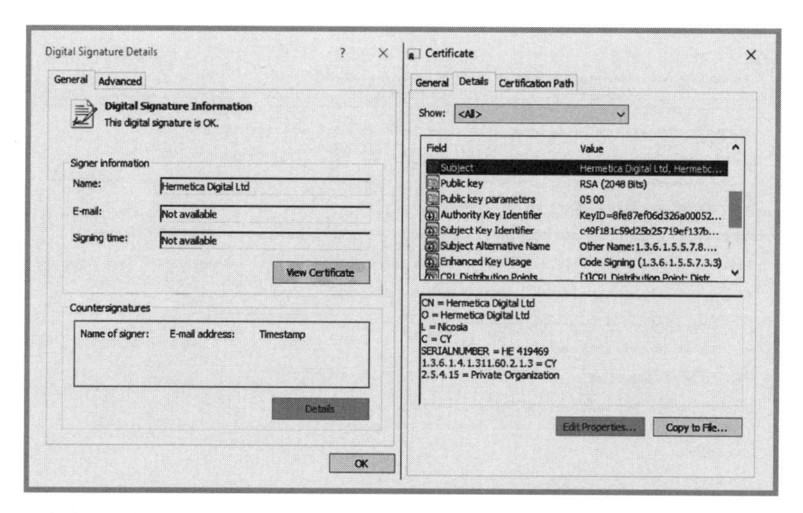

물리적 공격 바로 직전인 2월 23일 우크라이나에서 발견된 헤르메틱와이퍼 멀웨어는 그림과 같이 '헤르메틱 디지털 사(Hermetic Digital Ltd.)'가 발급한 정품 코드 서명 인증서를 사용했다. 이처럼 해커가 멀웨어를 제작할 때 유명 기업 소프트웨어의 정품 인증서를 불법으로 도용하여 사용하는 것은 해당 멀웨어를 정상적인 소프트웨어인 것처럼 위장하기 위한 것이다. 멀웨어는 사용된 정품 인증서를 사용하여 공격 대상 컴퓨터나 시스템의 보안 프로그램 또는 이를 지키는 보안담당자의 감시를 피하여 공격의 성공률을 높일 수 있다. 〈출처: https://www.welivesecurity.com〉

구체적으로 헤르메틱와이퍼는 헤르메틱와이퍼HermeticWiper, 헤르메틱위자드HermeticWizard, 그리고 헤르메틱랜섬HermeticRansom 등 세 가지 구성요소를 갖고 있다. 첫 번째 구성요소인 헤르메틱와이퍼는 데이터를 손상시켜 시스템의 작동을 불가능하게 만든다. 두 번째 요소인 헤리메틱위자드는 컴퓨터 웜worm의 일종으로 첫 번째 구성요소이자 핵심인 헤르메틱와이퍼를 WMI와 SMB 스프레더spreader를 통해 로컬 네트워크 내에서 전파되도록 한다. 마지막 요소인 헤르메틱랜섬은 랜섬웨어의 기능을 담당하고 있지만, 실제로 랜섬을 원하는 것이 아닌 것으로 보인다. 오히려 주목적은 피해자가 공격의 목표를 금전적 요구로 오해하게 만들어 와이퍼 멀웨어의 핵심인 헤르메틱와이퍼의 파괴 목적을 숨기려는 것이었다.

"The only thing that we learn from new elections is we learned nothing from the old!"

Thank you for your vote! All your files, documents, photoes, videos, databases etc. have been successfully encrypted!

Now your computer has a special ID: **5fa60250-964c-11ec-8e7e-7054d28f8f2a**

Do not try to decrypt then by yourself - it's impossible!

It's just a business and we care only about getting benefits. The only way to get your files back is to contact us and get further instuctions.

To prove that we have a decryptor send us any encrypted file (less than 650 kbytes) and we'll send you it back being decrypted. This is our guarantee.

NOTE: *Do not send file with sensitive content. In the email write us your computer's special ID (mentioned above).*

So if you want to get your files back contact us:

1) vote2024forjb@protonmail.com

2) stephanie.jones2024@protonmail.com - if we don't answer you during 3 days

Have a nice day!

'헤르메틱랜섬(HermeticRansom)'의 랜섬 노트 〈출처: https://www.welivesecurity.com〉

2월 24일 또 다른 와이퍼 멀웨어인 '아이작와이퍼IsaacWiper'도 우크라이나 내에 등장했다. 이는 헤르메틱와이퍼와 코드가 유사하지 않지만, 동일한 목적과 형태를 갖고 있었다. 심지어 공격자는 다음날인 25일 아이작와이퍼의 새로운 버전을 퍼뜨리기도 했다. 이셋 연구소 측은 일부 컴퓨터와 시스템에서 데이터 파괴가 제대로 수행되지 않아 이를 보완한 것으로 분석했다.

1월 13일의 위스퍼게이트, 그리고 러시아의 물리적 침공 불과 몇 시간 전부터 등장하기 시작했던 헤르메틱와이퍼와 아이작와이퍼는 이전에 존재하던 와이퍼 멀웨어와 코드가 달랐다. 그러다 보니 기술적인 분석 측면에서 공격자를 명확히 지목하기란 어려운 상황이었다. 게다가 새롭게 등장한 세 와이퍼 멀웨어 역시 코드를 서로 공유하고 있지 않았기 때문에 그것들을 기술적 측면에서 하나로 엮어 설명하는 것은 쉽지 않은 부분이 있다. 그럼에도 불구하고 우크라이나와 러시아 간의 긴장관계가 고조되고 심지어 전쟁으로까지 이어진 상황에서 동일한 목적의 멀웨어가 우크라이나 내에서만 등장했다는 사실은 특정 국가를 공격의 배후로 의심하게 만들기에 충분했다. 게다가 해당 멀웨어들은 서로 간의 제작 코드를 직접적으로 공유하지 않았을 뿐이지 멀웨어의 전파와 설치, 실행, 공격 대상 등 전체적인 공격 매커니즘 측면에서 유사한 면을 보이고 있다. 우크라이나와 러시아 간의 긴장관계, 더 나아가 물리적 충돌이 계속되는 상황이라면 공격자가 이들과 유사한 멀웨어를 만들어 유포하는 공격 패턴이 계속될 것으로 보인다.

러시아 자경단 해커들의 불법적 참전

블라디미르 푸틴 대통령은 러시아 정부와 2016년 미국 대통령 선거 기간 발생한 민주당전국위원회 해킹 사건과는 아무런 관계가 없음을 주장하며 러시아의 애국주의적 해커가 자발적으로 그러한 행위를 했을 수 있다는 언급을 한 적이 있다. 당시 해킹의 주도 세력은 애국주의적 해커로 둔갑한 러시아 정보 당국 소속 해커 또는 그들의 사주를 받은 애국주의적 해커 정도로 요약할 수 있다. 즉, 이는 러시아 정부가 그 해킹으로부터 자유로울 수 없다는 이야기이다. 여기서 중요한 또 하나의 사실은 실제로 러시아의 사이버전에서 애국주의적 해커들은 언제나 중요한 역할을 담당해왔다는 것이다. 이들은 과거 러시아의 화려했던 제국 시절을 그리워하는 해커들로서 정부의 사주를 받든지 아니면 자발적이든지 간에 적극적으로 러시아의 이익을 위한 사이버전에 참전해왔다. 이번에도 그들은 어김없이 참전했다.

영국의 공영 방송사 BBC는 러시아의 우크라이나 침공 직후인 2월

25일 "러시아의 자경단 해커"라는 제목의 기사를 보도했다. 이 기사에는 "나는 내 컴퓨터로 우크라이나를 쳐부수는 것을 돕고 싶다"라는 부제가 달렸다. 24일 러시아가 물리적 침공을 하기 전에 실시한 우크라이나에 대한 사이버 선제타격은 러시아의 애국주의적 해커들에게 하나의 신호였다. 푸틴이 예술가들처럼 자유로운 영혼을 가진 애국주의적 해커들이 아침에 일어나 러시아에 대해 부당한 국제 정세를 확인하고 자발적으로 사이버 공격을 실시한다고 했던 과거의 언급은 틀리지 않았다.

러시아의 사이버 자경단은 러시아 정부의 직접적인 통제를 받지 않지만 러시아 제국을 그리워하는 애국주의에 심취하여 전 세계를 향해 사이버 공간에서 불법적 행위를 일삼는 이들을 말한다. 이들 자경단은 소규모 단위로 움직이는 자발적 해커 집단이다. 특별히 BBC는 드미트리Dmitry라는 가명을 쓰는 인물과의 인터뷰를 통해 그들이 어떻게 사이버전을 수행하고 있는지 조명했다. 언론사는 암호화된 방식의 전화로 나이와 거주지가 불분명한 그와 접촉했으며, 전화 통화 간 그의 목소리는 변조되었다. 그는 꽤 괜찮은 러시아의 사이버 보안 회사의 직원이다. 2월 23일 수요일은 주간까지만 해도 그에게는 여느 때와 같이 평범한 하루였다. 그는 직장에 출근해 악의적인 해커로부터 고객들을 보호하는 일을 하고 밤이 되어서야 집에 돌아왔다. 그제서야 그는 우크라이나에 대한 사이버 공격이 시작되었음을 알고 분주히 움직였다.

드미트리라는 가명의 사이버 보안 회사 직원이자 러시아 해커는 공격팀을 모집하기 위해 소셜 미디어에 우크라이나를 공격하자는 글을 게시하여 총 6명으로 팀을 조직했다. 그들은 공격작전과 관련된 의견 교환을 위해 암호화된 채널을 통해 대화를 나눴다. 심지어 자경단원 중 2명은 같은 회사 직원이었지만 보안을 위해 개인적인 접촉이나 대화는 하지 않았다. 그들은 그들의 신원과 불법적 공격 행위가 노출될 시에 직업을 잃을 수도 있었기 때문에 상당히 조심했다.

드미트리의 공격팀은 서버에 대한 플러딩flooding 방식의 디도스 공격을 통해 많은 수의 우크라이나 정부 웹사이트를 일시적으로 마비시켰다고 주장했다. BBC는 우크라이나 군대의 한 웹사이트가 그들의 말처럼 일시적으로 다운된 것을 확인했다고 밝혔다. 우크라이나에 대한 드미트리의 온라인 자경단 활동은 처음이 아니었다. 최근 그와 그의 팀은 우크라이나 내 학교들에 이미 이메일 폭탄 발송 디도스 공격을 실시했다. 심지어 우크라이나의 정부 이메일 계정을 갖고 해킹 공격까지 했다. BBC는 그들이 최소 한 개 이상의 @mail.gov.ua라는 계정을 사용하고 있다는 사실을 확인했다.

문제는 이러한 사이버 자경단의 활동이 양측 간의 전쟁 격화 속에 더 심해질 수 있다는 사실이다. 더욱이 러시아 정부는 이러한 불법적 활동을 묵인하고 있다. 트미트리 해커 집단은 인터뷰 시점을 기준으로 우크라이나 정부의 합법적 이메일 계정을 통한 피싱 공격을 계획 중에 있었다. 그리고 그들은 앞으로도 계속해서 디도스 공격을 실시할 것이며, 자신들이 훔친 데이터는 외부에 공개할 것이라고 경고했다. 드미트리는 아직 실행하지 않았지만 랜섬웨어 공격 역시 실시할 것이라고 주장했다.

드미트리와 그의 팀은 그들의 사이버전 참전을 기쁘게 생각하는 러시아 정부 인사들이 있을 것이라고 믿고 있었다. 범죄 행위로 사법 당국에 잡힐 것을 두려워하지 않는 그들은 오히려 러시아의 사이버 군대가 자신들을 주목해주길 바라고 있었으며, 직접적으로 러시아의 사이버 당국과 같이 일하기를 희망했다. 특히, 그들이 길거리에서 죽더라도 자신들의 컴퓨터로 우크라이나를 쳐부수고 싶다는 의지를 피력한 것은 잘못된 신념에 사로잡힌 사이버 자경단의 무서움을 여실히 드러내고 있다.

드미트리의 팀은 아마추어 해커들로, 사이버 공격 수준이 그다지 높지 않았다. 그럼에도 불구하고 그들의 불법적 행위의 여파와 의미는 결코 작지 않았다. 1차적으로 그들의 사이버 공격은 실질적으로 우크라이나 정부와 시민들에게 불편을 주거나 공포를 조장하여 사회혼란을 야기했다. 더 나아가 이는 익명의 사이버 공간에서 누구나 사이버전의 행위자가 될 수 있으며, 국가가 직접 사이버전을 수행하지 않고도 애국주의적 해커들을 이용해 국가이익을 위한 많은 불법적 행위를 하게 만들 수 있다는 것을 보여주는 실제 사례였다.

우크라이나와 국제 사회의 대응 : 사이버 공격과 정보전, 선전전의 혼재

우크라이나 정부는 러시아의 물리적 공격에 대한 대응에 더해 사이버 공간에서도 러시아의 사이버 공격에 대응했다. 우크라이나 정부는 자신들의 사이버 대응 역량의 부족함을 메우고자 우크라이나 국민들과 전 세계를 향해 도움을 호소했다. 사이버전에서는 군인과 민간인 간의 구분이 모호할 뿐만 아니라 국경도 큰 의미가 없다.

로이터 통신의 2월 24일 보도에 따르면, 우크라이나 정부는 전쟁이 발발한 지 얼마 지나지 않은 시점에 국내 해커 세력의 자발적 사이버

전 참전을 요청했다. 그들은 국가 중요시설에 대한 러시아의 사이버 공격을 막고 러시아 군대에 대한 사이버 스파이 행위를 담당할 자원자가 절실했다.

민간 사이버 보안 전문가로서 가장 선봉에 선 인물은 예고르 아우셰프Yegor Aushev이다. 전쟁이 발발한 그날 우크라이나 국방부 고위 공직자가 우크라이나의 사이버 유닛 테크놀로지스Cyber Unit Technologies의 CEO인 아우셰프에게 도움을 요청했다. 그는 온라인 커뮤니티에 "우크라이나인 사이버커뮤니티여! 지금은 우리나라의 사이버 방위에 참여할 때입니다"라는 포스팅으로 즉시 화답했다. 구체적으로 아우셰프는 참전을 희망하는 사이버 전문가들에게 자신의 전문 분야를 포함한 이력서를 구글 닥스Google Docs를 통해 제출해줄 것을 요청했다. 그가 멀웨어 제작과 같은 전문 분야를 자세히 이력서에 나열해줄 것을 요청한 이유는 러시아의 공세에 대항해 조직을 크게 공격과 방어로 세분화하여 전문적인 대응을 하기 위해서였다. 방어팀은 전력시설과 수력 시스템 등 국가기반시설 방어에 주력하는 임무를 부여받았다. 공격팀은 침공한 러시아 군대에 대한 디지털 스파이 행위 또는 그들을 통제하는 러시아 내 지휘체계 등을 조직적으로 공략하는 임무를 수행해야 했다.

아우셰프는 자신의 민간 사이버 대응팀의 목표를 러시아의 군대와 무기가 우크라이나로 진격하는 것을 저지하기 위한 러시아의 기반시설 무력화라고 했다. 그의 궁극적 의도는 전쟁을 멈추는 것이었다. 아우셰프는 1,000명이 넘는 우크라이나 및 외국의 사이버 전문가가 자신과 함께하고 있다고 언론을 통해 밝혔다. 그의 팀은 수세적인 방어뿐만이 아니라 공격작전도 신속히 개시했다. 그의 주장에 따르면, 이미 러시아 정부와 은행 웹사이트 일부가 그의 팀의 공격으로 다운되거나 위·변조 공격을 받았다. 위·변조 공격을 받은 일부 웹사이트에는 푸틴의 만행과 전쟁의 실상을 보여주는 사진들과 내용들이 게시되었다. 물론, 그는 러시아의 대응과 추적 때문에 공격에 대한 구체적인 사항 언급을 피했다.

우크라이나 정부 역시 그들의 활동에 대한 언급을 피하는 상황이기 때문에 아우셰프 팀의 활동의 진위 여부를 직접적으로 확인하는 것은 어렵지만, 러시아에 대한 사이버 공격 실적과 그의 노력에 대한 국제사회의 화답으로 미루어보건대, 아우셰프 팀이 유의미한 역할을 하고 있다고 볼 수 있다. 넷블럭스는 25일 트위터를 통해 크렘린Kremlin과 러시아 연방 하원 등의 여러 러시아 정부 웹사이트가 다운되었다고 밝혔다. 그리고 그들은 27일에 또다시 크렘린과 연방 하원 웹사이트의 다운 사실을 알렸다. 이번에는 러시아 국방부 사이트도 마비되었다. 이 시기에 러시아의 지하 해커 포럼에는 우크라이나 사이버군과 핵티비스트들이 러시아 군대 웹사이트(http://mil.ru/)를 다운시켰다는 글이 올라왔다. 물론, 실제 사이버 공격으로 러시아 주요 웹사이트들이 마비된 것인지, 아니면 사이버 공격을 피하기 위해 러시아가 국외에서의 접속 자체를 차단한 것인지 불분명한 측면이 있는 것도 사실이다.

벨라루스의 독재정권에 반대하는 성향의 핵티비스트 단체인 사이버 파티즌스Cyber Partisans가 아우셰프의 사이버 군대 조직을 지원하기 위해 공격에 참가했다. 그들의 목표는 러시아의 군대 수송에 사용되는 벨라루스의 철도 시스템이었다. 이를 위해 그들은 교통통제 시스템과 티켓 예매 사이트를 집중적으로 공략했다. 2월 28일 월요일에 실시된 사이

러시아 주요 웹사이트 다운 소식을 알린 넷블럭스의 트위터 내용 〈출처: 저자 캡처〉

버 공격으로 벨라루스의 티켓 예매 사이트가 다운되어 일반 고객들이 개별적으로 역의 매표소에서 손으로 쓴 철도 티켓을 받아야만 했다. 사이버 파티즌스의 대변인을 자처하는 인물은 자신들이 아우셰프와 함께 하고 있음을 밝히는 동시에 그들의 사이버전 참전 이유를 우크라이나인들의 자유뿐만이 아니라 자신들의 자유를 위해서라고 말했다. 실제로 로이터 통신은 벨라루스의 티켓 예매 시스템이 사이버 공격에 의해 마비되었는지 확인하고자 담당자에게 연락했으나 아무런 답변을 들지는 못했다. 그러나 2월 29일 기준으로 외부에서 벨라루스의 예매 시스템에 접속하는 것은 불가능한 상태였다.

아우셰프의 공격작전팀은 직접적으로 우크라이나의 군사작전을 지원하기도 했다. 그들은 우크라이나에 침공한 러시아군을 추적하여 우크라이나 군대에 그 내용을 넘겼다. 러시아 군인들은 상호 간의 통신에 암호화 기능이 없는 상업용 휴대폰을 사용했기 때문에, 우크라이나와 그들에 동조하는 IT 전문가들은 휴대폰 추적 기술을 사용해 러시아 군대의 이동 경로와 위치, 규모 등을 파악하여 우크라이나 군대에 넘겨줄 수 있었던 것이다. 아우셰프 측은 자신들의 공적을 주장했지만 보안상의 이유로 구체적인 내용을 외부의 언론과 공유하지 않았기 때문에, 그들의 주장을 확인할 길은 없다. 그럼에도 대다수 언론들이 러시아 군대가 상업용 휴대전화로 통신을 하고 있다고 보도했음을 볼 때, 아우셰프 측의 주장은 신빙성 있어 보였다.

2월 26일 토요일 'IT ARMY of Ukraine'라는 텔레그램Telegram 채팅방에 우크라이나에 동조하는 전 세계 해커들의 공격을 요청하는 글이 올라왔다. 그곳에는 러시아 정부, 주요 기업, 그리고 은행 웹사이트 주소 33개가 언급되어 있었다. 그 텔레그램 채팅방의 멤버는 초창기에는 약 6만 1,000명 정도였다가 2022년 3월 14일 기준으로 약 31만 명가량으로 늘었다. 공유된 대부분의 글들은 우크라이나뿐만 아니라 전 세계적 지지와 참여를 독려하기 위해 우크라이나어와 영어로 작성되었다.

우크라이나의 사이버 공격을 지지하는 채팅방에는 공격 좌표부터 러시아의 비인도적 행위에 대한 전 세계적 고발 내용까지 모든 내용이 망라되어 있었다. 이 텔레그램 채팅방의 멤버들은 그들의 공식 페이스

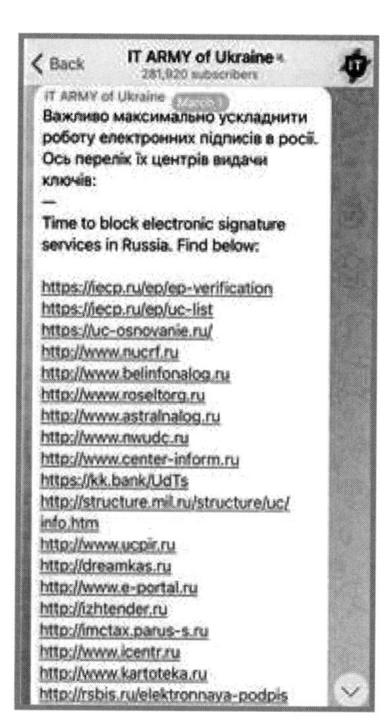

2022년 3월 1일 텔레그램에 공유된 러시아 내 온라인 공격 목표 〈출처: 저자 캡처〉

북Facebook과 트위터Twitter, 인스타그램Instagram 계정에 우크라이나 지원 호소 글을 올리고, 전 세계의 많은 사람들이 이들 계정에 가입해줄 것을 요청했다. 한편, 그들은 국제기구를 비롯한 세계 여러 단체의 사이트에 러시아의 전쟁법 위반행위들을 알리기 위한 노력도 펼치고 있다. 또한, 채팅방에는 우크라이나의 유명 유튜버와 블로거들이 하루 종일 러시아인들에게 전쟁의 실상을 알리는 방송을 하라는 글도 올라왔다. 러시아의 여론과 전 세계의 여론을 우크라이나에게 유리하도록 만들기 위한 온라인 선전전propaganda campaign도 함께 시작된 것이다.

우크라이나의 참전 요청에 화답한 대표적 글로벌 단체는 핵티비스트 그룹인 어나니머스였다. 그들은 2월 25일 목요일 트위터를 통해 공식

Top Latest People Photos Videos

Anonymous @YourAn... · 2022/02/25 ···
The Anonymous collective is officially in cyber war against the Russian government. #Anonymous #Ukraine
9,089 60.6K 316K

2022년 2월 25일 트위터를 통한 어나니머스의 사이버 전쟁 선포 〈출처: 저자 캡처〉

적으로 러시아 정부에 대한 사이버 전쟁을 선언했다.

어나니머스는 참전 이후 자신들의 공적을 알리기 시작했다. 그들은 러시아 내에서 발생한 여러 건의 디도스 공격을 자신들의 소행이라고 밝혔다. 이들은 대표적으로 러시아 대통령궁인 크렘린과 러시아 국방부의 사이트를 다운시켰다고 주장했는데, 이러한 주장은 우크라이나 민간 해커 단체의 주장과 중복되었다. 디도스 공격은 특성상 양측이 우연이든 계획적이든 간에 같이 할 수 있기 때문에 누구의 주장이 맞는지 가리기는 쉽지 않다. 그보다 더 중요한 것은 민간 영역에 있는 해커들이 이번 사이버전에 참전했다는 사실이다. 러시아의 친정부적 대표 언론사인 러시안 투데이Russian Today가 어나니머스의 디도스 공격으로 접속이 불가능하게 되기도 했다. 러시안 투데이는 러시아에 유리하게 기사를 작성하거나 가짜 뉴스를 퍼뜨리는 언론사로 정평이 나 있다. 러시안 투데이는 자신들이 어나니머스의 공격을 받았다고 밝히면서 공격자가 대부분 미국에 위치한 1억 대의 디바이스로 이번 대규모 디도스 공격을 실시했다고 구체적으로 설명했다.

2월 26일 어나니머스는 자신들이 디도스 공격을 했을 뿐만이 아니라 러시아 국방부 사이트를 해킹해 자료를 유출했다고 주장했다. 그리고 러시아의 국영 TV 채널 사이트도 자신들이 해킹했다고 밝혔다. 해킹당한 러시아의 국영 TV 채널 사이트에는 러시아 군대가 벌인 전쟁의 참혹한 진상을 알리는 사진과 친우크라이나 성향의 글, 우크라이나의 국기 및 상징물들이 게시되었다. 어나니머스는 러시아의 군사작전지도 탈취부터 민간의 스트리밍 서비스 해킹까지 다양한 활동으로 우크라이나를 돕고 있다.

한편, 우크라이나가 러시아에 대항해 적극적으로 사이버전을 수행하면서 동시에 국제 사회의 지지를 호소하는 여론전을 펼칠 수 있었던 것은 우크라이나의 젤렌스키 대통령과 정부 내 주요 인사들이 트위터와 페이스북 등과 같은 소셜 네트워크 서비스SNS, Social Network Service를 적극적으로 활용했기 때문이다. 가장 적극적으로 이를 활용하는 사람은 대통령인 젤렌스키와 디지털 트랜스포메이션 장관이자 부총리인 미카일로 페도로프Mykhailo Fedorov였다.

먼저, 젤렌스키 대통령은 트위터에 짧은 글과 영상, 그리고 사진을 올리고, 페이스북을 통해서는 글과 함께 비교적 긴 영상을 다른 사람들과 공유함으로써 자신이 우크라이나를 떠나지 않고 키이우에 남아서 러시아에 맞서 싸우고 있음을 알렸다. 러시아가 우크라이나를 침공한 직후 미국은 젤렌스키 대통령에게 국외 피신을 돕겠다고 제안했다. 젤렌스키 대통령은 이러한 미국의 제안을 거절하며 "싸움은 여기서 벌어지고 있다. 나는 탈 것이 아니라 총알이 필요하다The fight is here; I need ammunition, not a ride"라고 답했다. 그의 발언은 언론이 아니라 영국 주재 우크라이나 대사관의 트위터 계정을 통해서 전 세계로 퍼져나갔다. 사이버 공간을 통한 심리전의 신호탄이었다. 젤렌스키와 그의 정보부서, 그리고 미국을 비롯한 서방국가들은 모두 그가 러시아의 제1목표임을 알고 있었다. 그럼에도 불구하고 그는 이러한 사실과 자신이 우크라이나에 남아 당당히 러시아에 맞서고 있음을 페이스북과 트위터 등을 통해 가감없이 세상에 알리는 방법을 선택해 우크라이나 국민의 결집과 서방 세계의 지지를 호소했다. 전 세계적으로 인기 있는 소셜 네트워크를 통한 선전전은 실시간 소통과 전파 면에서 기존의 언론과 정부 기관의 웹사이트를 이용한 선전전보다 더 큰 파급효과를 낳았다.

젤렌스키는 러시아 정부의 허위 정보나 러시아를 지지하는 세력이 공유하는 가짜 뉴스에 대한 대응 역시 소셜 네트워크 서비스를 이용했다. 전쟁 초기에 젤렌스키 대통령이 수도 키이우를 탈출했다는 허위 정보와 가짜 뉴스가 떠돌았다. 이러한 허위 정보와 가짜 뉴스는 우크라이나의 국민들을 동요하게 만들고 전선에서 치열하게 싸우는 군인들의 사기를 떨어뜨리기 위한 것이었다. 젤렌스키는 이것을 빨리 수습하기 위한 최선의 방법으로 소셜 네트워크 서비스에 짧은 영상을 올려 공유했다. 2월 26일에 키이우 중심부를 배경으로 찍은 영상에서 그는 "내가 우리의 군대에 전화를 걸어 무기를 내려놓으라고 했다는 허위 정보가 온라인상에 엄청나게 많이 있다"라고 말한 뒤 "나는 여기 있다. 우리는 우리의 무기를 내려놓지 않을 것이다. 우리는 우리 국가를 지킬 것이다"라고 덧붙였다. 이후 그는 키이우 대통령 관저의 브리핑룸과 자신의 책상, 키이우의 거리에서 찍은 영상, 그리고 부상병을 위문하는 자신의 모습을 담은 영상 등을 공식 페이스북 계정을 통해 업로드하며 적극적으로 허위 정보에 기반한 적의 사이버 심리전에 대항했다.

내부적 결집과 국민적 저항을 위한 선전전을 넘어 적극적인 국제적 지지와 지원을 이끌어내기 위한 활동도 소셜 네트워크를 통해 이루어지고 있다. 젤렌스키 대통령은 외국 정상과의 회담 내용과 지원 약속을 공유하거나 지원을 호소하기 위한 창구로 트위터와 페이스북 등을 활용했다. 다국적 기업과 국제기구 등의 지원과 지지에 관한 글들도 대통령의 계정 등 우크라이나의 다양한 소셜 네트워크 계정 등을 통해 공유되었다. 글로벌 업체의 소셜 네트워크 서비스는 러시아의 전쟁범죄에 대한 내용과 잔혹성을 알리는 선전전의 도구이기도 했다.

그런데 문제는 사회기반시설에 대한 러시아의 물리적 공격이나 사이버 공격으로 인해 발생할 수 있는 IT 기반의 지휘체계 마비와 러시아의 정보전에 대한 대응의 무력화라는 암초였다. 푸틴의 선전포고와 동시에 러시아의 미사일 공격과 포격 등으로 우크라이나의 군사시설과 국가기반시설이 파괴되고 있다. 이는 전력과 급수시설의 파괴를 넘어 인터넷과 관련 시설에 부정적 영향을 미쳤다. 2월 24일 오전 러시아의 전차가 우크라이나의 영토로 진격할 당시 우크라이나에서 두 번째로 큰 도시인 하르키우Kharkiv에 기반을 둔 대형 인터넷 서비스 제공업체 트리올란Triolan의 서비스가 일시적으로 마비된 것이 대표적인 사례이다. 넷블릭스는 하르키우에서 거대한 폭발음이 들린 이후 트리올란 고객들이 휴대폰 서비스를 사용할 수는 있었지만 유선 인터넷 서비스의 경우 사용할 수 없게 되었다고 밝혔다. 이러한 인터넷 연결 장애 문제는 전국적으로 일어났다. 수도인 키이우부터 돈바스의 전략적 거점인 항구도시 마리우폴Mariupol에 이르기까지 대부분의 도시에서 유사한 상황이 발생했고, 심지어 모바일 네트워크 서비스 장애가 발생하기도 했다. 게다가 러시아의 침공 시점에 사이버 공격으로 우크라이나를 비롯해 유럽에 위성 인터넷 서비스를 제공하는 비아샛Viasat의 서비스도 부분적으로 장애가 발생했다. 여기서 더 어려운 점은 이러한 상황이 개선될 여지가 없다는 사실이었다.

러시아의 사이버 공격은 우크라이나 전역에서 발생하고 있는 인터넷 서비스 장애의 또 다른 원인이었다. 2월 24일 트리올란의 서비스 장애가 발생한 이유는 물리적 공격 때문이기도 했지만, 러시아 해커들의 사이버 공격 때문이기도 했다. 트리올란 측에 따르면, 그들은 2월 24일과 3월 9일에 각 한 차례씩 두 번의 대규모 사이버 공격을 받았다. 트리올란의 인터넷 서비스 장애의 정도와 범위는 계속 커지는 상황이었다. 이 두 번의 사이버 공격으로 특히 인터넷 연결 상태가 매우 나빠졌다. 전쟁 중에 외부에서 작업하는 것은 회사 직원들의 안전과 직결된 문제였기 때문에, 트리올란은 물리적 공격과 사이버 공격에 의해 발생한 피해를 복구하는 것이 쉽지 않은 상황이었다. 이러한 상황이 계속 지속되면 물리적으로 러시아군에게 포위되어 고립된 우크라이나 국민들에게 외부와 연결점이 될 수 있는 인터넷 서비스의 지속적 제공이 어려워질 수 있었다.

이러한 어려운 와중에 우크라이나에게 손을 내민 것은 글로벌 IT 회사들이었다. 우크라이나 부총리 페도로프는 인터넷 서비스 장애 문제를 해결하기 위해 일론 머스크Elon Musk에게 도움을 요청했다. 2월 26일 그는 테슬라Tesla와 스페이스XSpaceX를 경영하는 머스크에게 "당신이 화성을 식민지화하려는 동안 러시아는 우크라이나를 점령하려 한다. 당신의 로켓이 성공적으로 우주로부터 착륙하는 동안 러시아 로켓은 우

페도로프와 머스크 간의 트위터 대화 〈출처: 저자 캡처〉

크라이나의 민간인을 공격한다. 우리는 우크라이나에 스타링크Starlink 스테이션을 제공해줄 것을 당신에게 요청한다"라고 트윗을 날렸다. 머스크는 자신의 스페이스X 기업의 수많은 위성을 통해 인터넷을 제공하는 스타링크 서비스가 우크라이나에 개시되었다고 화답했다.

얼마 후 우크라이나에는 머스크가 보낸 스타링크용 터미널들이 도착했고, 우크라이나 정부는 이를 활용해 인터넷에 연결할 수 있게 되었다. 젤렌스키 대통령은 스타링크 인터넷 서비스를 이용해 머스크에게 감사 영상을 직접 보내기도 했다. 스타링크 접속 후기를 올리는 일반인들도 있었다. 무선인터넷 단말기 개발업체 연구원인 키이우 시민 올렉 쿠트코프Oleg Kutkov는 일전에 구입했지만 서비스가 되지 않아 사용하지 못하던 스타링크 안테나를 통해 인터넷을 사용한 후기를 자신의 소셜 네트워크와 블로그를 통해 공개했다. 그의 스피드 측정에 따르면, 우크라이나 상공에 있는 스페이스X 위성이 제공하는 인터넷은 상당히 빠

2022년 발생한 러시아의 우크라이나 침공은 사이버전, 크게는 미래전 분야와 관련된 많은 시사점을 내포하고 있다. 특히 이번 전쟁에서는 국가와 군대뿐만이 아니라 민간 기업과 일반인도 전쟁의 새로운 주체로서 그 역할과 중요성이 크게 부각되었다. 우크라이나 지지 선언을 하고 나선 스페이스X의 CEO 일론 머스크(사진)는 우크라이나에 인터넷이 끊기자 스페이스X의 위성 인터넷 서비스인 스타링크 서비스를 제공했다. 〈출처: WIKIMEDIA COMMONS | CC BY-SA 4.0〉

2019년 5월 24일 서로 겹쳐져 있는 스타링크 위성 60기의 모습. 스타링크는 광범위한 위성 인터넷 서비스를 위한 용도로 제작되었다. 스페이스X는 이 위성들의 일부를 군사, 과학 연구, 탐구 목적으로 판매할 계획을 세우고 있다. 민간 상용 인터넷 서비스를 제공하는 프로그램인 스타링크 서비스는 러시아-우크라이나 전쟁에서 군사적 용도에도 유용함을 입증해 보였다. 〈출처: WIKIMEDIA COMMONS | CC0 1.0 Public Domain Dedication〉

른 속도를 보여주었다.

스페이스X의 스타링크 서비스의 위력은 군사적으로도 대단했다. 민간 상용 인터넷 서비스를 제공하는 프로그램인 스타링크 서비스는 이번 전쟁에서 직접적인 군사적 용도에도 유용함을 입증해 보였다. 영국의 주요 언론은 우크라이나 군대가 스타링크를 드론을 이용한 공격에 사용하여 큰 효과를 거두고 있다고 보도했다. 구체적으로 우크라이나군은 스타링크를 사용해 드론들을 모니터링하고 상호조정통제를 실시하고 있다. 스타링크와 연결된 드론들은 관측된 적의 전차 위치 등과 같은 중요한 정보를 신속하게 전선의 지휘부, 대전차무기 운용 군인, 또는 포병 등에게 보내주고 있다. 이러한 과정을 통해 정확한 좌표를 확보한 우크라이나군은 정밀타격을 통해 러시아의 전차를 파괴하게 된다. 이런 가운데 4월 15일 미국 국방부는 이틀 전인 13일 우크라이나군이 발사한 넵튠Neptune 미사일 2발이 러시아의 자존심으로 불려온 흑해함대 기함인 모스크바Moskva함을 명중했다는 소식을 공식적으로 전했다. 여기서 흥미로운 사실은 우크라이나군이 스타링크 서비스를 이용해 목표물을 식별하고 미사일로 모스크바함을 정확히 격침할 수 있었다는 것이다. 이 때문에 영국《데일리 익스프레스Daily Express》는 4월 16일 러시아가 일론 머스크의 스타링크를 겨냥한 우주전쟁에 돌입했다는 확인되지 않은 소식을 전하기도 했다. 실제로 러시아가 우주에 떠 있는 수많은 스타링크 위성을 대상으로 한 우주전쟁에 돌입하는 것은 쉬운 일이 아니다. 위성 요격용 미사일의 가격은 천문학적이고 수많은 위성을 격추하기 위해 사용할 수 있는 미사일의 개수도 제한적일 수밖에 없기 때문이다. 그러나 이러한 여러 추측들이 난무한다는 것은 역으로 스타링크가 군사적으로도 우크라이나에게 큰 도움이 되고 있음을 방증하는 것으로 해석할 수 있다.

스페이스X 외에도 여러 글로벌 IT 기업들이 우크라이나 지원에 나섰다. 구글은 자체 지도인 구글맵에서 우크라이나의 현지 도로 상황을 실시간으로 보여주는 도구를 일시적으로 정지시켰다. 러시아 군대가 구글맵을 군사적 목적으로 사용하지 못하도록 한 것이다. 구글은 또한 우크라이나 내에서 구글 플레이를 통해 러시아의 선전매체인 RT 앱의 다운로드를 금지시킴과 동시에 기존 사용자의 경우 업데이트가 불가능하도록 만들었다. 애플Apple도 러시아의 선전매체와 관련된 앱 다운로드를 금지시키고, 러시아 내 애플페이 서비스를 중지시켰다. 온라인 스트리밍 업체인 넷플릭스Netflix는 러시아 국영 채널 서비스를 퇴출시켰다. 스냅챗Snapchat은 우크라이나에서 히트맵 기능을 제한시켰다. 이는 우크라이나 내 서비스 이용자의 위치 노출을 막기 위한 조치였다. 이외에도 글로벌 소셜 네트워크 서비스를 제공하는 트위터, 페이스북과 인스타그램Instagram을 운영하는 메타Meta 등이 자사 서비스 내에 유통되는 러시아발 가짜 뉴스 차단을 위해 노력했다.

시사점

2022년 발생한 러시아의 우크라이나 침공은 사이버전, 크게는 미래전 분야와 관련된 많은 시사점을 내포하고 있다. 대표적인 것으로 다음의 두 가지를 들 수 있다. 하나는 이번 전쟁이 직접적인 사이버 공격과 더불어 IT 기술을 기반으로 한 정보전과 선전전까지 다양한 전쟁의 모습을 보여주었다는 것이다. 다른 하나는 이번 전쟁에서 국가와 군대뿐만이 아니라 민간 기업과 일반인도 전쟁의 새로운 주체로서 그 역할과 중요성이 크게 부각되었다는 것이다.

하이브리드 전쟁을 수행하는 러시아는 크림 반도 합병 시부터 끊임없이 사이버 수단을 통해 우크라이나를 괴롭혀왔다. 그들은 전시와 평시를 구분하지 않고 사이버 공격을 해왔다. 이러한 그들의 기조는 이번에도 이어졌다. 러시아는 침공에 앞서 2022년 1월 초 사이버 드레스 리허설을 실시했다. 러시아의 사이버 전사들은 우크라이나의 주요 웹사이트에 대한 디도스 공격을 실시했고, 악성 코드를 통한 컴퓨터의 무력화 등 해킹 공격도 시도했다. 그들의 사이버 공격은 물리적 전쟁 개시 전에 사이버 공간에서 군사훈련을 실시하려는 목적과 함께 우크라이나 사회를 혼란시키기 위한 것이었다. 위·변조 공격을 당한 우크라이나 정부의 웹사이트 화면은 "두려워하고 최악을 기대하라!"는 섬뜩한 경고문으로 도배되어 있었다. 이는 물리적 전쟁 개시를 암시하는 선전포고였다. 이번 사이버 공격이 정보전과 선전전까지 포함하는 것으로 해석되는 이유는 바로 이 때문이다.

이후의 외교적 노력과 국제 사회의 정치적 개입에도 불구하고 우크라이나와 러시아 간의 긴장감이 고조되는 상황에서 2월 중순에 2차 사이버 드레스 리허설이 실시되었다. 이때 사이버 공격의 양상은 이전과 비슷했지만 국방 관련 웹사이트에 조금 더 치중한 모습을 보였다. 전쟁 직전에 사이버 공격을 통한 우크라이나 군사지휘체계 무력화가 가능한지를 실험해본 것으로 판단된다. 이것이 물리적 전쟁 개시 전 러시아의 마지막 사이버 드레스 리허설이었다.

푸틴의 선전포고와 공격은 우크라이나 현지 시간으로 2월 24일 05

시경에 시작되었다. 그런데 실제 선제타격은 그 전날 사이버 공간에서 먼저 이루어졌다. 러시아를 배후 세력으로 하는 해커 집단에 의한 무차별적 사이버 공격은 마치 지상군이 전장으로 진입하기 직전 적의 지휘체계를 마비시키고 전투력 및 사기를 떨어뜨리기 위한 재래식 준비사격과 유사했다. 러시아의 하이브리드 전쟁과 함께 우크라이나를 심리적으로 위축시키려는 가짜 뉴스와 허위 정보 유포가 본격적으로 진행되었다. 또한, 러시아는 인터넷과 관련된 사회기반시설에 대한 물리적 공격과 사이버전을 통해 우크라이나를 외부와 분리시키려는 노력도 병행했다. 여기에 러시아를 지지하는 애국주의적 해커까지 우크라이나에 대한 사이버전에 참전했다.

우크라이나 정부는 러시아의 사이버전에 대한 대비를 해왔지만, 지상·해상·공중, 그리고 사이버 공간에서까지 러시아와 전면전을 치름으로써 어려움을 겪을 수밖에 없었다. 러시아의 사이버 공격에 대응하기 위해 우크라이나는 정부 차원의 노력에 더해 민간의 도움이 필요했다. 이에 호응한 우크라이나의 애국적 시민들과 이들을 지지하는 전 세계 IT 전문가들은 러시아에 사이버 선전포고를 했다. 이들은 러시아의 주요 웹사이트 해킹 및 무력화 시도부터 군의 주요 문서 해킹, 그리고 온라인을 통한 러시아의 전쟁범죄 고발과 우크라이나에 대한 지지 호소를 적극적으로 실시했다.

글로벌 IT 기업 역시 사이버전에서 중요한 역할을 담당하고 있다. 젤렌스키 우크라이나 대통령은 글로벌 기업의 소셜 네트워크 플랫폼을 통해 사람들이 러시아의 가짜 선동 전략에 넘어가지 않도록 사실을 그대로 전하면서 우크라이나 국민들에게는 항전의지를 독려하고 전 세계인에게는 지지와 협력을 호소했다. 정부 인사들도 적극적으로 소셜 네트워크 서비스를 통해 우크라이나에 대한 지지와 협력을 호소하는 등 러시아의 불법적 행위에 맞서는 모습을 보였다. 이러한 노력은 힘겨운 전쟁 속에서 우크라이나 국민들이 결연히 저항할 수 있는 힘의 원천을 제공했다. 그러나 그 노력은 우크라이나 내부에서 인터넷을 원활히 사용할 수 있을 때 가능한 일이었다. 미국의 스페이스X는 우크라이나의 인터넷 서비스 사용이 항시 가능하도록 자사의 위성 인터넷 서비스를 즉각 지원했다. 이외에도 구글과 메타, 스냅챗 등의 글로벌 기업들이 러시아가 전쟁을 위해 자사 플랫폼을 활용하지 못하도록 하는 조치들을 취하여 간접적으로 우크라이나를 도왔다. 이처럼 러시아의 우크라이나 침공으로 시작된 2022년 러시아-우크라이나 전쟁은 사이버전의 다양한 모습을 보여준 사례이자 미래전의 방향을 짐작하게 하는 중요한 지표라고 할 수 있다.

CHAPTER 10

2016년 러시아의 미 대선 개입 해킹 사건

2016년 러시아의 사이버 전사들이 미국 민주당 전국위원회DNC, Democratic National Committee 서버를 해킹하는 사건이 벌어졌다. 미국의 45대 대통령 선거 기간이라 그 배경과 여파에 대해 전 세계적으로 관심이 높았다. 《뉴욕타임스The New York Times》 등 미국의 영향력 있는 언론매체들은 이를 제2의 '워터게이트 사건Watergate Scandal'이라고 보도했다. 워터게이트 사건은 1972년 6월 미국의 전직 정보요원들이 워싱턴 D.C.의 워터게이트 빌딩에 있는 상대 정당의 선거본부인 민주당 전국위원회에 침입하여 도청장치를 설치하려다가 발각된 사건이다. 이 사건은 공화당 소속의 리처드 닉슨Richard Nixon 대통령(37대)의 재선을 위해 비밀공작반이 획책한 사건이었다. 1972년 워터게이트 사건과 2016년 미국 민주당 전국위원회 서버 해킹 사건의 공통점이라면 민주당 전국위

원회가 목표였다는 점과, 세계에서 가장 영향력 있는 미국의 대통령 선거 결과에 영향을 미치기 위한 것이었다는 점이다. 그러나 2016년의 미국 민주당 전국위원회 서버 해킹 사건은 1972년 워터게이트 사건과 크게 두 가지 점에서 다르다. 첫째, 2016년의 미국 민주당 전국위원회 서버 해킹 사건은 미국 내 집단이나 개인이 아니라 미국과 오랜 앙숙 관계에 있는 러시아 정부가 주도했다는 점이다. 둘째, 2016년의 미국 민주당 전국위원회 서버 해킹 사건은 이전과는 다른 형태의 사이버전으로 누구도 예상하지 못한 대상이 공격의 목표였다는 점이다.

1단계 작전 : 러시아 해커 조직의 침투

그 시기를 정확히 알 수는 없지만, 적어도 2015년부터 러시아 해커들은 미국 민주당을 겨냥한 사이버 작전을 벌였다. 러시아의 해커들은 순수한 민간 해커가 아니라 러시아 정보기관의 직접적 지시를 받는 전문적인 사이버 전사였다. 러시아의 핵심 사이버 작전 팀인 '코지 베어Cozy Bear'(APT29)와 '팬시 베어Fancy Bear'(APT28)가 미국의 대통령 선출을 방해하기 위한 작전에 투입된 것이다.

두 팀 중 코지 베어가 먼저 2015년 여름 미국 민주당 전국위원회의 서버 침투에 성공했다. 그들은 악명 높기로 소문난 소련의 국가보안위원회KGB의 후신인 러시아 국내정보국FSB과 해외정보국SVR 모두의 지시를 받는 해킹 그룹이었다. 코지 베어는 약 1년간 서버 안에 머물며 민주당 전국위원회에 소속된 주요 인사들에 관한 많은 정보를 수집했지만, 이 사건의 공범 정도로 분류되었다.

결정적 역할은 두 번째로 잠입한 팬시 베어 해킹 그룹이 수행했다.

'코지 베어'와 '팬시 베어'란?

미국과 영국 정부, 그리고 주요 글로벌 사이버 보안업체들은 러시아 정부와 연결되어 있는 해커 조직으로 '코지 베어Cozy Bear'와 '팬시 베어Fancy Bear'를 주목하고 있다. 유명 사이버 보안업체인 파이어아이FireEye는 이들이 지능형 지속 공격APT을 주로 하는 그룹이라며 '코지 베어'를 APT29로, '팬시 베어'를 APT28로 부르고 있다.
먼저, 코지 베어는 다음에 설명할 팬시 베어에 비해 알려진 바가 적지만, 전문가들은 그들이 러시아의 정보기관인 해외정보국SVR, 국내정보국FSB과 긴밀한 협력 하에 사이버 작전을 실시하고 있다고 분석하고 있다. 코지 베어는 미국 민주당 전국위원회 이메일 해킹에 등장했을 뿐만 아니라, 코로나19 바이러스 등장 후 이에 대한 치료법을 훔치기 위해 미국, 영국, 그리고 캐나다 등의 제약사를 공격한 바 있다. 영국의 국가사이버안보센터NCSC, National Cyber Security Center는 코지 베어가 러시아 정보기관의 직속 기관이라고 주장하기도 했다. 코지 베어가 사용한다고 알려진 대표적 멀웨어는 HAMMERTOSS, TDISCOVER, UPLOADER 등이다.
적어도 2008년부터 활동하기 시작했다고 알려진 팬시 베어는 러시아 군사정보국GRU의 해킹 부서로 알려져 있다. 팬시 베어는 APT28 이외에 차르Tsar 팀으로도 알려져 있다. 이들의 대표적 공격 목표는 미국과 서유럽 정부, 그리고 방위산업과 우주산업 분야부터 에너지와 미디어 기업 등이다. 팬시 베어는 미국 민주당 전국위원회 서버 해킹으로 세간의 큰 주목을 받았다. 팬시 베어와 미국 민주당 전국위원회 서버 해킹 사건과의 연관성은 미국의 사법기관이 GRU의 요원 12명을 기소한 것을 통해 알 수 있다. 이 해커 조직은 모스크바와 상트페테르부르크 등 러시아 주요 도시의 표준시간대를 기준으로 일과시간(08:00~18:00) 동안에 주로 활동하며, 멀웨어 컴파일 시에는 러시아어를 사용한다. 관련된 주요 멀웨어는 CHOPSTICK, SOURFACE, X-Agent, X-Tunnel 등이다.

그들은 러시아 군사정보국GRU의 통제를 받는 해커들이었다. 2016년 3월 팬시 베어는 앞서 침투한 코지 베어의 존재를 모른 채 별개로 민주당의 대통령 선거본부 역할을 맡았던 전국위원회와 하원 선거위원회DCCC, Democratic Congressional Campaign Committee의 서버에 잠입하기 위한 공격을 감행했다.

팬시 베어는 2008년 대선 당시에 사용된 오래된 이메일 주소를 대상으로 스피어 피싱 공격spear phishing attack을 개시했다. 그리고 그들은 그 중 한 이메일 주소를 통해 민주당원들의 최신 연락처 목록을 확보할 수 있었다. 이어서 팬시 베어는 이를 통해 민주당 최고위 당직자의 비공개 이메일 계정에 대한 스피어 피싱 공격에 돌입했다.

2016년 3월 19일 팬시 베어는 마침내 전 대통령 비서실장이자 힐러리 클린턴Hillary Clinton의 대선 캠프 의장인 존 포데스타John Podesta의 개인 이메일 계정 해킹에 성공했다. 당시 포데스타는 '구글'이 발신자로 되어 있는 이메일 한 통을 받았다. 이메일에는 해커들이 당신의 지메일Gmail(구글 이메일) 계정에 침투하려는 시도가 있으니 비밀번호를 바꾸라는 내용이 담겨 있었다. 그의 보좌관은 이 이메일을 클린턴 선거캠프의 IT 담당자에게 포워딩하며 내용의 진위 여부를 문의했다.

여기서 문제가 발생했다. IT 담당자는 그 이메일이 '불법적인illegitimate' 것이라고 판단했지만, 실수로 '합법적인legitimate' 것이라는 답변을 보냈다. 포데스타의 보좌관은 IT 담당자가 결정적 단어를 잘못 타이핑해 보낸 이메일을 받고서 의심스런 이메일이 구글이 보낸 합법적인 것이라고 확신했다. 그래서 그는 러시아 해커가 보낸 스피어 피싱 이메일에 첨부되어 있는 가짜 구글 로그인 사이트로 연결되는 링크를 아무 의심 없이 클릭했다. 그리고 아무렇지 않게 포데스타 계정의 이메일 주소와 비밀번호를 가짜 웹사이트에 타이핑하여 새로운 비밀번호로의 변경을 시도했다. 러시아 해커 조직은 이 과정을 통해 포데스타의 이메일 계정에 침투할 수 있는 비밀번호를 손쉽게 확보할 수 있었다.

이후 그들은 포데스타의 계정 정보와 개인 이메일 계정 내에 있는 사적인 이메일 내역부터 공적인 중요 내용 모두를 확보하게 된다.

힐러리 클린턴 선거캠프의 IT 담당자는 외부의 공격으로부터 내부망을 보호하는 중책을 맡고 있었다. 그러나 그의 사소한 부주의는 내부망의 보호는커녕 적에게 내부로 들어올 수 있는 문을 친절하게 열어준 것이었다. 이 결정적인 오타 하나는 앞으로 일어날 엄청난 파국의 서막이었다.

2016년 3월 말부터 팬시 베어는 민주당 대선캠프를 직접 겨냥한 사이버 공격도 수행했다. 4월 초 민주당 하원 선거위원회의 한 관계자가 스피어 피싱 공격에 걸려들었다. 그 직원은 클린턴 캠프의 일원이 보낸 것처럼 꾸민 가짜 계정으로부터 온 이메일을 받았다. 그 이메일에는 'hillary-clinton-favorable-rating.xlsx'라는 이름의 엑셀 파일이 첨부되어 있었다. 그는 그 이메일을 아무런 의심없이 열었고, 이어서 첨부된 엑셀 파일까지 무심코 클릭했다. 안타깝게도 그 첨부 파일은 러시아 군사정보국이 통제하는 웹사이트로 연결되는 링크였다. 무심코 스피어 피싱 이메일을 클릭한 민주당 하원 선거위원회 직원의 컴퓨터는 해커가 만든 멀웨어에 감염되었다. 러시아의 해커들은 설치된 멀웨어에 의해 직원의 컴퓨터에 생긴 백도어를 통해 C&C 서버와 통신하여 각종 명령을 내리기 시작했다. 해커들은 직원의 권한을 탈취해 하원 선거위원회의 서버에 손쉽게 접속한 뒤 각종 중요한 정보에 접근하여 이를 탈취했다. 그리고 4월 중순 그 하원 선거위원회 직원의 권한을 통해 최종 목표인 민주당 전국위원회의 서버 침입에도 성공했다. 즉, 러시아의 해커 조직은 지능형 지속 공격APT 방식으로 한 지점의 취약점을 공

2016년 7월 민주당 전당대회(위)에서 연설 중인 힐러리 클린터(아래 왼쪽)과 힐러리 클린턴의 선거를 돕기 위해 연설 중인 존 포데스타(아래 오른쪽) 〈출처: WIKIMEDIA COMMONS | Public Domain〉

략해 내부 컴퓨터 및 서버 침입에 성공한 후, 조금씩 다른 컴퓨터나 서버로 공격 대상을 넓혀갔다. 그들은 내부의 보안 소프트웨어나 모니터링에 식별되지 않도록 오랜 시간을 두고 천천히 조심스럽게 은밀한 공격을 이어나갔다.

완전히 침투에 성공한 러시아 해커들은 민주당의 대통령 선거캠프에서 가장 중요한 두 위원회의 서버를 마음껏 누비며 힐러리 클린턴에게 불리한 정보를 수집하기 시작했다. 이때 사용된 대표적 악성 코드는 X-Agent와 X-Tunnel이었다. X-Agent는 해킹된 서버와 컴퓨터에서 키스트로크keystroke의 정보 수집, 내용 스크린샷 찍기, 그리고 다른 중요 정보의 무차별 수집 등의 역할을 했다. X-Tunnel은 암호화된 연결고리를 만들어 X-Agent가 탈취한 대량의 정보를 러시아 군사정보기관이 통제하는 컴퓨터로 전송하는 악성 코드였다.

팬시 베어는 두 종류의 악성 코드를 이용해 클린턴 선거캠프 고위직의 개인정보와 비밀 대화 내용, 그리고 그들의 선거전략 등을 탈취하여 클린턴에게는 불리하고 경쟁자인 공화당 후보에게는 유리한 정보들을 확보했다. 그들은 민주당 전국위원회의 직원들이 내부적으로 정보를 교환하기 위해 사용하는 소프트웨어에 저장된 수천 개의 이메일도 탈취했다. 팬시 베어의 정보 수집은 그들의 불법적 행위가 완전히 노출되는 6월 초까지 계속되었다.

2단계 작전 : 미국 선거판 뒤흔들기

민주당 전국위원회와 하원 선거위원회는 2016년 5월이 되어서야 자신들의 네트워크가 해킹되었다는 사실을 인지했다. 그들은 즉각 외부 사이버 보안회사에 조사를 의뢰했다. 그리고 미국 FBI도 수사에 착수했다. 그러나 이때는 시기적으로 이미 늦은 상태였다. 러시아 해커들은 민주당의 유력한 대선후보였던 힐러리 클린턴의 선거운동에 타격을 줄 만큼 충분한 정보를 확보한 상태였다.

침투 사실에 대한 수사와 범인에 대한 추적이 본격적으로 이뤄지자, 러시아 해커들은 자신들의 기도가 노출되었다고 판단하여 공세적 행동을 멈췄다. 대신 러시아 정부는 해커의 침투를 통해 확보한 정보를 바탕으로 2016년 미국 대통령 선거를 방해하는 2단계 사이버 작전에 돌입하게 된다. 이는 2016년 미국 대통령 선거에 직접적으로 영향을 미치려는 시도였다. 그 구체적 내용은 다음과 같다.

힐러리 클린턴은 국무장관으로 재직하던 시절(2009~2013) 개인 이메일 서버를 공무에 사용하며 참모들과 기밀 내용을 주고받았다. 영향력 있는 폭로 전문 블로거인 고커Gawker가 '구시퍼Guccifer'라는 페르소나Persona(가면이나 가면을 쓴 인격을 뜻하는 말로 사이버 공간에서 자신의 실제 정체성을 숨기고 활동하는 인격체를 표현하기 위해 사용)로 잘 알려진 루마니아인 해커로부터 힐러리의 개인 이메일 부정 사용에 관한 정보를 획득했다. 고커는 2013년 3월 20일 자신의 웹사이트를 통해 이 문제의 심각성을 세상에 알렸다. 미 FBI는 힐러리를 미국 연방 기록법 위반 혐의로 2015년부터 약 1년간 조사했다.

힐러리의 개인 이메일 사용 스캔들이 잠잠해져가던 2016년 여름, 우려하던 이메일 유출과 관련된 국가안보를 위협하는 또 다른 사건이 발생했다. 러시아의 팬시 베어는 미국 민주당 전국위원회 서버 해킹이 발각되자, 6월 14일경 자신들을 대신하여 사이버전의 전면에 나설 사이

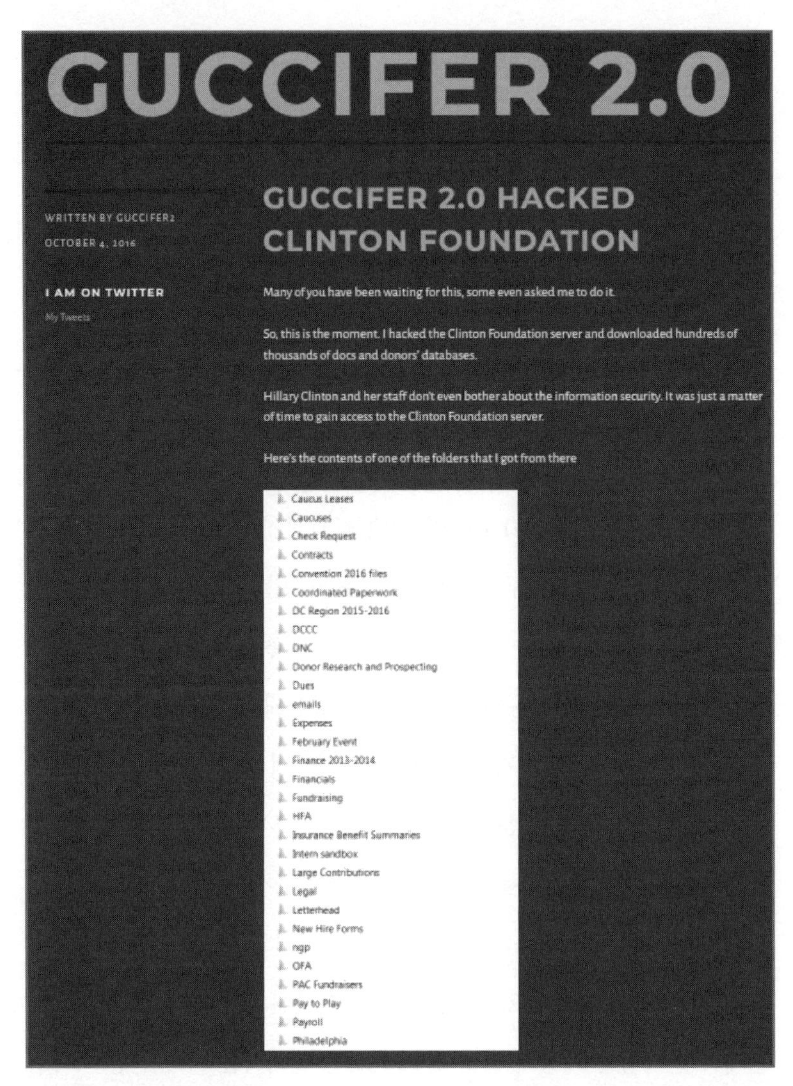
GUCCIFER 2.0

WRITTEN BY GUCCIFER2

OCTOBER 4, 2016

I AM ON TWITTER

My Tweets

GUCCIFER 2.0 HACKED CLINTON FOUNDATION

Many of you have been waiting for this, some even asked me to do it.

So, this is the moment. I hacked the Clinton Foundation server and downloaded hundreds of thousands of docs and donors' databases.

Hillary Clinton and her staff don't even bother about the information security. It was just a matter of time to gain access to the Clinton Foundation server.

Here's the contents of one of the folders that I got from there

- Caucus Leases
- Caucuses
- Check Request
- Contracts
- Convention 2016 files
- Coordinated Paperwork
- DC Region 2015-2016
- DCCC
- DNC
- Donor Research and Prospecting
- Dues
- emails
- Expenses
- February Event
- Finance 2013-2014
- Financials
- Fundraising
- HFA
- Insurance Benefit Summaries
- Intern sandbox
- Large Contributions
- Legal
- Letterhead
- New Hire Forms
- ngp
- OFA
- PAC Fundraisers
- Pay to Play
- Payroll
- Philadelphia

구시퍼 2.0이 2016년 10월 4일 자신의 블로그에 올린 클린턴 재단 해킹 주장 글 〈출처: 저자 캡처. https://guccifer2.wordpress.com/2016/10/04/clinton-foundation/〉

버 페르소나 '구시퍼 2.0[Guccifer 2.0]'을 만들었다. '구시퍼 2.0'은 자신이 민주당 전국위원회와 하원 선거위원회를 해킹했다고 주장했다. 여기서 러시아 해커들은 그간 힐러리를 괴롭혀왔던 루마니아 해커 '구시퍼'의

러시아 정보기관과 관련된 웹사이트이며, GRU 연계 해커들이 2016년 미 대선에 개입하기 위해 개인 정보를 탈취했음을 알리는 경고 문구가 선명한 DCLeaks.com 화면 〈출처: 저자 캡처. https://dcleaks.com〉

이름을 따서 '구시퍼 2.0'을 만듦으로써 이번 사이버전에 대한 러시아 정부의 책임을 루마니아 개인 해커에게 돌리려는 치밀함을 보였다.

6월 말 '구시퍼 2.0'은 기자들에게 웹사이트 'DCLeaks.com'에 민주당원들과 민주당의 두 선거위원회로부터 탈취한 이메일이 공개되어 있다고 알렸다. DCLeaks.com은 팬시 베어가 6월 8일 만든 웹사이트였다. 팬시 베어는 같은 날 그 웹사이트 운영에 필요한 '구시퍼 2.0'의 트위터와 페이스북 계정도 개설했다. DCLeaks.com은 미리 준비된 말레이시아의 서버를 통해 호스팅되었으며, 자료 유출에 사용되는 모든 계정 역시 보안이 우수한 가상사설망VPN, Virtual Private Network을 통해 가입과 업데이트, 접속이 이루어졌다. 추적을 피하기 위해 모든 비용은 암호화폐인 비트코인Bitcoin으로 지불되었다. 구시퍼 2.0은 고커에게 힐러리 선거캠프로부터 탈취한 정보의 일부를 제공했다. 고커는 민주당 선거캠프가 경쟁자인 도널드 트럼프Donald Trump 후보에 대해 조사한 내용들을 자신의 블로그에 공개했다. 구시퍼 2.0은 과거 2013년 루마니아인 해커 구시퍼가 고커에게 클린턴의 개인 이메일 자료를 제공했던

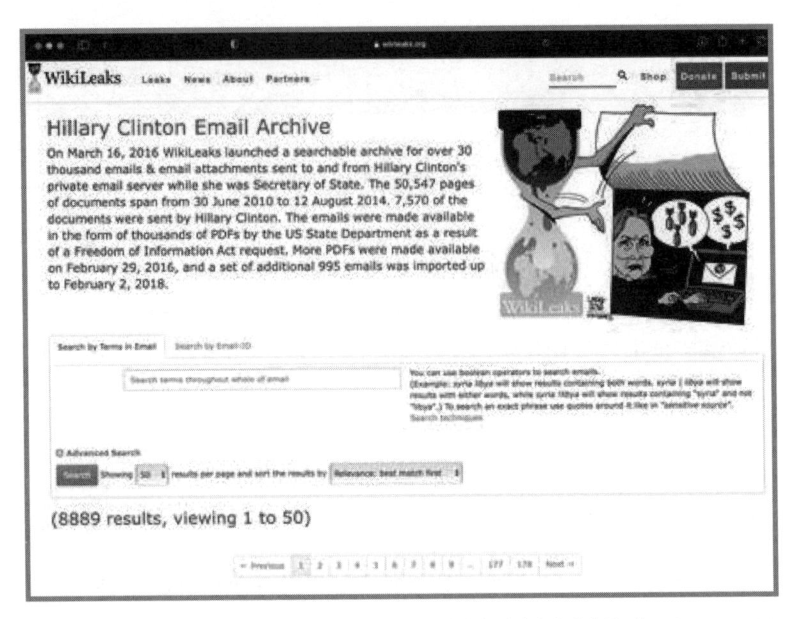

위키리크스 웹사이트에 공개된 힐러리 클린턴의 개인 이메일 계정에서 유출된 자료 〈출처: 저자 캡처. https://wikileaks.org/clinton-emails/?q=&mfrom=Hillary%20Clinton〉

행위를 따라 한 것이다.

세계 최고 폭로 전문사이트 '위키리크스WikiLeaks'도 힐러리 클린턴의 이메일 유출에 합류했다. 구시퍼 2.0은 파급력이 큰 위키리크스에 자신들이 탈취한 이메일을 순차적으로 넘겼다. 이에 따라 위키리크스는 2016년 7월 22일 힐러리와 관련된 1만 9,252개의 이메일과 8,034개의 첨부물을 웹사이트에 공개했다. 공교롭게도 이때는 민주당의 대통령 후보 지명 전당대회(2016년 7월 25일~28일) 3일 전이었다.

위키리크스의 폭로는 유력 대권후보인 힐러리에게 치명적일 수밖에 없었다. 유출된 이메일에는 민주당 수뇌부가 힐러리를 민주당의 대통령 후보로 만들기 위한 노골적인 전략들로 가득했다. 반대로, 민주당 수뇌부는 정치적 돌풍을 일으키던 힐러리의 당내 경쟁자 버니 샌더스

Bernard "Bernie" Sanders 상원의원과 관련된 부정적인 내용의 이메일을 주고받았다. 이러한 이메일 폭로는 샌더스 지지자들의 도움이 필요했던 힐러리에게 불리하게 작용했다. 또한, 공화당의 대선후보로 지명된 도널드 트럼프에게 공격의 빌미를 제공했다.

구시퍼 2.0은 이후로도 힐러리 민주당 대선 후보에게 치명적인 내용의 이메일을 직접적으로 공개하거나 로비스트, 블로거, 위키리크스 등에 주기적으로 제공했다. 2016년 10월 7일부터 위키리크스는 힐러리의 선대본부장을 맡고 있던 존 포데스타로부터 탈취한 이메일을 순차적으로 공개하기 시작했다. 최종적으로 위키리크스는 2016년 11월 6일 힐러리에게 불리한 이메일을 다시 한 번 대규모로 공개했다. 미국 대통령 선거 투표일로부터 불과 이틀 전이었다.

이처럼 선거 기간 동안 민주당의 선거캠프는 해킹 공격을 받았고, 유력 대선후보였던 힐러리 클린턴에 대한 악의적인 이메일 유포는 계속되었다. 사이버 공간에서 벌어진 새로운 형태의 사이버전은 공격 대상에게 대응할 시간을 주지 않았다. 러시아 정부의 해킹 조직은 은밀하게 적의 사이버 공간에 침투해 원하는 정보를 탈취하는 데 성공했으며, 미국 정부와 민주당의 조직적 대응이 시작되자 이메일 폭로라는 다음 단계의 작전으로 넘어가며 추격자를 따돌렸다. 이는 장소와 방식에 있어 기습적으로 이루어진 사이버전에서 방어자에 비해 공격자가 절대 우위에 있음을 보여주는 사례였다. 결국 2016년 대통령 선거에서 공화당의 트럼프 후보가 제45대 대통령으로 당선되었다.

2017년 5월 17일 미국 정부는 대통령 선거를 방해한 세력을 조사하기 위해 전 FBI 국장 로버트 뮐러Robert Mueller를 특검에 임명했다. 뮬러는 특검을 통해 민주당 전국위원회 서버 해킹에 참여한 12명의 러시아 군사정보기관 요원을 기소했다. 그리고 뮐러 특검팀은 뮐러 보고서Mueller Report로 알려진 2019년 3월 22일 제출한 최종 보고서에서 러시아 정부가 사이버 전사를 투입해 미국의 선거에 개입했다고 결론지었다. 뮐러 보고서는 이외에도 러시아가 미국의 대선을 방해하기 위해 소셜 미디어와 인터넷상에 가짜 뉴스를 퍼뜨렸으며, 큰 성과를 거두지 못했지만 선거기기에 대한 직접적 해킹도 시도했다고 명시했다. 그러나 뒤늦은 수사 결과 발표는 국내용 정치적 행위에 불과했다. 이번 사이버전에서 미국은 국가안보상 중요한 기관이 러시아 정부에 의해 해킹당하고 해킹으로 유출된 자료에 의해 민주주의 꽃인 대통령 선거가 영향을 받았음에도 불구하고 그에 상응하는 적절한 대응에 실패했다.

| PART 3 |

사이버 중동전쟁

Who am I?

DDoS Attack

DoS Attack

Ransomware

Malware

YOU HAVE BEEN HACKED!

현재의 중동Middle East 상황에 잘 어울리는 사자성어는 "눈 위에 다시 서리가 내려 쌓인다"는 뜻을 가진 설상가상雪上加霜일 것이다. 중동은 동양과 서양이 만나는 교차점에 위치하고 있는 오랜 역사를 자랑하는 지역이다. 또한, 이곳은 많은 민족의 시작점이었을 뿐만 아니라 세계 3대 종교의 발상지이기도 하다. 이것들을 다른 말로 정의하면, 이곳은 서로 다른 종교를 믿는 여러 민족이 뒤섞여 경쟁하고 있는 오래된 분쟁의 장場이다. 게다가 중동에 매장된 많은 석유를 노리고 모여든 서구 열강들은 분쟁의 또 다른 불쏘시게 역할을 하고 있다. 설상가상의 뜻처럼 중동의 분쟁은 오랜 역사에 걸쳐 이유가 쌓이고 쌓여서 일어난 것으로, 그 고리를 쉽게 끊어낼 수 없다는 것이 큰 문제이다. 그런데 2000년대에 들어서며 중동을 둘러싼 그들의 분쟁이 설상가상으로 사이버 공간으로까지 전이되어 진행 중이다.

분쟁의 씨앗

중동은 지리적으로 지중해 동부 해안 지역부터 아라비아 반도를 거쳐 동쪽으로 이라크와 이란을 포함하는 지역을 말한다. 중동은 유럽을 세계의 중심으로 놓고 그 동쪽에 위치한 지역이라는 뜻으로, 유럽중심주의와 차별적 시각의 대명사이기도 하다. 동북아시아를 극동Far East으로 불렀던 것도 이와 같은 맥락의 차별적 시각에서 비롯되었다. 그 시작은 유럽인들이 19세기 이후 오스만 제국의 지배 지역을 근동Near East이라고 칭하면서부터였다. 그런데 이 지역 중 페르시아만 주변 지역이 제1차 세계대전 시기부터 중동이라 불리었고, 제2차 세계대전 이후에는 서남아시아부터 북아프리카까지 포함하는 지역도 중동에 포함되었다.

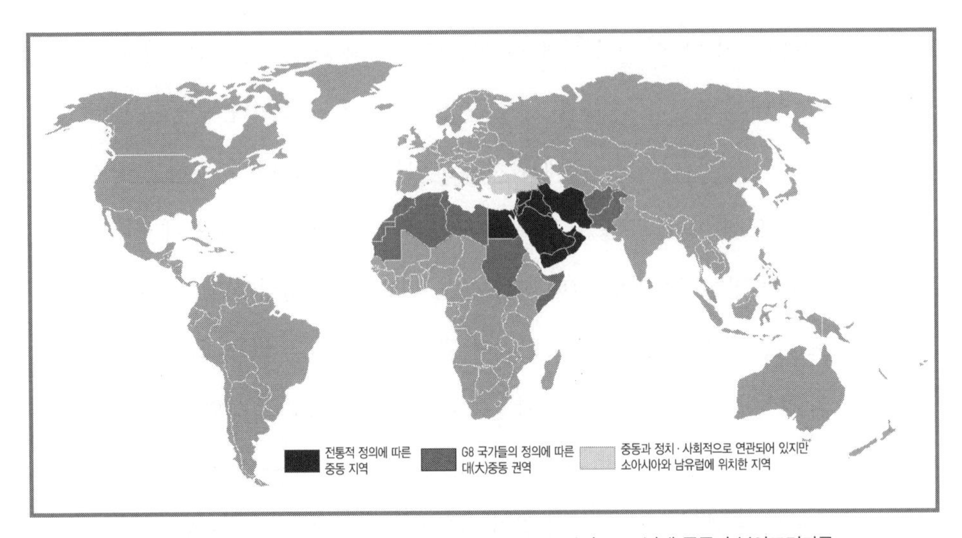

카네기 국제평화기금(Carnegie Endowment for International Peace)이 2004년에 중동과 북아프리카를 포함한 지역을 정치적 개념에서 대(大)중동 권역(Greater Middle East)을 표시한 지도. 대중동 권역은 메나(MENA)[중동(Middle East)과 북아프리카(North Africa)의 합성어] 지역과 유사하며, 터키와 아프가니스탄, 파키스탄 등도 통상 큰 의미에서 이에 포함된다. 〈출처: WIKIMEDIA COMMONS | Public Domain〉

그리고 전 세계적으로 근동이라는 용어는 사라지고 중동이라는 지역명만이 남게 되었다.

중동은 문명의 발상지로 동서양 문명의 만나는 지점이다. 민족적으로 크게는 이집트와 사우디아라비아로 대표되는 아랍인과 페르시아인(이란), 투르크인(터키), 그리고 유대인(이스라엘) 등이 살고 있다. 또한, 이 지역은 세계의 3대 종파라 할 수 있는 기독교, 유대교, 그리고 이슬람교의 발상지이기도 하다. 즉, 동서양 무역로가 통과하는 이 지역은 민족과 종교를 달리하는 여러 국가들이 얽히고설켜 살아가는 곳이다. 심지어 민족과 종교가 다른 이들이 외부적 힘에 의해 인위적으로 국가를 이루어 살아가기도 한다. 게다가 이곳에는 서구 열강들이 그토록 탐내는 석유가 엄청나게 매장되어 있다. 대략 전 세계 석유 매장량의 절반이 이곳에 있다고 알려져 있다.

중동 분쟁의 이유는 많지만, 그중에서도 역사적으로 가장 큰 중동 분쟁의 씨앗은 제1차 세계대전 시기에 뿌려졌다. 당시 오스만 제국은 독일 편에 가담하여 프랑스와 영국에 맞섰다. 이때 찬란한 역사를 뒤로 하고 쇠퇴해가던 오스만 제국 내에서는 다른 민족에 배타적인 범汎투르크 민족주의 세력이 주도권을 잡게 된다. 이슬람을 공통의 분모로 오랫동안 제국 내에 살던 수많은 아랍인들은 이에 대해 두려움을 느끼고 아랍 민족국가 건설을 목표로 뭉치게 된다. 특히, 아랍의 최대 권력 가문은 오스만과 중동에서 전투를 벌이고 있는 영국 정부에 협력하는 대신 제국이 무너진 이후 아랍 통일왕국의 통치권을 약속받게 된다. 이것이 1915년 10월 24일의 '맥마흔-후세인 서한McMahon-Hussein Correspondence'이다. 그런데 세계대전에서 승기를 잡은 영국과 프랑스는 1916년 1월 3일 '사이크스-피코 협정Sykes-Picot Agreement'을 맺고 아랍인과의 약속 대신 서로가 레반트와 아라비아 반도를 분할하여 통치하기로 결정한다.

또 이 시기에 영국의 배신으로 유명한 1917년 11월 2일의 '밸푸어 선언Balfour Declaration'이 있었다. 유대인이 전쟁에 필요한 물자를 공급해 준 것에 대한 대가로 영국의 외무장관 밸푸어Arthur Balfour가 유대인 로스차일드Rothschild 가문에 편지를 보내어 팔레스타인 지역에 유대인들의 국가 건설을 약속한 것이다. 이곳은 앞서 언급한 세계 3대 종교의 성지인 예루살렘Jerusalem이 있는 곳이었다. 이스라엘과 팔레스타인과의 오랜 분쟁의 서막이 오른 것이다.

아랍인들은 두 차례 뒤통수를 맞았다. 그러나 그들은 영국과 프랑스

Foreign Office,
November 2nd, 1917.

Dear Lord Rothschild,

I have much pleasure in conveying to you, on behalf of His Majesty's Government, the following declaration of sympathy with Jewish Zionist aspirations which has been submitted to, and approved by, the Cabinet

"His Majesty's Government view with favour the establishment in Palestine of a national home for the Jewish people, and will use their best endeavours to facilitate the achievement of this object, it being clearly understood that nothing shall be done which may prejudice the civil and religious rights of existing non-Jewish communities in Palestine, or the rights and political status enjoyed by Jews in any other country"

I should be grateful if you would bring this declaration to the knowledge of the Zionist Federation.

1917년 11월 2일 영국의 외무장관 밸푸어는 유대인이 전쟁에 필요한 물자를 공급해준 것에 대한 대가로 유대인 로스차일드 가문에 편지를 보내어 팔레스타인 지역에 유대인들의 국가 건설을 약속했다. 이는 이스라엘과 팔레스타인 간의 오랜 분쟁의 씨앗이 되었다. 〈출처: WIKIMEDIA COMMONS | Public Domain〉

같은 서구 강대국에 대항할 힘이 없었다. 제1차 세계대전 종료 후 오스만 제국은 해체되었지만, 아랍 통일왕국은 건설되지 못했다. 사이크스-피코 협정처럼 중동 지역의 대부분은 영국과 프랑스의 분할 통치를 받게 되었다. 그리고 이들 유럽 열강은 단일 왕국을 세우는 대신 중동과 북아프리카 전역을 유럽의 방식으로 나눠 22개의 아랍 국가를 세웠다. 이때 고려된 것은 중동의 문화, 종교, 역사적 맥락이 아닌 프랑스와 영국 간의 정치적 역학관계와 석유와 같은 자원 배분의 문제였다. 실상 영국과 프랑스는 오스만 제국이 무너진 자리를 자신들의 제국주의 확장의 발판으로 삼고자 한 것이었다.

한편, 제2차 세계대전으로 또 하나의 큰 변화가 생긴다. 유대인들은 조금씩 팔레스타인 지역으로 이주를 시작했고, 1948년 마침내 독립국가인 이스라엘의 건국을 선포했다. 지역 내에 터키와 이란 외에 세 번째 비非아랍국가가 탄생한 것이다. 민족이 다른 3개의 국가가 한 지역에 함께 존재한다는 것만으로도 중동의 혼돈과 분쟁의 원인이 되기 충분한데, 거기에다가 유대교와 이슬람교가 대립하고, 또 이슬람교 내에도 시아Shiah파와 수니Sunni파가 대립함으로써 중동 지역은 그야말로 언제 폭발할지 모르는 분쟁의 화약고가 되고 말았다. 또한, 앞서 설명한 것처럼 유럽이 인위적으로 국경을 그어 만든 22개의 아랍 국가 내에서도 민족과 종교적 이질성이 내재하고 있었기 때문에 이 또한 분쟁의 원인으로 작용했다.

중동 국가들은 민족과 종교의 차이, 그리고 자원 배분 등의 문제들로 인해 서로 충돌하고 있다. 게다가 서구 열강은 동서양의 교차로에 위치한 지역이자 많은 석유가 매장된 이곳의 문제에 깊이 관여해왔다. 결과적으로 4차례의 중동전쟁, 걸프 전쟁과 이라크 전쟁, 그리고 IS의 테러 등 크고 작은 분쟁과 테러가 이곳 중동에서 끊이지 않고 일어나고 있다. 그런데 최근에 중동 국가들은 그들 간의 분쟁 수단으로 사이버 무기를 선택하고 있다. 게다가 자국의 이익을 위해 사이버 공격으로 서구 열강의 국가안보를 위협하고 있다.

CHAPTER 11

악성 코드와 핵무기 개발 억제 전략 : 스턱스넷

서남아시아에 있는 이란은 고대국가 페르시아를 뿌리로 둔 시아파 이슬람 국가이다. 이들은 사우디아라비아로 대표되는 수니파 아랍 국가들과 오랜 경쟁관계를 유지하고 있다. 제2차 세계대전 이후 이란의 팔레비 왕조Pahlevi Dynasty는 이란을 중심으로 하는 미국 중동정책의 수혜를 입으며 지역 내에서 입지를 굳건히 했다. 친미 성향의 국왕과 그의 측근들은 석유 수출을 통해 막대한 부를 축적했다.

그러나 급속한 경제성장 이면의 빈부 격차 심화와 비민주적인 국정 운영, 그리고 서구화 과정에서 발생한 이슬람 성직자들의 불만으로 팔레비 왕조 체제에 균열이 생겼다. 결국, 1979년 이란 혁명이 일어났다. 종교지도자 아야톨라Ayatollah 루홀라 호메이니Ruhollah Khomeini는 민중의 지지에 힘입어 팔레비 왕조를 무너뜨리고 이슬람 신정 체제의 이란 이

1979년 이란 혁명을 주도한 호메이니는 민중의 지지에 힘입어 친미 성향의 팔레비 왕조를 무너뜨리고 이란 이슬람 공화국을 수립했다. 이후 호메이니가 이끄는 이란은 서구 국가들과의 결별과 수니파의 맹주인 사우디아라비아를 중심으로 한 미국의 새로운 중동정책으로 인해 대외적으로 고립되었고, 이를 돌파하기 위한 생존 수단으로 핵무기 개발을 선택했다. 이에 맞서 국제 사회는 이란의 핵 개발을 저지하기 위한 노력에 돌입했다. 그런데 여기서 흥미로운 것은 이란의 핵무기 개발을 저지하기 위해 사용된 군사적 무기가 컴퓨터 악성 코드였다는 사실이다. 〈출처: WIKIMEDIA COMMONS | Public Domain〉

슬람 공화국을 수립했다. 여기서 아야톨라는 시아파에서 고위 성직자에게 수여하는 칭호이다.

호메이니의 이란은 서구 국가들과의 결별과 수니파의 맹주인 사우디아라비아를 중심으로 한 미국의 새로운 중동정책으로 인해 대외적으로 고립되었다. 그들은 이러한 어려운 상황을 돌파하기 위한 생존 수단으로 결국 핵무기 개발을 선택했다. 국제 사회는 이란의 핵 개발에 대한 우려와 함께 이를 저지하기 위한 노력에 돌입했다. 그런데 여기서 흥미로운 것은 이란의 핵무기 개발을 저지하기 위해 사용된 군사적 무기가 컴퓨터 악성 코드였다는 사실이다.

벨라루스의 작은 컴퓨터 보안회사가 발견한 악성 코드 '스턱스넷'

2010년 6월 중순 동유럽의 작은 국가 벨라루스의 수도 민스크에 있는 소규모 컴퓨터 보안회사 '바이러스블로카다VirusBlokAda'가 바빠졌다. 바이러스블로카다의 기술지원팀은 신원이 공개되지 않은 오래된 이란인 고객으로부터 급한 연락을 받았다. 이 고객은 자신이 관리하는 컴퓨터가 오류 메시지와 함께 멈추고 재부팅되기를 무수히 반복한다고 했다. 의뢰를 받을 당시 보안회사의 기술지원팀은 문제의 발생 원인을 운영체제인 윈도우즈Windows의 단순한 설정 문제 또는 컴퓨터에 설치된 프로그램 간의 충돌 정도로 여겼다.

기술지원팀은 조사를 시작한 지 얼마 지나지 않아 이상한 낌새를 느꼈다. 서비스를 요청한 이란인 고객 역시 컴퓨터 보안전문가였기 때문에 단순한 문제였다면 굳이 그들에게 도움을 요청할 필요가 없었다. 게다가 고객의 네트워크에 연결된 수많은 컴퓨터가 동시에 같은 오류를 반복하고 있었고, 윈도우즈를 재설치한 컴퓨터에서도 같은 문제가 반복되었다. 즉, 이란인 고객에게 나타난 문제는 컴퓨터를 서툴게 다루어서 생긴 문제가 아니었다.

바이러스블로카다의 기술지원팀은 문제 해결을 위해 원격으로 이란 고객의 컴퓨터에 접속해 조사를 이어갔다. 2010년 6월 17일 그들은 마침내 컴퓨터 내에 은밀하게 숨어 있던 매우 복잡한 구조의 악성 코드를 발견해냈다. USB를 통해 전파되는 악성 코드는 최신 보안 업데이트가 된 윈도우즈7을 운용체제로 사용하는 컴퓨터를 감염시킬 수 있었다. 강력한 전파력을 가진 녀석이었다. 더 무서운 사실은 악성 코드가 글로벌 거대 IT 기업의 소프트웨어 프로그램으로 둔갑해 있었다. 악성 코드는 믿을 만한 기업의 합법적인 소프트웨어 행세를 했기 때문에 일반 사람들뿐만 아니라 심지어 컴퓨터 전문가들의 눈마저 피해 은밀히 숨어 있을 수 있었다.

바이러스블로카다의 기술지원팀은 발견한 악성 코드를 'Rookit.Tmphider'로 명명하고 그 위험성을 세상에 알리기로 했다. 먼저 그들은 합법적 정품 인증서를 도용당한 IT 기업인 마이크로소프트Microsoft와 리얼텍Realtek에 이러한 사실을 알렸으나, 어떠한 답변도 듣지 못했다. 그들의 다음 선택지는 온라인 정보보안 관련 커뮤니티였다. 기술지원팀은 가장 인기 있는 정보보안 포럼(wilderssecurity.com)과 자신들의 회사 웹사이트에 새로운 악성 코드에 관한 정보를 공개했다.

한 유명 보안 블로거 브라이언 크렙스Brian Krebs는 2010년 7월 15일 자신의 블로그인 '크렙스 온 시큐리티Krebs on Security'에 바이러스블로카다의 기술지원팀의 게시글을 포스팅했다. 글은 오래지 않아 보안전문가들과 소프트웨어 증명서를 도용당한 IT 기업들의 관심을 끌며 이내 전 세계에 알려졌다. 크렙스가 글을 게시한 다음날인 7월 16일 마이크로소프트는 악성 코드가 자사 프로그램의 취약점을 이용해 활동함을

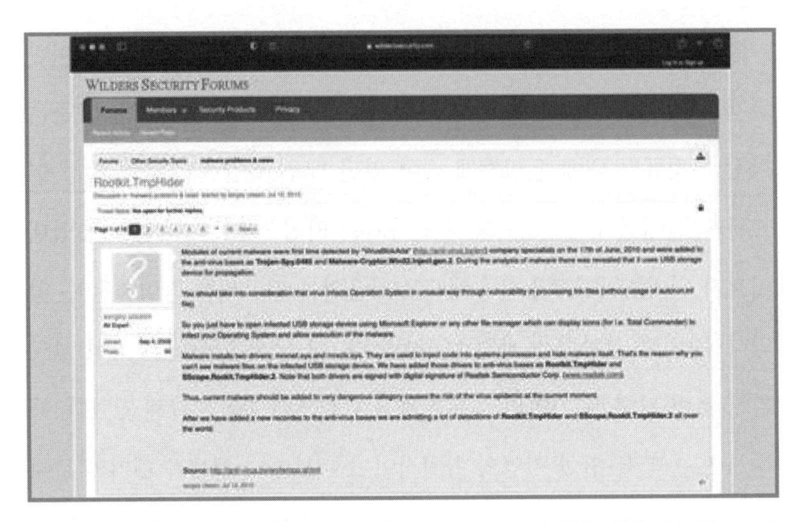

스턱스넷의 등장을 처음으로 알린 정보보안 포럼(wilderssecurity.com) 게시글 〈출처: 저자 캡처. https://www.wilderssecurity.com/threads/rootkit-tmphider.276994/〉

인정하는 동시에 그에 대한 대처법을 공식적으로 발표했다. 이후 컴퓨터 보안전문가들과 안보전문가들은 바이러스블로카다의 기술지원팀이 발견한 악성 코드를 '스턱스넷Stuxnet'으로 부르기 시작했다. 영향력이 큰 글로벌 보안회사 시만텍Symantec이 이 악성 코드 내에 있는 키워드 몇몇을 조합해 스턱스넷이라는 새로운 이름을 부여했기 때문이다.

악성 코드가 국가 핵심 시설 파괴를 목적으로 사이버 무기화된 최초 사례

스턱스넷의 가장 큰 특징은 명확한 목적을 가지고 탄생한 악성 코드라는 점이다. 스턱스넷은 모든 컴퓨터를 공격하는 것이 아니라, 오로지 윈도우즈 운영체제를 사용하는 컴퓨터만을 감염시킨다. 이 악성 코드는 엄청난 속도로 전 세계의 윈도우즈 사용 컴퓨터로 퍼져나갔다. 그런데도 윈도우즈 운영체제를 사용하는 일반 사람들은 그들의 컴퓨터에

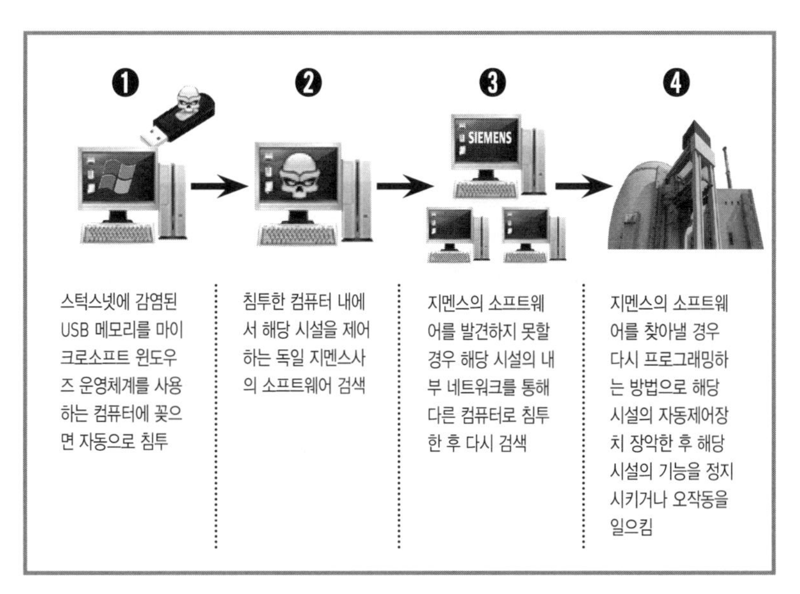

스턱스넷 침투 및 감염 과정

스턱스넷이 침투했더라도 그 사실을 알 수가 없었다. 그 이유는 악성코드 스턱스넷은 독일의 전기전자기업인 지멘스Siemens가 만든 특정 소프트웨어에만 반응하도록 설계되었기 때문이다.

스턱스넷은 침투에 성공한 즉시 컴퓨터에 지멘스의 특정 소프트웨어가 설치되어 있는지를 검색한다. 스턱스넷은 컴퓨터 내에서 공격 목표로 설정된 소프트웨어를 발견하지 못하면, 바로 휴면 상태에 들어간다. 스턱스넷의 초기 버전은 공격 대상을 발견하지 못했을 때 활동하지 않지만, 사라지지는 않았기 때문에 보안회사의 조사를 통해 추후 침투 사실을 확인할 수 있는 구조였다. 이후 2012년 6월에 발견된 새로운 버전의 스턱스넷은 심지어 침투한 컴퓨터에서 공격 목표물을 찾지 못할 시 자신을 스스로 삭제하도록 업그레이드되어 있었다. 보안전문가들이 자신을 찾거나 추적하지 못하도록 더 무섭게 진화되었다.

'스카다SCADA'란?

중앙 제어 시스템이 네트워크로 연결된 원격 장치의 상태 정보 데이터를 원격 단말 장치로 수집·수신·기록·표시하여 원격 장치를 감시하고 제어하는 컴퓨터 시스템을 말한다. 이러한 스카다 시스템은 폐쇄망으로 운영되며, 주로 전력, 수도, 철도, 공항, 조선과 같은 국가 및 산업 시설 등의 제어 시스템으로 사용되고 있다. 그러나 폐쇄망이기에 안전할 것이라는 단순한 생각 때문에 사이버 공격에 노출되는 경우가 발생하고 있다. 또한, 필요에 의해 스카다와 인터넷 또는 기관(기업) 내 네트워크 간 연결이 증가하고 있어 사이버 공격에 취약해지는 경우도 늘어나고 있다.

그렇다면, 명확한 목표만을 공격하도록 설계된 스턱스넷의 저격대상은 무엇이었을까? 전 세계 컴퓨터 보안전문가와 안보전문가들은 그 답으로 지멘스가 개발한 스카다SCADA, Supervisory Control and Data Acquisition(원격 감시 제어 시스템)를 사용하고 있는 이란의 핵 개발 시설을 지목했다.

2010년 9월 글로벌 컴퓨터 보안회사인 시만텍은 스턱스넷에 관한 조사 결과를 통해 독일 회사 지멘스의 원격 감시 제어 시스템에만 반응하는 그 악성 코드가 전 세계로 퍼져나갔고, 공교롭게도 스턱스넷에 감염된 컴퓨터의 60% 정도가 이란에 몰려 있다고 발표했다. 보안전문가들은 스턱스넷이 이란의 컴퓨터에서 처음 발견되었기 때문에 이란을 표적으로 한 것이 아니냐는 의구심을 갖고 있던 터였다. 시만텍의 조사 결과 발표로 인해 그 의구심은 확신으로 바뀌었다. 더욱이 전 세계의 이목이 지멘스의 원격 감시 제어 시스템을 사용하고 있던 이란의 핵무기 개발 시설로 쏠렸다.

이란은 국제 사회의 압력에도 불구하고 핵무기 개발을 계속하고 있

스턱스넷이 공격 목표로 하는 지멘스의 WinCC/PCS 7 SCADA에 의해 통제되고 있던 이란 나탄즈 우라늄 농축 시설은 2010년에 스턱스넷의 침투로 가스원심분리기가 여러 차례 멈추고 일부는 파괴었으며, 우라늄 농축 시설의 성능이 약 30%로 감소하는 일이 발생했다. 스턱스넷은 가스원심분리기가 매우 빠른 속도로 돌아가다가 다시 매우 느른 속도로 돌아가게 하는 방식을 수차례 반복하도록 시스템을 조작하여 가스원심분리에 물리적 타격을 가할 수 있었다. 사진은 나탄즈의 핵시설을 지키기 위해 설치한 대공포의 모습이다. 〈출처: WIKIMEDIA COMMONS | CC BY 2.0〉

다. 그 중심에 있던 시설이 나탄즈Natanz에 있는 우라늄 농축 시설이다. 구체적으로 나탄즈에는 우라늄 농축에 사용되는 많은 수의 가스원심분리기가 있다고 알려져 있다. 2004년 이란이 유럽 국가들과 핵 개발 중지 협상을 하던 시기에 나탄즈에서의 우라늄 농축 행위가 잠시 멈추기도 했지만 2006년에 재개되었다. 2007년 이란 정부는 나탄즈에 3,000기의 가스원심분리기를 설치했다고 발표한 바 있다. 현재 나탄즈에는 1만 9,000기 이상의 가스원심분리기가 있다고 알려져 있다. 그런데 스턱스넷이 처음 세상에 모습을 드러냈던 2010년 당시 이란의 나탄즈에 있는 가스원심분리기의 작동은 스턱스넷이 공격 목표로 하는 지멘스의 WinCC/PCS 7 SCADA에 의해 통제되고 있었다.

500KB 사이버 무기의 핵무기 생산시설 파괴

스턱스넷은 USB 메모리스틱을 통해 무작위로 윈도우즈를 사용하는 컴퓨터를 감염시키며 전 세계로 퍼져나가지만, 설정된 공격 목표물이 아닌 다른 대상에게는 아무런 반응을 하지 않았다. 그렇지만 저격 대상에게만큼은 엄청난 위력을 보여주었다. 여기서 USB를 통해 악성 코드가 전파되도록 설계된 이유는 공격 목표였던 나탄즈 핵시설의 컴퓨터 시스템이 인터넷과 분리된 폐쇄망이었기 때문이다. 스턱스넷은 핵시설에 대한 사이버 공격을 우려해 외부와 컴퓨터 시스템을 분리했던 이란의 방어 전략을 무력화시켰다.

먼저, 스턱스넷은 PLC Programmable Logical Controller 용 윈도우즈 컴퓨터에 침투하여 지멘스의 스텝 7 Step 7 소프트웨어를 찾아 이를 감염시켰다. 스텝 7은 가스원심분리기를 원격으로 통제하는 지멘스의 WinCC/PCS 7 SCADA를 제어하는 프로그램이었다. 스턱스넷은 이후 WinCC의 핵심 라이브러리의 내용을 변경하여 WinCC와 PLC용 컴퓨터 사이의 통신을 가로챘다. 이는 중간자 공격 MITM, Man In the Middle Attack 의 일종으로 중간에 신호를 가로채어 스카다 구동 중 감염된 컴퓨터가 시스템에 발생한 이상 징후를 감지하지 못하도록 하는 것이었다. 통상적으로 산업시설에 이상이 발생하면 컴퓨터의 제어 프로그램은 시설을 자동으로 멈추게 하며, 발생한 이상 현상도 즉각 운영자에게 보고하게 되어 있는데, 스턱스넷은 이러한 안전장치를 제거해버린 것이었다.

공격 준비가 끝난 스턱스넷은 PLC용 윈도 컴퓨터를 통제하여 산업

시설을 파괴하는 명령을 내렸다. 스턱스넷의 공격을 받은 나탄즈의 가스원심분리기의 모터 회전수가 1,410Hz로 올랐다가 2Hz로 갑자기 낮아지더니 다시 1,064Hz로 올라가면서 모터에 과부하가 발생했다. 이란의 담당자 누구도 가스원심분리기가 과부하로 스스로 멈추거나 손상을 입을 때까지 이러한 사실을 알지 못했다.

이란 정부는 공식적으로 스턱스넷에 의한 피해 규모를 외부에 알리지 않았다. 그러나 이란의 내부 소식통은 상당수의 이란 내 컴퓨터가 스턱스넷에 감염되었으며, 여러 변형의 존재로 인해 스턱스넷을 완전히 제거하는 것이 힘들다는 사실을 알렸다.

서구의 연구기관과 전문가들은 스턱스넷이 이란의 우라늄 농축 시설에 피해를 주었다고 밝혔다. 가스원심분리기가 여러 차례 멈췄고, 우라늄 농축 시설의 성능이 약 30%로 감소했다는 주장도 나왔다. 미국과학자연맹FAS, Federation of American Scientists은 가동하고 있는 나탄즈의 가스원심분리기 4,700기 중 800기가 멈췄다고 주장했다. 과학국제안보연구소ISIS, Institute for Science and International Security의 2010년 12월 보고서에 따르면, 나탄즈의 가스원심분리기의 10%에 이르는 최대 1,000기가 손상되었다. 국제원자력기구 역시 스턱스넷 공격 이후 약 1,000기의 가스원심분리기 해체 작업 모습이 나탄즈에 설치된 카메라에 포착되었다고 했다. 확실한 수치는 알 수 없지만, 스턱스넷이 이란의 핵무기 개발에 물리적 손해를 입힌 것은 사실이었다.

스턱스넷은 악성 코드로는 드물게 500KB의 큰 용량을 갖고 있었으며, C와 C++를 포함한 여러 가지 프로그래밍 언어로 복잡하고 정교하게 만들어졌다. 게다가 전례 없이 악성 코드 개발자에게 하나만으로도 유용한 제로 데이 취약점zero day attack이 4개나 사용되었다. 제로 데이 공격은 소프트웨어 제조사가 해당 취약점을 모르거나, 알고 있으나 그것에 대한 보안 패치를 아직 배포하지 않은 상태에서 그 취약점을 이용한 악성 코드나 프로그램을 만들어 공격하는 수법이다.

여러 정황적 · 과학적 증거들은 스턱스넷의 개발자로 미국과 이스라엘 두 국가를 지목했다. 당시 두 국가는 세계에서 가장 앞선 컴퓨터 과학 기술을 보유하고 있었으며, 이란의 핵 개발을 강하게 반대해왔다. 미국과 이스라엘의 고위 관료들과 외교문서를 통해 간접적으로 그들이 이번 사이버 작전에 관여되었다는 사실이 흘러나오고 있다. 그럼에도 불구하고 오랜 시간이 지난 지금까지 두 국가 모두 이를 인정도 부인도 하지 않고 있다.

일각에서는 스턱스넷이 최대 1,000기 정도의 가스원심분리기를 파괴하는 데 그쳤고, 이란 핵 개발을 영구적으로 중지시킨 것이 아니라 일시적으로 지연시켰을 뿐이라고 과소평가하기도 한다. 그러나 악성 코드를 통해 국가 핵심 시설을 물리적으로 파괴하고 더 나아가 핵무기 개발에 지장을 초래했다는 사실은 우리에게 시사하는 바가 크다. 그 이유는 스턱스넷이라는 사이버 무기가 현실 세계에 존재하는 국가 핵심 시설을 파괴할 수 있다는 것을 실제로 증명해 보였기 때문이다.

CHAPTER 12

이란 이슬람혁명수비대의 사이버전

이슬람혁명수비대의 은밀한 사이버 전략

1979년 이란 혁명에 성공한 아야톨라 루홀라 호메이니는 새로운 헌법을 통해 삼권분립과 대통령을 초월한 지위를 이란 내 이슬람 최고지도자인 아야톨라에게 부여했으며, 종교지도자로 구성된 초의회적인 헌법감시평의회를 설립했다. 또한, 그는 혁명 세력과 새로운 신정 체제의 수호자로 이슬람혁명수비대IRGC, Islamic Revolutionary Guard Corps(이하 IRGC로 표기)를 창설했다. 이슬람혁명수비대는 팔레비 왕조에 충성하던 장교들이 주를 이루던 정규군대와 별개였다. IRGC는 나치 독일의 무장친위대와 비슷한 역할을 했지만, 그보다 더 막강한 권력을 갖고 있었다.

약 19만 명의 병력을 거느린 IRGC는 육군, 해군, 공군, 준군사조직, 그리고 특수부대인 쿠드스Quds로 구성되어 있다. 그들은 42만 명의 병

이란 이슬람혁명수비대(IRGC)는 1979년 이란 혁명 이후 이슬람 체제를 수호하기 위해 창설된 이란 군사조직이다. 시아파의 맹주 이란은 IRGC를 앞세워 중동 내 수니파 국가들과의 군사적 경쟁을 넘어 미국에 대한 군사작전을 수행하고 있으며, 사이버 공간에서도 민간 해커들로 위장한 IRGC의 해커들을 이용해 미국과 전쟁 중에 있다. 〈출처: WIKIMEDIA COMMONS | Public Domain〉

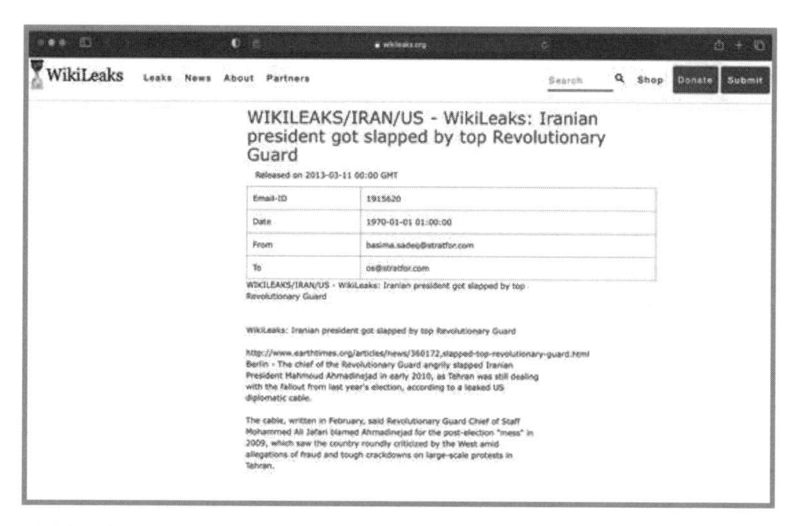

WIKILEAKS/IRAN/US - WikiLeaks: Iranian president got slapped by top Revolutionary Guard

Released on 2013-03-11 00:00 GMT

Email-ID	1915620
Date	1970-01-01 01:00:00
From	basima.sadeq@stratfor.com
To	os@stratfor.com

WIKILEAKS/IRAN/US - WikiLeaks: Iranian president got slapped by top Revolutionary Guard

WikiLeaks: Iranian president got slapped by top Revolutionary Guard

http://www.earthtimes.org/articles/news/360172,slapped-top-revolutionary-guard.html
Berlin - The chief of the Revolutionary Guard angrily slapped Iranian President Mahmoud Ahmadinejad in early 2010, as Tehran was still dealing with the fallout from last year's election, according to a leaked US diplomatic cable.

The cable, written in February, said Revolutionary Guard Chief of Staff Mohammed Ali Jafari blamed Ahmadinejad for the post-election "mess" in 2009, which saw the country roundly criticized by the West amid allegations of fraud and tough crackdowns on large-scale protests in Tehran.

자파리가 아흐마디네자드 대통령의 뺨을 때렸다는 내용을 폭로한 위키리크스 〈출처: 저자 캡처. https://wikileaks.org/gifiles/docs/19/1915620_wikileaks-iran-us-wikileaks-iranian-president-got-slapped-by.html〉

력을 보유한 이란의 정규군에 비해 규모는 작았지만, 화력과 군사작전 능력 등 모든 면에서 정규군보다 훨씬 강했다. 이란의 대통령도 IRGC의 눈치를 보았다. 위키리크스가 폭로한 미국의 외교 전문에 따르면, 2010년 1월경 모하메드 알리 자파리Mohammad Ali Jafari IRGC 총사령관은 국가안보회의에서 태도가 불순하다는 이유로 마흐무드 아흐마디네자드Mahmoud Ahmadinejad 당시 대통령의 뺨을 때렸다. IRGC의 유일한 통수권자는 대통령이 아닌 이슬람 종교 최고지도자였다.

시아파의 맹주 이란은 IRGC를 앞세워 중동 내 수니파 국가들과의 군사적 경쟁을 넘어 미국에 대한 군사작전을 수행하고 있다. IRGC는 미군이 가셈 솔레이마니Qasem Soleimani 쿠드스군(특수부대) 사령관을 암살한 데 대한 복수로 2020년 1월 이라크 내 미군 기지에 탄도미사일 22발을 발사했다.

그런데 IRGC는 사이버 공간에서도 미국과 전쟁 중에 있다. 물리적 공간에서의 군사작전과 다른 점이 있다면, IRGC가 직접 사이버 작전을 수행하는 것이 아니라 민간 해커들로 위장한 IRGC의 해커들을 통해 간접적 전투를 하고 있다는 점이다. IRGC와 연계된 해커들은 민간 컴퓨터 보안회사 또는 연구소에 소속된 민간인 직원들처럼 행세하며 IRGC에 이익이 되는 일들을 사이버 공간에서 은밀히 수행하고 있다. 물론, 그들이 이란 정부가 직접 고용한 사이버 전사인지, 아니면 자신들의 작전 결과에 따라 보상을 받는 프리랜서 해커인지 알 수 없지만, 분명한 사실은 이 이란 해커들의 불법적인 사이버 공격 행위가 이란 정부, 특히 IRGC에 큰 이득을 가져다준다는 것이다.

좀비 PC들의 1차원적 공습

IRGC의 초기 사이버전은 이란 내 2개의 민간 컴퓨터 보안회사인 ITSec 팀ITSec Team과 메르사드Mersad가 주도했다. 2011년 초 설립된 메르사드는 유명 이란계 해커 그룹인 선 아미Sun Army와 아쉬아니 디지털 시큐리티 팀Ashiyane Digital Security Team에서 활동하는 전문 해커들로 구성되어 있었다.

민간회사 직원으로 위장한 두 회사의 사이버 전사들은 리더와 조직책으로 나뉘어 움직였다. 이란 해커 조직의 리더는 디도스 공격을 위한 사이버 작전 전반을 진두지휘하고, 조직책들은 세부 전투를 위한 좀비 PC를 확보했으며, 확보된 엄청난 수의 좀비 PC들로 봇넷을 구성했다. 그리고 해커들은 자신들의 봇넷을 통제하기 위한 지휘통제시스템C&C도 구축했다. 그들은 각각의 임무를 통해 과도한 트래픽을 발생시켜 공

'좀비 PC'와 '봇넷'이란?

좀비 PC란 멀웨어에 감염된 컴퓨터를 말한다. 좀비 PC는 지휘통제시스템C&C, command & control 서버의 제어를 받아 디도스 공격과 스팸 이메일 전송 등 여러 가지 불법적 사이버 공격에 이용된다. 좀비 PC는 다른 말로 봇bot이라 불리기도 하는데, 인터넷에 연결되어 있으면서 멀웨어에 감염되어 제3자에게 권한이 양도된 여러 봇(좀비 PC)들의 집합을 '봇넷'이라 한다.

격 대상의 서버를 무력화시키는 디도스 공격을 위해 중앙집권적 통제 시스템과 부대를 갖추었던 것이다.

IRGC 소속 해커들의 공격은 2011년 12월부터 시작되었다. 이란 해커의 C&C는 봇넷을 조종하여 미국의 금융 기관과 회사의 서버를 마비시켰다. 이때 사용된 방식은 서버의 용량을 초과하는 양의 트래픽을 보내는 디도스 공격이었다. 세계 경제의 중심인 뉴욕 월가를 대표하는 주식거래시장, 나스닥, 아메리칸익스프레스American Express, 뱅크오브아메리카Bank of America, 캐피털원Capital One, US뱅크US Bank, 시티뱅크Citibank, 체이스뱅크Chase Bank, 유니온뱅크Union Bank 등의 수많은 국가 금융기관과 민간 금융회사의 서버가 공격의 주요 대상이었다.

공격은 최초 10개월간 산발적으로 발생했고, 2013년 5월 종료될 때까지 반복적으로 자주 일어났다. 이란 해커들은 큰 피해를 입히기 위해 회사 관계자와 고객들이 서버를 많이 이용하는 평일(화~목) 근무시간을 집중 공략했다. 당시 한 민간 금융회사의 경우 봇넷에 의한 조직적 공격으로 자사의 서버에 초당 140GB(기가바이트) 정도의 데이터가

사이버 공격으로 FBI 공개수배 명단에 오른 IRGC 연계 이란 해커들
〈출처: 저자 캡처. https://www.fbi.gov/wanted/cyber/iranian-ddos-attacks 〉

유입되었다고 한다. 이는 서버 용량을 3배나 넘는 수치였다. 이란 해커들의 공격 기간은 약 3년이었고 실제 공격이 발생한 날은 총 176일이었다. 이들의 사이버 공격으로 수백만 명의 고객들이 큰 불편을 겪었으며, 당시 공격을 당한 금융기관과 회사들이 서버의 방어와 복구에 들인 직접적인 비용은 한화로 수백억 원에 달했다.

한편, ITSec 팀은 미국 금융권에 대한 디도스 공격뿐만 아니라 국가 주요 기반시설에 대한 공격도 실시했다. IRGC의 해커는 2013년 8월

28일 불법적으로 뉴욕시 북쪽에 위치한 웨스트체스터 카운티Westchester County의 라이 브룩Rye Brook에 있는 보먼 애비뉴 댐Bowman Avenue Dam 제어시스템에 원격으로 접속하는 데 성공하여 그 다음 달 18일까지 주기적으로 시스템을 드나들었다. 그 제어시스템으로 댐의 수위와 수문을 통제할 수 있었기 때문에 큰 인명피해를 일으킬 수 있는 상황까지 간 것이다.

그나마 다행히도 댐을 관리하는 주체가 우연하게도 해커의 사이버 침투 바로 직전에 댐의 보수를 이유로 수문과 수위 조절을 수동으로만 조작하게 변경했다. 즉, 당시 이란 해커들은 원격제어시스템에 대한 권한을 얻었지만, 수동으로만 조작되는 수문 개방과 수위 조절을 온라인상에서 변경할 수 없었기 때문에 직접적인 물리적 피해로 연결되지 않았던 것이다. 보먼 애비뉴 댐의 시스템 복구에는 약 3만 달러(약 3,400만 원) 정도의 비용이 들었다.

초기 IRGC의 사이버 공격에 따른 금융권 마비와 국가기반시설 침투는 미사일 공격에 의한 물리적 타격과는 외형상 달랐지만, 그 결과로 인한 금전적·심리적 피해 규모는 그것에 못지 않게 컸다. 그런데 시간이 지나면서 IRGC의 사이버 공격 목적과 방식은 변하고 있었다. 그 변화를 요약하면 다음과 같다. 초기 IRGC는 디도스 공격으로 미국에 대한 사이버 전쟁의 포문을 열었다. IRGC는 2011~2012년에는 정치적 목적을 위해 디도스 공격으로 미국 정부와 민간회사, 그리고 시민들에게 불편을 주는 정도의 피해를 입히는 1차원적인 방법을 사용했다. 그러다가 2013년부터는 그들의 사이버 작전이 목적과 방법 면에서 새롭게 바뀌게 된다. IRGC는 정치적·경제적 목적을 동시에 달성하기 위해 사이버 공간에서 지적재산권 등 중요한 데이터를 절도하는 데 몰두하기 시작했다.

진화된 IRGC 사이버전 전략

2013년부터 이란 IRGC를 위해 일하는 사이버 전사들은 목표물에 직접적으로 침입하여 데이터를 탈취하기 시작했다. 이를 위해 이란의 해커 2명은 2013년 초 마브나 인스티튜트Mabna Institute를 설립했다. 합법적인 회사로 위장했지만, 그들의 목적은 미국을 비롯한 선진국의 과학기술을 탈취하는 것이었다. 두 해커 중 한 명은 조직적인 사이버 작전을 위해 IRGC와의 연락을 담당했고, 다른 한 명은 마브나 인스티튜트 전반을 관리하는 역할을 맡았다. 이 두 해커 외에도 최소 7명의 마브나 인스티튜트 소속 이란 해커들이 데이터 절도를 위한 사이버 작전에 가담했다.

IRGC의 사이버 전사들의 주요 공격 대상은 미국 등 자유진영 국가의 대학교였다. 마브나 인스티튜트 소속 해커들은 대학의 교수들에게 '스피어 피싱 이메일'을 보냈다. 그 이메일에는 링크가 첨부되어 있었다. 이 이메일을 받은 대학교수가 실수로 링크를 클릭하게 되면 해커가 만든 웹사이트로 연결되는 동시에 대학의 웹사이트 계정에 재로그인해야 했다. 이 과정에서 해커들은 대학교수가 재로그인을 위해 ID와 비밀번호를 입력할 때 그들의 계정에 관한 정보를 모두 가로챘다.

전 세계적으로 약 10만 명의 교수들이 이란 해커들이 보낸 스피어 피싱 이메일을 받았다. 그리고 미국 교수 계정 3,768개를 비롯해 8,000여 개의 계정이 이란 해커의 손에 넘어갔다. 마브나 인스티튜트 소속의 뛰

'스피어 피싱 공격'이란?

스피어 피싱 공격은 사전에 공격 목표로 특정된 대상에게 신뢰할 수 있는 개인이나 기업, 또는 기관이 보낸 것처럼 꾸민 이메일이나 문자를 보내는 방식으로 피해자의 중요 정보를 탈취하는 '피싱 공격'의 한 종류이다. 스피어 피싱 공격이 피싱 공격과 다른 점은 불특정 대상이 아닌 명확한 공격 대상이 지정되어 있다는 것이다.

어난 해커는 홀로 1,000개 이상의 계정 탈취에 성공했으며, 팀 내 다른 해커들에게 해킹 기술을 가르치기도 했다.

스피어 피싱 공격 방법으로 마브나 인스티튜트의 이란 해커들은 2017년 12월 말까지 약 3년간 미국 내 144개 대학의 서버와 컴퓨터 침투에 성공했다. 또한, 그들은 한국을 포함한 전 세계 21개국 176개 대학에 대해서도 유사한 성공을 거두었다. 이 이란 해커들은 피해를 입은 전 세계 대학들로부터 약 31TB(테라바이트) 용량 규모의 학술 정보와 지적재산, 그리고 교수들이 주고받은 이메일들을 훔쳤다. 대학들은 학생들을 가르치는 곳이기도 하지만, 정부와 민간 기업으로부터 지원을 받아 다양한 첨단기술을 연구하는 중요한 기관이다. 이란 해커들의 스피어 피싱 공격으로 오랫동안 국제 제재를 받아 기술적으로 많이 뒤처져 있던 이란에게 중요한 정보들이 많이 흘러 들어간 것이었다.

마브나 인스티튜트 소속 해커들은 해킹으로 탈취한 데이터들을 먼저 그들의 배후 세력인 IRGC에게 넘겼다. 또한, 그들은 'megapaper.ir'과 'gigapaper.ir'이라는 2개의 웹사이트를 통해 미국으로부터 훔친 데이터의 일부를 이란의 대학과 기관에 팔기도 했다. 이번 해킹으로 미

마브나 인스티튜트 해커들이 훔친 데이터를 팔기 위해 사용한 웹사이트인 'megapaper.ir'(위)과 'gigapaper.ir'(아래)의 홈페이지 화면 〈출처: 저자 캡처〉

국 대학에서만 훔쳐간 지적재산권의 가치는 적어도 34억 달러(약 3조 8,000억 원)에 이른다고 알려졌다.

한편, 마브나 인스티튜트의 직원으로 위장한 IRGC의 해커들은 미디어와 엔터테인먼트 회사, 로펌, 보험회사 등 민간 영역 역시 노렸다. 이번에 그들이 사용한 공격 기술은 '패스워드 스프레잉password spraying'이었다. 해커들은 일반에 공개된 이메일 주소 리스트를 구해다가 사람들이 쉽게 사용하는 비밀번호를 대입하는 방식으로 계정의 아이디와 비밀번호를 알아내 36개의 미국 회사와 11개의 유럽 회사 서버에 침투하는 데 성공했다. 그들은 이미 저장된 이메일 내용들을 훔쳤고, 앞으로 도착하게 될 이메일들이 자신들에게 전달되도록 기능을 설정해두기도 했다. 이외에도 미국 노동부, 연방 에너지규제위원회, 하와이주 정부, 인디애나주 정부, 유엔, 유엔아동기금 등도 이 마브나 인스티튜트 소속 해커들에게 피해를 입었다.

2013년부터 본격적으로 시작된 해킹을 통한 이란의 불법적 지적재산권 확보 작전은 2015년 7월 미국의 항공우주 및 위성 회사, 그리고 이들을 관리하는 정부기관으로 확대되었다. 3명의 이란 해커는 목표로 하는 회사와 기관에 접근하기 위해 온라인상에서 위성과 항공우주 분야에서 일하는 평범한 미국인 행세를 했다. 이를 위해 그들은 가짜 온라인 프로필과 이메일 계정을 만들어 사용했다. 그리고 가짜 신원으로 공격 목표로 선정된 약 1,800여 개의 이메일 계정에 스피어 피싱 공격을 실시했다.

미국 정보기관은 이 3명을 IRGC 소속 해커들이라고 밝혔다. 그 이유는 이들이 IRGC 대원으로 이미 확인되어 미국의 감시를 받고 있었기 때문이다. 상당히 뛰어난 해킹 능력을 가진 이들은 다양한 악성 코드 제작과 유포에 관여하기도 했다. 게다가 이 3명의 해커는 이란 내 IRGC가 관리하는 주택에 살고 있음이 드러났다.

IRGC는 자신들의 정치적 목적을 위해 사이버전을 시작했다. 그들의 초기 디도스 공격(2011~2012년)은 적대국인 미국 회사의 영업과 시민들의 생활을 방해함으로써 상대에게 물질적·정신적 피해만을 주었다. 사회 혼란을 초래하는 제한적 목표만을 달성했던 것이다. 그러나 2013년부터 그들의 목적은 실질적인 이익 추구로 완전히 바뀌었다. IRGC의 사이버 전사들은 미국과 서방국가들이 가진 지적재산권을 확보하여 자신들의 뒤처진 기술력을 높이기 위해 사이버 절도 행위에 집중했던 것이다. 또 다른 특징은 IRGC가 직접 나서기보다 민간인으로 위장한 해커들을 이용했다는 점이다. 이란 정부에 가해질지 모르는 국제 사회의 직접적인 보복 행위와 비난을 개인에게 돌리려는 전략이었다.

CHAPTER 13

사이버 전자전 : 오차드 작전

2007년 9월 6일 자정이 조금 넘은 시각, 한편의 영화와 같은 공격작전인 '오차드 작전Operation Orchard'이 성공을 거두었다. 이스라엘의 공군기들이 시리아 내 핵시설로 의심되는 지역을 타격하고 무사히 복귀한 것이다. 이 작전은 '아웃사이드 더 박스 작전Operation Outside the Box'으로도 불린다. 당시 이스라엘 정부는 공식적으로 이번 작전에 대해 확인해주지 않았다. 공습에 투입된 공군기들이 아무런 피해 없이 작전에 성공할 수 있었던 이유로 시리아의 방공망을 무력화시킨 이스라엘의 전자전EW, electronic warfare 능력이 주목을 받았다. 그런데 이 작전의 성공을 이끈 또 하나의 중요한 축이었던 이스라엘의 사이버 전자전에 대한 내용은 잘 알려져 있지 않다.

베긴 독트린의 부활

이스라엘의 6대 총리 메나헴 베긴Menachem Begin은 1978년 이집트와의 평화조약을 이끌어낸 공로로 노벨 평화상을 수상했다. 그럼에도 불구하고 그는 평화주의자가 아니라 강경한 극우주의자로 분류되었다. 그 이유는 어떠한 경우에도 이스라엘의 존립을 위협하는 적의 대량살상무기 개발을 용서하지 않겠다는 그의 기조 때문이었다. 1981년 베긴이 지시한 이라크 핵시설 폭격은 그의 이런 성향을 상징적으로 보여준 사건이었다.

이라크는 1970년대 중반부터 프랑스의 기술을 수입해 바그다드의 남동쪽 18km 지점에 '오시라크Osirak'라는 핵시설을 건설했다. 베긴은 40MW(메가와트)급 원자로를 보유한 오시라크를 이스라엘에 대한 위협으로 여겼다. 그는 프랑스를 상대로 외교적 노력을 통해 오시라크 건설을 저지하려 했으나 실패했다. 결국 베긴 정부가 선택한 마지막 수단은 오시라크에 대한 공중공습인 '바빌론 작전Operation Babylon'('오페라 작전Operation Opera'으로도 불린다)이었다.

1981년 6월 7일 이스라엘 남부 에치온Etzion 공군기지에서 여러 대의 전투기가 이륙했다. F-16은 F-15의 호위를 받으며 사우디아라비아 상공을 가로지른 후 오시라크의 핵시설에 폭탄 16기를 투하하는 데 성공하고 무사히 복귀까지 완료했다. 다행히도 핵연료가 아직 채워지지 않은 상황이어서 오시라크 핵시설에서 핵 누출은 없었다. 국제 사회는 이스라엘의 바빌론 작전에 대해 일제히 비난을 퍼부었다. 얼마 지나지 않아 유엔 안전보장이사회가 만장일치로 이스라엘에 대한 제재 결의안을 채택했다. 그럼에도 불구하고 이스라엘의 베긴은 꿈쩍도 하지 않

이스라엘의 6대 총리 메나헴 베긴(가운데)은 이라크가 1970년대 중반부터 프랑스의 기술을 수입해 바그다드의 남동쪽 18km 지점에 '오시라크'라는 핵시설을 건설하자, 40MW급 원자로를 보유한 오시라크를 이스라엘에 대한 위협으로 여기고 '바빌론 작전'을 실시하여 오시라크 원자로를 공습으로 파괴했다. 이후 자국에 위협이 되는 주변 적국의 핵을 포함한 대량살상무기 개발에 대한 이와 같은 이스라엘의 강력한 군사적 정책은 당시 총리의 이름을 따서 '베긴 독트린'으로 불리게 되었다. 사진은 1978년 미국을 방문한 메나헴 베긴 이스라엘 총리의 모습이다. 〈출처: WIKIMEDIA COMMONS | Public Domain〉

바빌론 작전 실시 후 공습을 받아 파괴된 오시라크 핵시설의 모습 〈출처: WIKIMEDIA COMMONS | Public Domain〉

았다. 심지어 베긴은 공습 3주 뒤 총리로 재선되기까지 했다. 이후 자국에 위협이 되는 주변 적국의 핵을 포함한 대량살상무기 개발에 대한 이와 같은 이스라엘의 강력한 군사적 정책은 당시 총리의 이름을 따서 '베긴 독트린Begin doctrine'으로 불리게 되었다.

26년이 흐른 2007년 9월에 이스라엘의 베긴 독트린이 부활했다. 초기에 이스라엘 정부는 공식적으로 인정하지 않았지만, 이스라엘의 공군기들이 이번에는 시리아의 영공을 날아 핵시설로 의심되는 한 지역을 타격했다는 소식이었다. 이스라엘은 주변 아랍국가인 시리아의 핵무기 개발이 자국에 위협이 된다고 판단하고 1981년 바빌론 작전에 이어 두 번째로 핵시설에 대해 강력한 군사적 조치를 단행했던 것이다.

바샤르 알 아사드Bashar al-Assad가 사망한 아버지 하페즈 알 아사드Hafez al-Assad 전 대통령의 뒤를 이어 2000년 7월 권위주의적 국가인 시리아의 대통령 자리에 오르자, 이스라엘은 적국 시리아의 새로운 대통령에 관한 모든 정보를 모으기 시작했다. 이스라엘 방위군IDF, Israel Defense Forces의 정보기관은 아사드가 자신의 취임 이듬해인 2001년부터 북한과 이란의 지원 하에 핵무기 개발에 착수했음을 제일 먼저 감지했다. 초기에 이스라엘의 비밀정보기관 모사드Mossad는 이러한 군 정보기관의 보고를 무시하다가 2004년이 되어서야 여러 경로를 통해 아직까지 검증되지 않은 시리아의 핵개발 첩보를 입수하면서 긴급히 움직이기 시작했다. 비슷한 시기에 미국 정보 당국도 시리아와 북한 간의 긴밀한 접촉을 예의주시하고 있었다.

2006년 1월 이스라엘 정보기관은 드디어 시리아의 핵개발에 대한 실제적 증거를 확보했다. 이후 그것과 관련된 증거들이 정보기관 책상

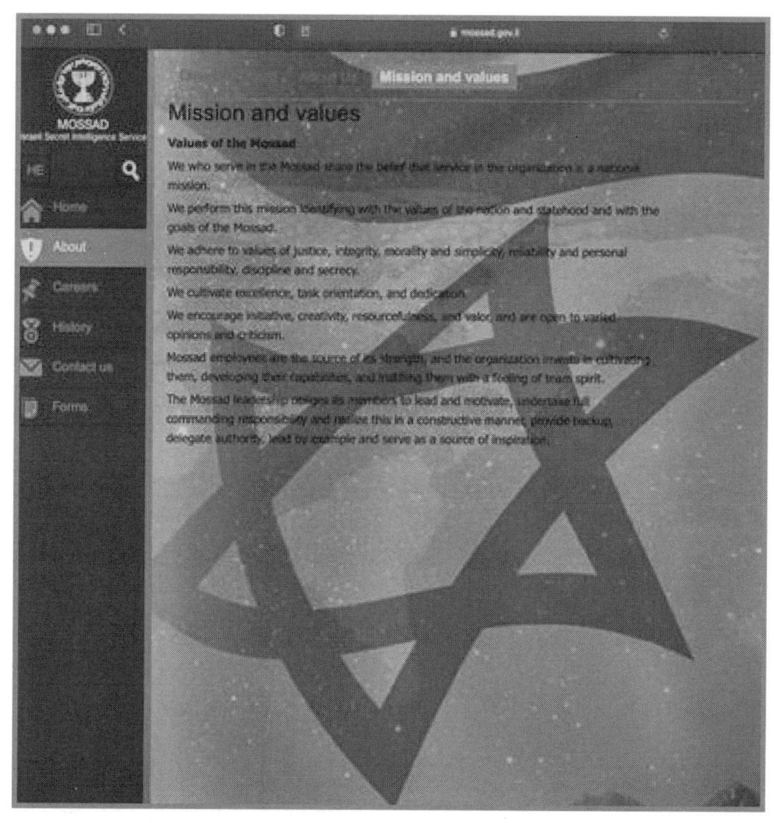

이스라엘 정보기관 모사드의 공식 웹사이트 화면. 모사드는 이스라엘의 정보기관들 중에서 해외 정보를 담당하며 비밀정치공작, 대테러활동 등을 수행한다. 제2차 세계대전 중 유대인 학살 과정에서 생존한 유대인들을 팔레스타인에 이주시키기 위해 1951년 당시 다비드 벤구리온(David Ben-Gurion) 총리 직속 기관으로 설립되었다. 〈출처: 저자 캡처〉

위에 하나둘씩 쌓여가기 시작했다. 거기에는 자금 확보를 위해서라면 핵과 미사일 관련 기술을 누구에게나 넘길 수 있는 정권으로 여겨지던 북한이 등장하는 증거도 포함되어 있었다. 첩보기관이 시리아가 북한과 핵무기 개발 시설 건설에 대해 나눈 내용이 담긴 녹음을 확보한 것이다. 이란의 자금이 시리아의 핵무기 개발에 투입되었다는 사실도 드러났다. 이란은 자국의 핵시설 가동이 불가할 시 시리아 영토 내에 건설될 우라늄 농축 시설을 대체시설로 활용하기 위해 자금을 지원했다고 의심을 받았다. 이들 정보에 따르면, 시리아는 이라크 국경으로부터 130km 떨어진 시리아의 북부 사막지역 데이르 에즈조르Deir ez-Zor라는 도시 인근 알키바르Al-Kibar에 원자로를 건설 중이었다. 알키바르는 데이르 에즈조르로부터 약 30km 떨어진 사막지역이었지만, 유프라테스Euphrates강 인근이라 원전 운용을 위한 물을 확보하기에 용이한 곳이었다.

스파이의 은밀한 사이버 작전

확실한 증거가 필요했던 이스라엘 정보기관에 엄청난 기회가 찾아왔다. 2006년 12월 시리아의 한 고위공직자가 런던에 입국한다는 첩보가 입수된 것이다. 그는 원자력위원회 책임자인 이브라힘 오스만Ibrahim Othman이었다. 10명 이상의 모사드 요원은 세 팀으로 나뉘어 런던에 잠입했다. 그들은 암살 또는 도청 등의 임무에 특화된 요원들이었다. 한 팀은 런던의 히드로 공항Heathrow Airport에 배치되어 입국하는 오스만을 확인했다. 두 번째 팀은 호텔에 투숙하는 그를 감시했다. 오스만은 장엄한 빅토리아 시대 건물과 대사관이 있는 런던의 고급 주거 지역인 켄싱턴Kensington 내의 한 호텔에 가명으로 투숙했다. 마지막 팀은 오스만의 동선과 그가 만나는 사람들을 확인하는 역할을 맡았다.

오스만은 첫날 시리아 대사관을 방문한 후 잠시 쇼핑을 하기 위해 외출했다. 모사드 요원 일부가 쇼핑을 하는 오스만을 밀착 감시했다. 한편, 다른 요원들은 오스만의 빈 호텔방에 잠입했다. 오스만은 외출하며 자신의 노트북을 호텔방 안에 그냥 두고 나갔다. 모사드 요원들은 오스만의 노트북에 '트로이 목마Trojan'를 설치했다. 노트북 내에 저장된 중요한 데이터를 비밀리에 탈취하기 위한 것이었다.

모사드는 오스만의 노트북에 저장되어 있던 자료 내에서 시리아의 핵개발과 관련된 중요한 증거들을 찾아냈다. 거기에는 핵개발 시설물의 건설 계획과 수백 장의 사진, 그리고 각종 서신들이 담겨 있었다. 특히, 사진들은 개발 초기부터 시간이 경과함에 따라 시설물의 건축이 어떻게 변화하고 있는지 보여주고 있었다. 2002년 정도로 추정되는 시기의 사진 속에서 알키바르의 시설물은 마치 기둥 위에 세워진 나무집 같았고, 유프라테스강의 펌프장으로 이어지는 수상한 파이프가 완비되어 있었다. 상공에서 봤을 때 이상한 시설물로 오해받지 않도록 콘크리트로 된 지붕 등이 있는 사진도 있었다. 그러나 이러한 위장술에도 불구하고 내부의 사진은 이곳이 핵분열 물질을 다루는 시설임을 보여주고 있었다.

발견된 또 다른 사진에는 오스만이 파란색 운동복을 입은 아시아인과 함께 찍은 모습이 담겨 있었는데, 이 사진은 시리아의 핵무기 개발에 북한이 관련되어 있다는 의혹이 단순히 의혹이 아니라 사실임을 확인시켜주고 있었다. 그 아시아인은 '전지부'라는 이름을 가진 북한 사람이었다. 전지부는 단순한 북한 노동자가 아니라 북한의 핵개발과 직접적으로 연관된 요주의 인물이었다. 그는 북한 영변 핵연료제조공장 책임자였던 것이다. 북한이 시리아의 핵개발에 직접적으로 관련되어 있음이 드러난 것이다.

이스라엘의 모사드는 트로이 목마 프로그램을 사용해 시리아 핵과학자 오스만이 무심코 호텔방에 두고 나온 노트북에서 매우 중요한 자료를 탈취할 수 있었다. 여기서 얻은 자료는 당시 이스라엘의 총리였던 에후드 올메르트Ehud Olmert와 같은 정치인들에게 시리아가 핵무기를 개발하고 있다는 어느 정도의 확신을 주기에 충분했다. 이로 인해 미국 정보기관도 시리아에 대한 더 많은 정보를 찾는 데 적극적으로 합류했다.

이후, 이스라엘과 미국의 정보기관은 인간정보HUMINT, Human Intelligence[5]와 위성정보 등을 사용해 시리아의 핵개발 시설에 대한 다양한 추가적 증거를 확보했다. 또한, 이란 이슬람혁명수비대의 장군이자 국방부 차관을 역임했던 알리 레자 아스가리Ali Reza Asgari가 2007년 서방으로 망명하여 시리아의 비밀 핵개발에 관한 문서를 미국에 제공했다. 그는 북한 과학자들이 기술 지원을 했고, 이란이 약 10억 달러 정도의 자금을 제공했다고 증언까지 했다.

사이버전과 전자전의 절묘한 결합

추가적인 정보를 수집한 이스라엘은 시리아가 데이르 에즈조르 인근 알키바르에 원자로를 건설하고 있음을 확신했다. 이스라엘은 1981년 베긴이 했던 것처럼 자신들에게 위협이 될 시설을 폭격해야 했다. 공습은 원자로가 작동을 시작하기 전에 실시되어야 했다. 그들은 만일의 사태에 대비해야 했지만, 전면전으로의 확전은 피해야 한다고 판단했다. 이에 따라 공습작전에 대한 정보는 일부 고위직만 공유했고, 작전에 투입될 조종사들은 정확한 임무도 모르는 상태에서 유사한 임무수행 훈

---

5 인적 수단을 사용하여 수집하는 정보를 말하는 것으로, 정보 수집을 임무로 하는 정보요원이 대표적인 인적 수단이다.

련을 실시했다.

2007년 9월 5일 22시 30분 라맛 다비드Ramet David 공군기지에서 69비행대대의 F-15I, 그리고 119비행대대와 253비행대대의 F-16I가 이륙 절차를 진행하기 시작했다. 라맛 다비드 공군기지는 이스라엘 북부에 위치한 항구도시인 하이파Haifa 남쪽에 위치하고 있었다. 이때서야 작전을 하는 조종사들에게 구체적인 임무가 하달되었다. 같은 시각, 공중공습으로 일어날 수 있는 만약의 전면전에 대비하기 위해 소수의 고위급 장교들에게만 작전계획이 전달되었다. 그들은 특별한 움직임 없이 고도의 경계태세만을 유지했다.

23시경 드디어 이륙한 F-15I 전투기가 F-16I의 호위를 받으며 서쪽의 지중해로 향했다. 대략 10여 대의 F-15I 전투기가 출격했고, 그중 3대는 지중해에서 이스라엘로 귀환했다고 알려져 있다. 공습에 투입된 F-15I를 제외하고 실제 작전에 동반된 F-16I 등의 다른 항공기의 수는 정확히 알려져 있지 않다. 7대 정도의 전투기는 낮은 고도를 유지한 상태로 동북쪽으로 계속 진출하여 시리아의 국경 쪽을 향해 날아갔다. 일부 구간 기동 간에는 F-16I가 F-15I의 호위를 맡았다. 참고로 F-16I는 F-16D를 2인승으로 개조하고 성능을 크게 향상시킨 버전이었다.

아무리 훈련이 잘된 조종사의 전투기라도 시리아 국경의 방공망을 뚫고 나가는 것은 쉬운 일이 아니었다. 시리아의 무기와 장비들은 대체로 구식이었지만, 적국인 이스라엘의 공격에 대비한 방공시설은 어느 정도 견고했다. 시리아와 이스라엘이 접촉하는 지역과 시리아와 레바논의 국경 지역의 방공망은 체계적이고 촘촘하게 설치되어 있었다. 이스라엘의 작전 성공은 시리아의 방공망을 피하거나 무력화시키는 것이 전제되어야 했다. 그래서 작전에 투입된 공군기는 시리아의 방공망을 속이기 위해 상대적으로 방비가 약한 시리아와 터키 국경으로 기동해야 했다. 터키 국경을 따라 설치된 시리아의 방공망은 촘촘하게 설치되어 있지 않았다. 방공망의 레이더 작동상태도 불량했다.

그럼에도 불구하고 스텔스 폭격기가 아닌 이스라엘의 일반 전투기로 적의 방공망을 뚫고 들어가는 것은 쉬운 일이 아니었다. 작전에는 추가적으로 전자전 장비가 필요했다. 여러 출처에 따르면, 이스라엘의 전투기들과 함께 전자정보수집ELINT, electronic intelligence 항공기도 시리아의 방공망 무력화에 동원되었다. 공격용 전투기에도 전자전 장비가 탑재되었을 것으로 추정된다.

방공망 무력화를 위한 이스라엘의 전자전 공격은 크게 두 가지 경로로 이루어졌다. 첫 번째는 공중에서 지상으로의 전자파 공격이었다. 전자파 공격을 받은 시리아의 방공망은 사용이 불가능한 상태가 되어버렸다. 두 번째는 군사적 용도의 컴퓨터 프로그램을 사용한 방공망 마비였다. 전문가들은 이스라엘 공군이 작전을 위해 방위산업체 BAE 시스템즈BAE Systems가 미군용으로 개발한 수테르Suter라는 전자전용 컴퓨터 프로그램과 유사한 것을 사용했다고 보고 있다. 이러한 용도의 컴퓨터 프로그램은 적의 컴퓨터 네트워크와 통신시스템을 공격하도록 설계되어 있다. 세 가지 주요 기능은 적의 레이더 운용자가 보고 있는 화면 모니터링, 적의 네트워크와 센서 통제, 그리고 지대공미사일 발사장치와 같은 목표물에 대한 침투로 요약할 수 있다. 이스라엘 공군은 방공망을 무력화하기 위해 단순한 시리아 방공망 마비를 넘어 방공망 시스템 간의 시그널 탈취와 막기 또는 가짜 시그널 끼워 넣기 등을 구사하며 교

이스라엘 공군은 방공망을 무력화하기 위해 단순한 시리아 방공망 마비를 넘어 방공망 시스템 간의 시그널 탈취와 막기 또는 가짜 시그널 끼워 넣기 등을 구사하며 교묘한 전자전을 수행했다. 이로 인해 시리아의 방공망은 조작된 공역 상황만을 모니터링하는 등 이스라엘 항공기의 기동을 전혀 탐지해내지 못했다. 2007년 9월 6일 오전 00:40~01:00에 F-15I 전투기들이 시리아의 핵시설을 공습했다. 오차드 작전은 전자전과 사이버전이 교묘하게 결합된 성공적인 사이버 전자전의 사례를 보여준다. 위 사진은 F-15I이고, 아래 왼쪽 사진은 오차드 작전 전의 시리아 핵시설의 모습이고, 아래 오른쪽 사진은 오차드 작전 후 공습으로 파괴된 시리아 핵시설의 모습이다. 〈출처: WIKIMEDIA COMMONS | Public Domain〉

묘한 전자전을 수행했다. 이로 인해 시리아의 방공망은 조작된 공역 상황만을 모니터링하는 등 이스라엘 항공기의 기동을 전혀 탐지해내지 못했다.

이스라엘 공군은 시리아의 방공망뿐만 아니라 터키 국경을 넘어야 하는 어려운 상황도 극복해야 했다. 특히, F-15I는 터키와 시리아 국경을 따라 비행하다가 터키 남서쪽으로 침투기동한 후 장거리 비행을 위해 사용한 보조연료통을 제거해 시리아가 아닌 터키의 영토에 떨어뜨려야만 했다. 추후 공습의 증거가 될 수 있었던 이스라엘 전투기의 빈 보조연료통은 다행히도 시리아 국경 근처 터키의 시골 마을에 성공적으로 떨어졌다. 작전 직후 이스라엘은 터키와의 외교적 문제를 진화하기 위해 이 사실을 터키에 통보했다. 에후드 올메르트Ehud Olmert 총리가 터키 총리에게 직접 사과하기도 했다.

한편, 작전 개시 직전 시리아군으로 위장한 이스라엘 특수부대 한 팀이 헬리콥터를 이용해 핵개발 시설로 의심되는 알키바르에 잠입해 있었다. 그들은 레이저 표적지시기로 전투기의 공격 표적을 표시하는 임무를 수행했다. 대략 자정이 조금 지난 시각에 목표지점에 도착한 이스라엘의 전투기들은 AGM-65 매버릭Maverick 미사일 등 17톤가량의 폭발물을 투하했다. 폭격 시각은 9월 6일 오전 00:40~01:00 사이 정도로 알려져 있다. 작전은 성공적이었다. 시리아의 시설물은 파괴되었고, 작전에 투입되었던 특수부대와 공군 전투기들도 무사히 귀환에 성공했다. 귀환 경로는 명확하지 않지만, 전문가들은 이스라엘의 공군기들이 시리아 북동쪽에 포진하고 있는 방공 진지를 우회했을 것으로 분석했다. 그들은 장거리 공중작전 후 복귀하는 이스라엘 공군 전투기들이 지중해 상공에서 공중급유기를 통해 재급유를 실시했을 것이라고 판단했다.

시리아는 그동안 핵개발에 관해 부인해왔기 때문에 이스라엘의 공중공습에 대한 어떠한 보복이나 비난을 하지 못했다. 이스라엘 역시 한동안 이번 작전과 관련된 모든 것을 부인하는 식으로 대응해왔다. 그럼에도 불구하고 이 작전은 암묵적으로 이스라엘이 시리아의 핵개발 계획을 저지한 작전으로 인정받고 있다. 이스라엘이 시리아 비밀 핵시설에 대한 공습을 공식적으로 인정한 것은 공습이 일어나고 약 10년 6개월 15일이 지난 2018년 3월 21일이었다. 이때, 기밀이 해제된 공습 사진과 조종석 비디오도 공개되었다.

그동안 알려진 것처럼 오차드 작전은 성공적인 전자전 사례일 뿐만 아니라 사이버전과 전자전이 완벽히 결합된 성공적인 사이버 전자전이었다. 컴퓨터 보안 의식이 소홀한 시리아 원자력위원회 책임자 때문에 이스라엘 정보기관이 원자로 개발에 관한 비밀사항을 손쉽게 얻을 수 있었다. 또한 작전에서 가장 중요한 시리아의 방공망 무력화에도 전자전을 위한 컴퓨터 프로그램이 사용되었다. 이 컴퓨터 프로그램은 단순히 방공망을 사용 불가능하게 만드는 수준이 아니라 방공망을 운용하는 인원이 잘못된 신호 또는 화면을 보게끔 만들었다. 이처럼 이스라엘이 성공적으로 사이버 전자전을 수행하는 동안 시리아의 군 수뇌부는 어떠한 사실도 눈치 채지 못했던 것이다.

CHAPTER 14

사우디아라비아 아람코 마비시킨 사이버 무기 '샤문'의 공격

데이터 삭제형 악성 코드 '샤문'의 등장

사우디 아람코Saudi Aramco(이하 아람코)는 수니파 이슬람 국가들의 수장을 자처하는 사우디아라비아의 상징과도 같은 회사이다. 아람코가 생산하는 석유는 전 세계에 유통량의 약 10%를 책임지고 있다. 사우디아라비아는 과거 미국계 자본이 사우디아라비아에서 생산되는 값싼 석유를 확보하기 위해 설립한 아람코를 1980년대에 국유화하는 데 성공했다. 아람코는 2019년 12월 기업공개 IPO에서 자신들이 가진 전체 100% 지분 중 매우 적은 양인 1.5%의 지분에 대해서만 공모를 실시해 약 256억 달러를 끌어 모았다. 이는 당시 기준으로 전 세계 기업들 중 아람코가 애플과 시가 총액 1, 2위를 다투는 거대 기업임을 간접적으로 보여주는 지표였다. 아람코는 우리나라 S-OIL의 최대 주주이자 현

사우디아라비아의 국영석유기업인 사우디 아람코의 본사 전경. 사우디 아람코(줄여서 아람코로 부름)는 세계 최대 규모의 석유 생산 기업 중 하나로 석유, 천연가스 탐사, 정유사업을 하고 석유화학제품을 생산한다. 2019년 9월 14일 아람코 정유시설에 대한 드론 공격으로 전 세계 공급량의 5%를 웃도는 1일 570만 배럴의 석유 생산량이 감소했다. 이란의 지원을 받던 예멘의 반군 후티가 즉각적으로 자신들이 저지른 소행이라고 주장했지만, 미국은 드론 공격의 배후로 사우디아라비아와 앙숙 관계에 있는 시아파의 맹주 이란을 지목했다. 〈출처: https://www.aramco.com〉

대오일뱅크의 주식 상당량을 보유한 기업이기도 하다.

아람코가 사우디아라비아에 적대적인 세력의 주요 공격 목표라는 사실은 놀라운 일이 아니다. 경제적 가치와 사우디아라비아 내에서의 상징적인 측면에서 볼 때, 아람코에 대한 공격은 사우디아라비아 정부에 대한 적대 행위와 동일하다. 대표적인 적대 행위는 2019년 9월 14일 발생한 아람코 정유시설 두 곳에 대한 드론 공격이었다. 이로 인해 전 세계 공급량의 5%를 웃도는 1일 570만 배럴의 석유 생산량이 감소했다. 이란의 지원을 받던 예멘의 반군 후티Houthis가 즉각적으로 자신들이 저지른 소행이라고 주장했다. 그럼에도 불구하고 미국은 아랑곳하지 않고 드론 공격의 배후로 사우디아라비아와 앙숙 관계에 있는 시아파의 맹주 이란을 지목했다.

사우디아라비아 정유시설에 대한 드론 공격

2019년 9월 15일 새벽 3시 40분경 사우디아라비아의 아브콰이크Abqaiq의 정유시설과 쿠라이스Khurais의 원유생산 기지가 드론의 공격을 받았다. 예맨의 후티 반군의 단독 공격 주장에도 불구하고, 미국은 후티 반군이 이란의 지원을 받은 것으로 의심했다. 공격에 투입된 드론은 이란의 아바빌-TAbabil-T를 개조한 예맨의 콰세프-1Qasef-1으로 분석되고 있다. 후티 반군 측은 10여 대의 드론을 사용해 공격했다고 주장하고, 미국 측은 최소 17대의 드론이 군집 형태로 사용되었다고 보고 있다. 이번 공격은 대당 약 1만 5,000달러(한화 1,700원 정도)의 드론 10~20대의 공격으로 이루어졌으며, 사우디아라비아의 석유생산능력의 50%가량을 감소시켰다. 드론 공격 직후, 석유의 공급 부족으로 국제 원유가가 19% 폭등하기도 했다.

예멘 후티 반군은 2019년 9월 14일 세계 최대 석유기업인 사우디아라비아 국영 석유회사 아람코의 주요 정유시설과 유전을 드론과 순항미사일을 이용해 하이브리드 공격을 감행했다고 주장했다. 위 그림은 예멘 반군이 사우디아라비아 정유시설과 유전을 공격하는 데 사용한 것으로 추정되는 콰세프(Qasef) 드론이다. 콰세프 드론은 예멘 반군 후티가 이란의 드론 '아바빌(Ababil)'을 개조해 만든 것이다.

세계 최대 석유 생산 기업 중 하나인 아람코를 겨냥한 드론 공격은 전 세계인을 충격에 빠뜨렸다. 이후, 전 세계의 많은 국가들은 본격적으로 국가 주요 기반시설을 드론 공격으로부터 방어하기 위한 구체적인 방안을 심도 있게 고민하기 시작했다.

그런데 이보다 더 큰 피해는 사이버 공간에서 발생하고 있었다. 눈에 보이지 않는 악성 코드가 아람코에게 심각한 물리적 피해를 줬다. 더욱이 2012년 처음 시작된 아람코에 대한 사이버 공격은 지금도 계속되고 있다.

2012년 8월 15일 아람코 본사 직원들은 여느 때처럼 출근해 일하던 중 회사 컴퓨터 시스템에 문제가 있음을 처음 인지했다. 그들의 업무용 컴퓨터에 저장된 중요한 파일들이 하나둘씩 사라지기 시작했다. 급기야는 컴퓨터와 시스템들이 완전히 다운되었다. 직원들은 꺼져버린 컴퓨터를 다시 켜보려고 노력했으나 모두 허사였다.

아람코 본사에 있는 컴퓨터 중 약 3만 5,000대에 이와 같은 일이 발생했다. 이 컴퓨터들에 저장되어 있던 일부 데이터 혹은 전체 데이터가 깨끗이 삭제되었다. 악성 코드가 아람코의 네트워크에 침입해 연결된 모든 컴퓨터와 시스템을 파괴한 사건이 발생한 것이다. '샤문Shamoon'이라 불리는 엄청난 전파 속도와 파괴력을 가진 악성 코드가 세상에 처음 모습을 드러낸 순간이었다.

샤문은 역사상 가장 파괴적인 악성 코드 중 하나이다. 이 악성 코드는 논리폭탄의 일종으로 시한폭탄처럼 악성 코드 제작자가 정해놓은 특정한 시간에 활성화되어 컴퓨터를 파괴하기 시작한다. 샤문은 마이크로소프트의 윈도우즈 운영체제를 사용하는 컴퓨터를 공격 대상으로 삼는다. 한 대의 컴퓨터 침입에 성공한 샤문은 연결된 네트워크를 통해 다른 컴퓨터들로 쉽게 퍼져나간다. 그리고 감염된 컴퓨터와 시스템에 저장된 모든 데이터를 완전히 삭제하고 그 위에 손상된 이미지를 덮어 씌운다. 더 큰 문제는 단순히 데이터 삭제를 넘어 손상된 데이터 덮어 씌우기를 통해 시스템 재부팅과 데이터 복구를 영구적으로 막는다는 것이다. 따라서 공격받은 컴퓨터와 시스템 복구에는 엄청난 시간과 비용이 들 수밖에 없다.

샤문은 드로퍼Dropper, 와이퍼Wiper, 리포터Reporter라는 세 가지 핵심 구성요소를 갖고 있다. 샤문의 공격은 감염의 근원인 드로퍼로부터 시작된다. 32비트의 드로퍼는 실행과 동시에 감염된 컴퓨터 내에 악성 코드가 계속적으로 머물러 있도록 컴퓨터를 조작한다. 또한, 32비트 드로퍼는 컴퓨터 운영체제가 32비트가 아닐 시 64비트의 드로퍼를 설치하고 32비트 버전은 삭제된다. 이어서 드로퍼는 다른 구성요소인 와이퍼와 리포터가 감염된 컴퓨터에 설치되는 것을 돕는다.

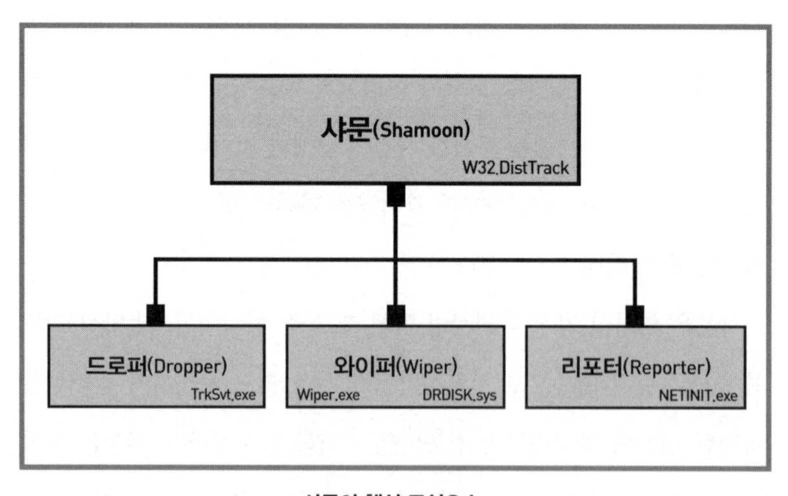

샤문의 핵심 구성요소

와이퍼는 샤문 악성 코드의 핵심 임무인 데이터 삭제를 담당한다. 데이터의 삭제는 총 네 단계를 거쳐 이루어진다. 먼저, 와이퍼는 컴퓨터의 운영체제 기동을 담당하는 마스터 부트 레코드MBR, Master Boot Record를 찾아서 변조시킨다. MBR에 기록된 정보의 변조 또는 파괴는 컴퓨터의 구동 불능을 의미한다. 변조에 성공한 와이퍼는 두 번째 단계로 레지스트리 값을 탈취해 공격 대상 컴퓨터에 있는 디스크와 파티션의 개수를 알아낸다. 레지스트리는 운영체제 안에서 작동하는 모든 프로그램 정보가 기록된 데이터베이스이다. 세 번째 단계는 디스크와 파티션 내에 있는 모든 파일들을 확인한다. 그리고 마지막 단계에서 와이퍼는 확인된 파일 모두를 삭제하고, 그 위에 역겨운 이미지로 덮어씌우기를 한다. 구체적으로 2012년 공격 당시 삭제된 파일을 덮어씌운 이미지 파일에 불타고 있는 미국의 성조기 사진이 사용되었다. 2016년에 등장한 업그레이드된 샤문은 터키 해변에서 발견된 세 살배기 시리아 난민 알란 쿠르디Alan Kurdi의 시신 사진을 사용해 파괴된 파일을 덮어씌웠다. 2015년 9월 시리아 내전을 피해 그리스로 향하던 시리아의 불법 난민들을 태운 보트가 뒤집혀 총 14명의 익사자가 발생했는데, 이때 그 보트에 타고 있던 세 살배기 시리아인 알란 쿠르디의 시신이 터키 해변에서 발견되었고, 그 사진이 전 세계로 퍼져나가 큰 이슈가 되었다. 샤문은 이 사진을 통해 정치적 메시지를 전달하고 선전활동을 한 것이다. 한편, 이러한 와이퍼의 활동인 MBR의 변조, 그리고 모든 파일의 삭제와 덮어씌우기를 통해 컴퓨터는 더 이상 부팅되지 않는 상태에 놓이게 되었다.

마지막 구성요소인 리포터는 이름 그대로 샤문이 감염된 컴퓨터에서

한 글로벌 인권단체가 트위터 계정을 통해 공유한 터키 해변에서 발견된 시리아 난민 알란 쿠르디의 시신 사진 〈출처: 저자 캡처. https://twitter.com/hratsea/status/639147892616359936〉

활동한 내용을 지휘통제를 담당하는 C&C 서버로 보고하는 역할을 맡는다. 간단히 말하자면, 리포터는 샤문 악성 코드를 사용하는 공격자와 감염된 컴퓨터 사이의 통신을 책임진다. 공격자는 리포터를 통해 와이퍼가 확보한 파일 목록과 데이터를 전송받게 되고, 감염된 컴퓨터에서 현재 진행되고 있는 구체적인 상황을 모니터링할 수 있는 것이다.

샤문 공격이 만든 1970년대로의 회귀

샤문 공격으로 인한 피해는 크고 오래 지속되었다. 아람코의 IT 담당자는 샤문의 공격에 대처하기 위해 가장 먼저 회사 내의 컴퓨터와 시스템, 그리고 데이터센터 등 모든 IT기기를 인터넷과 네트워크로부터 분리시켰다. 샤문이 인터넷 또는 네트워크를 통해 다른 컴퓨터와 시스템으로 옮겨가는 것을 막기 위한 적절한 조치였다. 그러나 그 당연한 조치는 세계 최대 석유 생산 기업 아람코의 모든 기능을 마비시켰다.

아람코는 일순간 완전히 오프라인 상태에 놓였다. 마치 전기가 차단되어 암흑 상태에 놓인 도시와도 같았다. 직원들은 어떠한 일도 할 수가 없었다. 업무에 필요한 자료는 샤문에 의해 대부분 완전히 삭제되었다. 다행히 샤문의 공격을 당하지 않은 컴퓨터가 몇 대 있기는 했지만 그마저도 더 이상 켤 수 없었기 때문에 무용지물이었다. 직원 간 또는 고객과의 연락도 차단되었다. IT기기와 인터넷 없이는 전화와 이메일을 주고받을 수 없었다. 수용 관리, 물건 수송, 회계 처리, 중요 시설물 관리 등의 업무도 컴퓨터와 인터넷 없이는 처리할 수 없었다.

아람코의 업무는 10일간 완전히 멈췄다. 아람코는 공식 페이스북 계정을 통해 2012년 8월 26일부로 직원들이 일터로 복귀해 정상적인 업무가 시작되었다고 알렸다. 그들은 주요 내부 네트워크 서비스 모두가 회복되었다고 했다. 그러나 실제로 샤문의 공격 이전으로 100% 회복된 것은 아니었다. 공식 발표 후에도 회사 직원들은 회사 이메일과 내부 네트워크에 여전히 접속할 수 없었다.

아람코는 위기를 극복하기 위해 1970년대로의 회귀를 결정했다. 인터넷과 컴퓨터에 의해 대체되어 회사에서 더 이상 사용되지 않던 타자기와 팩스를 다시 찾기 시작했던 것이다. 아람코는 시중에 있는 타자기와 팩스를 모조리 사모아 직원들의 책상에 올려놓았다. 2012년을 살고 있는 아람코 직원들은 약 40년 전의 업무 환경으로 돌아가 자신의 업무를 수행해야만 했다. 이런 구시대적인 직장 생활은 약 5개월 동안이나 계속되었다. 직원들은 사이버 공격에 대한 조사와 보안 조치, 새로운 시스템의 구비가 완벽히 이루어질 때까지 길고 긴 불편한 생활을 참아내야만 했다.

아람코가 보안에 완전히 소홀했다는 오해는 말아야 한다. 아람코는 엄청난 회사 규모만큼이나 우수한 산업 통제 시스템을 갖추고 있었으며, 회사의 많은 부분이 자동화되어 있었다. 그리고 이러한 자동화 시스템을 보호하기 위해 그에 상응하는 천문학적 비용을 사이버 보안 활동에 투입했다. 그러나 공격자는 아람코의 취약한 부분을 공략했다. 보안이 잘 되어 있던 생산 시스템에 비해 보통의 회사 직원들이 근무하는 사무 시스템은 사이버 공격에 취약했다. 그렇다 보니 회사의 핵심 네트워크에 대한 피해는 없었다고 주장하는 아람코의 공식적 발표가 틀린 말은 아니었다.

당국과 사이버 보안 전문가의 조사 결과에 따르면, 공격자는 스피어 피싱 공격으로 아람코의 사무 시스템에 성공적으로 침투했다. 그들은 회사의 정보기술 담당 직원에게 샤문에 감염된 이메일을 발송했다. 해당 직원은 악성 코드가 있는 이메일을 의심 없이 열었고, 의도치 않게도 공격자에게 회사 내부 네트워크로 들어갈 수 있는 권한을 내주게 되었다.

정확한 날짜를 특정할 수는 없지만, 공격자가 침투에 성공한 시기는 대략 2012년 중반 정도로 추정되었다. 공교롭게도 이 시기는 이슬람교를 믿는 사우디아라비아 사람들에게 가장 중요한 종교적 기념일인 라마단 기간(2012년 7월 20일~8월 18일)이었다. 공격자는 의도적으로 보안에 취약한 사무 시스템과 라마단 시기를 선택한 것이다. 방법, 장소, 시기 면에서 모두 사이버 기습에 성공한 것이었다.

2012년 8월 15일 활성화된 샤문의 무서운 공격이 시작되고 얼마 지나지 않아 '커팅 스워드 오브 저스티스Cutting Sword of Justice'라는 이름의 단체가 이번 사이버 공격을 자신들의 소행이라고 주장했다. 그 해커 단체는 익명으로 문서를 공유할 수 있는 유명 텍스트 파일 공유 사이트인 페이스트빈닷컴Pastebin.com을 이용해 자신들의 공격 동기를 밝혔다. 주로 프로그래머들이 컴퓨터 코드의 작성, 보관 및 공유하는 웹사이트이지만, 해커들은 익명성이 보장되는 그곳에 해킹을 통해 얻은 자료를 공유하기도 한다.

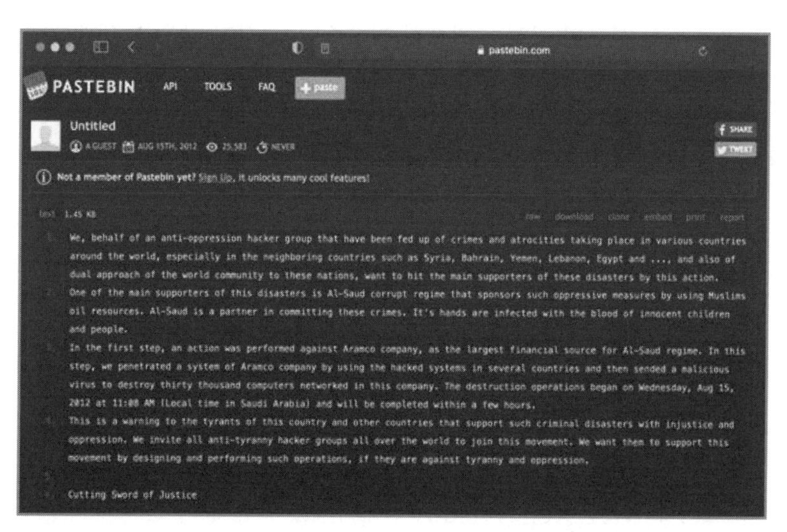

커팅 스워드 오브 저스티스가 페이스트빈닷컴에 올린 아람코에 대한 사이버 공격이 자신들의 소행임을 주장하는 글 〈출처:저자 캡처. https://pastebin.com/HqAgaQRj〉

커팅 스워드 오브 저스티스는 사우디아라비아를 통치하는 알사우드 Al-saud 정권의 범죄와 잔혹한 행위에 대한 보복을 사이버 공격의 동기로 밝혔다. 그들은 알사우드가 아람코의 엄청난 오일 머니를 통해 주변 중동 국가들의 무고한 사람들을 피 흘리게 만들었다고 주장했다. 그들은 사우디아라비아 현지 시간으로 2012년 8월 15일 11시 08분에 시작된 사이버 공격이 수시간 내에 끝날 것이라고 했다. 끝으로 그들은 자신들처럼 독재자에 반대하는 전 세계의 해커 그룹들이 알사우드 정권에 대한 공격에 합류할 것이라는 경고를 남겼다.

하지만 미국의 정보기관 관계자들은 주저하지 않고 공격의 배후로 민간 해커 집단이 아닌 이란을 지목했다. 이란이 배후일 것이라는 정황적 증거들이 넘쳐났지만, 미국 정보기관은 왜 이란이 실제 공격자인지 구체적인 과학적 증거는 밝히지 않았다.

샤문의 망령은 중동을 떠나지 않고 계속해서 그곳을 맴돌고 있다. 아람코에 대한 사이버 공격이 발생한 지 2주도 채 되지 않은 시점에 카타르의 액화천연가스 생산 회사인 라스가스RasGas가 이와 유사한 사이버 공격을 받았다. 미국은 이것 역시 이란의 소행이라고 결론지었다. 이후에도 사우디아라비아에 대한 샤문의 공격은 계속되었다. 공격 방식과 대상이 유사한 진화된 샤문이 2016년과 2018년 여러 석유화학 업체와 조직, 그리고 중앙은행 등 사우디아라비아의 중요 시설과 회사, 정부를 공격했다.

사이버 범죄는 일반적으로 금전적 이익을 목적으로 하는 경우가 많다. 그러나 샤문은 직접적인 금전적 이익과는 관련 없이 철저히 사우디아라비아의 근본을 뒤흔들려는 목적을 가지고 만든 악성 코드라고 할 수 있다. 샤문은 사우디아라비아의 알사우드 정권 유지의 핵심인 아람코를 겨냥해 정교하게 제작되었으며, 오직 사우디아라비아만을 대상으로 지속적으로 이용되고 있다. 미국 정보기관의 말이 사실이라면, 샤문은 이란이 사우디아라비아와의 사이버전을 위해 만든 강력한 사이버 무기인 셈이다.

Who am I?

DDoS Attack

DoS Attack

Ransomware

Malware

| PART 4 |

사이버 악의 축
북한의 사이버전

YOU
HAVE BEEN
HACKED!

일석이조一石二鳥란 한 개의 돌을 던져 두 마리의 새를 잡는 것으로, 하나의 단일 행위가 두 가지 또는 그 이상의 효과를 얻게 됨을 의미한다. 이것이야말로 요즘 사람들이 원하는 '가성비cost-effectiveness(가격 대비 성능비의 준말)' 높은 상황이라 할 수 있다. 국가도 모든 것을 계획하고 실행할 때 이러한 일석이조의 가성비를 추구할 수밖에 없다. 사이버 수단은 이러한 가성비 높은 수단이 될 수 있다. 진입 장벽은 낮으면서 그 기대 효과는 엄청나기 때문이다. 오늘날 북한은 이런 가성비 높은 사이버 수단을 이용해 정치적 목적과 금전적 이익이라는 두 마리 토끼를 잡으려고 불법적인 사이버 공격을 은밀히 시도하고 있는 것으로 알려져 있다.

하나의 신무기와 두 마리 토끼

사이버전 능력을 갖추는 것은 물리적인 군사력을 갖추는 것보다 수월하다고 알려져 있다. 물리적인 군사력을 갖추는 것만큼 많은 자본을 필요로 하지 않기 때문이다. 현실 세계에서 사용되는 최첨단 무기의 개발과 생산에는 오랜 경험과 노하우, 그리고 엄청난 인력과 자본이 필요하다. 그러나 사이버전 능력 개발을 위해서는 우수한 인재와 컴퓨터, 인터넷만 있으면 된다. 그리고 국제 사회의 감시도 신경 쓸 필요가 없다. 불법적 핵무기의 개발 상황은 위성으로 어느 정도 감시할 수 있지만, 좁은 방 안에서 이루어지는 사이버 무기와 능력 개발은 누구도 알 수가 없다. 게다가 익명의 비국가 행위자로 둔갑한 국가 지원을 받는 사이버 전사가 시공간적으로 모호한 사이버 공간에서 국가를 상대로 비대칭적으로 벌이는 사이버전을 사이버 범죄와 구분해내고 추적하는 것은 결코 쉬운 일이 아니다.

PARK JIN HYOK

Conspiracy to Commit Wire Fraud and Bank Fraud; Conspiracy to Commit Computer-Related Fraud (Computer Intrusion)

DESCRIPTION

Aliases: Jin Hyok Park, Pak Jin Hek, Pak Kwang Jin	
Place of Birth: Democratic People's Republic of Korea (North Korea)	**Hair:** Black
Eyes: Brown	**Sex:** Male
Race: Asian	**Languages:** English, Korean, Mandarin Chinese

미 법무부의 기소와 FBI의 수배 명단에 이름이 오른 북한 정찰국 소속의 대표적 해커 박진혁은 북한이 배후로 의심되는 2014년 소니픽처스 엔터테인먼트 해킹 등 주요 사이버 공격, 범죄, 및 해킹 사건의 주동자로 지목된 인물이다. 2014년 소니픽처스 엔터테인먼트 해킹 사건은 북한의 사이버전 능력을 전 세계에 알린 사건이었다. 〈출처:저자 캡처. https://www.fbi.gov/wanted/cyber/park-jin-hyok/@@download.pdf〉

사이버 공간의 탄생은 폐쇄적인 북한에게 한 번의 사냥 행위로 두 마리 토끼를 잡을 수 있게 해주고 있다. 북한은 사이버 능력 개발의 중요성을 일찍이 인식했다고 알려져 있다. 물론, 북한이 사이버 능력 개발에 주목한 것은 보통의 국가들처럼 경제 발전을 위해서가 아니라 정치적 혹은 군사적 목적을 위해서였다. 북한은 핵무기 등 물리적 무기 개발에 비해 상대적으로 적은 자금을 투입해 사이버 분야에 특화된 우수한 인력을 양성하고 있다. 이렇게 양성된 우수한 인력은 사이버 전사로서 사이버 무기 개발과 사이버 공격 실시 등 다양한 임무를 수행하고 있다.

북한의 초기 사이버 공격은 정치적 목적 달성에만 집중하는 경향을

CYBERSECURITY & INFRASTRUCTURE SECURITY AGENCY

Search

CISA.gov Services Report

Alerts and Tips Resources Industrial Control Systems

North Korea Cyber Threat Overview and Advisories

This page provides an overview of the Cybersecurity and Infrastructure Security Agency's (CISA's) assessment of the North Korean government's malicious cyber activities. The U.S. Government (USG) refers to malicious cyber activity by the North Korean government as HIDDEN COBRA. The overview leverages publicly available, open-source intelligence and information regarding this threat. This page also includes a complete list of related CISA publications, many of which are jointly authored with other U.S. government agencies (Note: unless specifically stated, neither CISA nor the U.S. Government attributed specific activity described in the referenced sources to North Korean government actors). Additionally, this page provides instructions on how to report related threat activity.

The North Korean government—officially known as the Democratic People's Republic of Korea (DPRK)—employs malicious cyber activity to collect intelligence, conduct attacks, and generate revenue.[1],[2] Recent advisories published by CISA and other unclassified sources reveal that North Korea is conducting operations worldwide. According to the U.S. Office of the Director of National Intelligence 2021 Annual Threat Assessment, "North Korea's cyber program poses a growing espionage, theft, and attack threat." Specifically, the Assessment states, "North Korea has conducted cyber theft against financial institutions and cryptocurrency exchanges worldwide, potentially stealing hundreds of millions of dollars, probably to fund government priorities, such as its nuclear and missile programs."[3]

Latest U.S. Government Report on North Korean Malicious Cyber Activity

On April 18, 2021, the FBI, CISA, and Treasury Department issued joint Cybersecurity Advisory: TraderTraitor: North Korean State-Sponsored APT Targets Blockchain Companies to highlight the cyber threat associated with cryptocurrency thefts and tactics used by a North Korean state-sponsored advanced persistent threat. This group is commonly tracked by the cybersecurity industry as Lazarus Group, APT38, BlueNoroff, and Stardust Chollima.

The North Korean Malicious Cyber Activity section below lists all CISA Advisories, Alerts, and MARs on North Korea's malicious cyber activities.

미국의 사이버 보안 담당 기관은 북한의 사이버 위협을 집중적으로 모니터링하며 관리하고 있다. 〈출처: 저자 캡처. https://www.cisa.gov/uscert/northkorea〉

보였다. 2000년대 후반부터 대한민국의 안보와 사회의 혼란을 목표로 삼았다. 국가의 기간시설과 행정부, 군, 은행, 그리고 국가 지도층이 공격을 받았다. 2014년 소니픽처스 엔터테인먼트Sony Pictures Entertainment 해킹 사건은 북한의 사이버전 능력을 전 세계에 알린 사건이었다. 소니픽처스 엔터테인먼트 해킹 사건은 정치적 목적 때문에 일어났지만, 미국은 이를 국가 안보에 대한 위협으로 인식했다.

문제는 북한이 정치적 목적을 위해서만 사이버 공격을 수행하는 것은 아니라는 것이다. 북한은 핵무기 개발과 인권 유린 등의 불법적 행위로 인한 국제 사회의 제재 때문에 경제적 어려움을 겪고 있다. 따라서 통치와 무기 개발을 위한 자금이 부족한 상황이다. 이러한 상황을 타개하기 위해 북한은 궁여지책으로 금전을 노린 사이버 공격에 열을 올리고 있다. 금전을 노린 북한의 사이버 공격은 정치적 목적의 일환이기 때문에 단순한 금전적 이득을 취하기 위한 사이버 범죄와는 결이 다르다. 이처럼 북한의 사이버 공격은 사회 혼란과 군사적 우위 외에도 금전 획득이라는 다양한 정치적 목적을 노리고 있다는 것이 특징이다.

다양한 가면을 쓴 북한의 사이버 전사

사이버 보안(안보) 전문가 그룹은 식별과 관리의 편의성을 위해 특정 집단의 사이버 공격이 발생하면 공격자에게 간단한 이름을 붙여가며 조사를 해왔다. 초창기 북한의 사이버 공격은 대한민국만을 대상으로 실시되었기 때문에 전 세계의 관심 밖에 있었다. 그러다 보니 북한의 사이버전에 관심을 가질 수밖에 없었던 국내의 정부기관과 전문가들은 그들끼리 내부적으로 또는 상호 간에 정보교환이 가능하도록 임의로 사건별 또는 행위자별로 구분하여 북한의 해커 집단을 은밀히 관리해왔다.

대한민국을 넘어 전 세계의 이목을 집중시킨 소니픽처스 엔터테인먼트에 대한 사이버 공격은 이러한 경향을 완전히 바꾸어놓았다. 당시 공격자는 스스로를 '평화의 수호자Guardians of Peace'로 칭했다. 소니픽처스 엔터테인먼 해킹 사건의 배후로 북한의 정찰총국이 언급되기도 했다. 그러나 글로벌 보안기업 노베타Novetta는 민간 산업계의 파트너들과 함께 2016년 발간한 「블록버스터 작전Operation Blockbuster」에서 소니픽처스 엔터테인먼 해킹에 관한 분석을 내놓으면서 공격자를 북한의 정찰총국과 연계된 '라자루스 그룹Lazarus Group'(줄여서 라자루스)이라 불렀다. 이는 성경에 나오는 인물인 나사로의 영어식 발음이다. 컴퓨터 전

US-Cert는 민간에서 널리 사용되고 있는 라자루스라는 이름 대신 '히든 코브라'라는 작전명으로 부르며 북한 연계 해커 집단의 사이버 공격을 추적·관리 중이다. 〈출처:저자 캡처. https://www.cisa.gov/uscert/carousel/north-korea-carousel〉

문가들에 따르면, 라자루스가 제작한 바이러스는 마치 죽은 지 나흘 만에 예수가 회생시켜 무덤에서 되살아난 나사로와 같은 회복력을 지녀서 라자루스라는 이름이 붙게 되었다고 한다.

라자루스는 2014년 소니픽처스 엔터테인먼트 해킹으로 처음 등장한 것이 아니라 유사한 공격 방식과 코드 작성 패턴을 갖고 이전부터 계속적으로 활동한 해커 집단이었다. 미국 정부는 계속되는 이들의 사이버 공격을 추적하며 이들에게 민간에서 붙인 라자루스라는 이름 대신 '히든 코브라Hidden Cobra'라는 사이버 작전명을 부여했다. '라자루스'와 '히든 코브라'는 부르는 이름은 다르지만 같은 해커 집단이다. 이 집단은 최소 2009년 7월 7일 대한민국의 청와대와 네이버Naver, 다음Daum 등을 대상으로 한 7·7 디도스 공격으로 두각을 나타내기 시작했다. 이 외에도 '워너크라이 랜섬웨어WannaCry ransomware'와 전 세계 금융권과 방산업체에 대한 수많은 사이버 공격들이 그들의 작품으로 알려져 있다. 한편, 2014년 이후 라자루스가 '안다리엘Andariel'과 '블루노로프Bluenoroff'라는 2개 조직으로 분리되어 운영되고 있다는 주장과 4개 그룹으로 나뉘어 있다는 주장도 나온 상태이다.

미국 텍사스 오스틴 소재 사이버 보안 기업인 크라우드스트라이크(CrowdStrike)는 2018년 4월 위의 그림과 함께 이번 달 자신들의 적(adversary)으로 '별똥 천리마'라는 해커 집단을 선정했다. 크라우드스트라이크 측은 이들이 북한의 정권 유지를 위한 금전 목적의 사이버 공격을 실시하고 있다고 분석했다. 천리마란 하루에 1,000리인 400킬로미터를 달릴 수 있을 정도로 좋은 말을 뜻한다. 북한은 1950년대 후반부터 사회주의국가 건설을 위한 국가적 운동에 천리마라는 명칭을 붙였다. 크라우드스트라이크는 북한 연계 해커 집단의 이름을 이러한 북한의 천리마 운동에서 따오며 그 해커 집단의 행태를 비꼬고 있다. 〈출처:저자 캡처. https://www.crowdstrike.com/blog/meet-crowdstrikes-adversary-of-the-month-for-april-stardust-chollima/〉

북한 추정 해커 집단 중 라자루스만큼 유명한 다른 하나는 우리말로 김수키 또는 킴수키로 불리는 'Kimsuky'이다. 이는 러시아계 글로벌 보안업체인 '카스퍼스키 랩Kaspersky Lab'이 2013년 북한 해커의 이메일 계정인 'Kimsukyang(김숙향 또는 김석양)'을 제목으로 한 보고서 발표 이후 붙여진 이름이다. 'ang'는 한글에 익숙하지 않은 서양 사람들이 뺀 것으로 보인다. 이들의 대표적 사이버 공격은 한국수력원자력 해킹 사건이며, 이외에도 이들은 대한민국 고위공직자와 기관들을 대상으로 다양한 (스피어) 피싱 공격과 사이버 공간에서 외화벌이를 위한 각종 불법적 행위들을 일삼고 있다.

이외에도 북한 추정 해커 집단들은 다양한 이름을 갖고 있다. 앞선 해커 집단과는 다른 공격기술과 악성 코드 사용 때문에 다른 이름을 갖는 경우도 있고, 동일한 해커 집단이지만 다른 사이버 보안 기업과 전문가가 각각 다른 이름을 붙였기 때문이기도 하다. 북한 해커 집단이 갖고 있는 다른 이름들로는 리퍼Reaper, 물수제비 천리마Ricochet Chollima, APT 37, 금성 121Geumseong 121, 그룹 123Group 123, 탈륨Thallium, 레드 아이즈Red Eyes 등이 있다.

그런데 전문가들이 악성 코드와 공격의 패턴 등에 따라 공격자를 식별하고 추적하기 위한 용도로 사이버 공격 집단의 이름을 붙이는 행위가 일반인들에게 큰 혼란을 초래하고 있다. 게다가 적은 이러한 혼란을 이용해 또 다른 2차, 3차의 사이버전을 수행하며 문제의 본질을 흐리는 전략을 구사하기도 한다. 따라서 안보 전문가뿐만이 아니라 일반 대중도 컴퓨터 전문가들이 사용하는 다양한 공격자의 화려한 이름에 집중하기보다는 북한이 익명의 사이버 전사를 투입해 국가의 정치적 목적 달성을 위한 다양한 형태의 사이버전을 수행함으로써 대한민국을 비롯한 전 세계의 수많은 국가들의 안보를 위협하고 있다는 본질을 놓쳐서는 안 된다.

CHAPTER 15

국가기반시설을 노린 북한의 한국수력원자력 해킹

2011년 3월 11일 14시 45분 일본 도쿄東京에서 북동쪽으로 370km 떨어진 도후쿠東北 지방의 태평양 앞바다에서 진도 9.0의 대지진이 발생했다. 문제는 그로 인해 발생한 쓰나미였다. 지진의 진앙지로부터 인접한 해변에 위치한 일본의 원자력발전소 네 곳이 대지진과 쓰나미로부터 직간접적인 영향을 받았다. 그중 후쿠시마福島 제1원자력발전소가 가장 큰 피해를 입었다.

대지진 발생 52분 뒤 높이가 약 14~15m 가량 되는 쓰나미가 후쿠시마 제1원전을 강타했고, 6기의 원전 건물 모두가 4~5m 높이로 침수되었다. 그로 인해 전력 공급이 완전히 차단되어 원자로 노심을 식혀주는 냉각수 유입이 중단되었다. 냉각장치 중지는 수소폭발 · 원자로 격벽 붕괴로 이어졌고, 이로 인해 다량의 방사성 물질이 외부로 누출되

2011년 3월 11일 지진과 쓰나미로 발생한 일본 후쿠시마 원전 사고 장면(위)과 사고 직후 미 공군이 찍은 위성 사진(아래) 〈출처: (위) WIKIMEDIA COMMONS | CC BY-SA 3.0 / (아래) WIKIMEDIA COMMONS | Public Domain〉

었다. 방사성 물질을 머금은 오염수가 태평양으로 흘러가는 한편, 원전 인근 토양으로 스며들어 바다와 토양이 방사성 물질로 오염되었다. 이는 1986년 소련에서 발생했던 체르노빌Chernobyl 원전사고에 버금가는 엄청난 재앙으로, '후쿠시마 원전 사고'로 잘 알려져 있다. 후쿠시마 원전 사고는 인류에게 유용하여 널리 건설해 운용 중인 원자력발전소를

한국수력원자력이 운용 중인 고리 원자력발전소(위)와 월성 원자력발전소(아래) 〈출처: (위·아래) WIKIMEDIA COMMONS | CC BY-SA 2.0〉

왜 안전하게 관리해야 하는지 보여주는 중요한 사례이다.

그런데 2014년 한 해커 집단이 대한민국의 원자력발전소를 노린 엄청난 사이버 공격이 벌어졌다. 후쿠시마를 떠올린다면 아찔한 순간이 아닐 수 없었다. 그해 크리스마스를 전후해 부산 기장군의 고리 원자력발전소 검문소의 경비가 매우 삼엄했다. 경북 경주의 월성 원자력발전소도 24시간 비상근무 체제에 돌입했다. 원자력발전소를 노린 해커가 크리스마스까지 원자력발전소 가동을 중단하라는 요구와 함께 사이버 공격을 예고하자 이에 대비해 비상체제에 들어갔던 것이다.

2014년 한국수력원자력을 대상으로 한 공격작전은 총 3단계 국면으로 나눠볼 수 있다. 1단계는 정보 수집을 위한 사전 정찰, 2단계는 결정적 전투, 마지막 3단계는 공격 실패 후의 후속 공격(최후의 발악)이다. 이 책에서는 세상에 드러난 대로 2단계, 3단계, 그리고 1단계 순으로 설명하겠다.

한국수력원자력을 노린 북한의 스피어 피싱 공격

2단계 작전은 제로 데이 취약점 공격용 스피어 피싱 이메일 발송으로부터 시작되었다. 2014년 12월 9일부터 12일까지 4일간 한국수력원자력(이하 한수원)의 현직 임직원 3,571명에게 5,986통의 수상한 이메일이 도착했다. 서로 다른 211개의 계정에서 발송된 이메일이 임직원들을 수신인으로 하여 발송되었던 것이다. 심지어 많은 수의 탈취된 전직 한수원 임직원의 이메일 계정이 이 이메일 발송에 동원되었다. 날짜별로 발송된 이메일의 건수는 12월 9일에 5,980건, 다음날인 10일에 3건, 3일차인 11일에 1건, 발송 마지막 날인 12일에 2건이었다. 이는 이메일이 분명히 한수원 관계자를 대상으로 발송되었기 때문에 무작위로 발송되는 피싱 공격이 아닌 목표를 특정한 스피어 피싱 공격으로 볼 수 있다.

이메일에는 멀웨어가 첨부되어 있었다. 수신자가 이메일을 열고, 그곳에 첨부된 '참조하세요'라는 제목의 한글(hwp) 파일을 실행시키면 멀웨어가 실행되도록 설계되어 있었다. 어떤 이메일에는 직원들이 열어보도록 유도하기 위해 내부 문건으로 보이는 25페이지 분량의 'CANDU(캐나다형 중수로원전) 제어 프로그램 해설서'라는 파일명의 한글 문서 파일이 첨부되어 있었다. 이 첨부된 한글 문서 파일들은 겉으로 보기에 원전 업무와 관련된 파일인 것처럼 보였지만, 실제로는 멀웨어 설치로 연결되는 통로였다.

공격 이메일에 첨부된 멀웨어는 파괴적인 기능을 갖고 있었다. 개별 컴퓨터에 설치되어 실행된 멀웨어는 컴퓨터 내에 저장된 파일들의 실행에 장애를 일으키는 행위부터 하드디스크의 초기화와 네트워크 장애 등의 악의적 행위를 유발시키도록 설계되어 있었다. 예를 들어, 수신자가 첨부된 파일을 열면 컴퓨터는 저절로 꺼졌고, 까만 화면에 "Who Am I?(나는 누구일까?)"라는 영어 문장이 떴다. 설치된 멀웨어는 12월 10일 오전 11시가 되면 하드디스크를 파괴하도록 설계되어 있었다.

한수원 측은 악의적인 이메일이 대량으로 수신되기 시작한 12월 9일 사이버 공격을 인지하고 신속하게 이메일 수신을 차단했다. 이어서 직원들 계정에서 수신된 거의 모든 악의적 이메일을 삭제하도록 조치했다. 물론, 피해가 전혀 없었던 것은 아니었다. 컴퓨터 8대가 멀웨어에 감염되었고, 그중 5대의 컴퓨터 하드디스크가 초기화되었다. 한수원

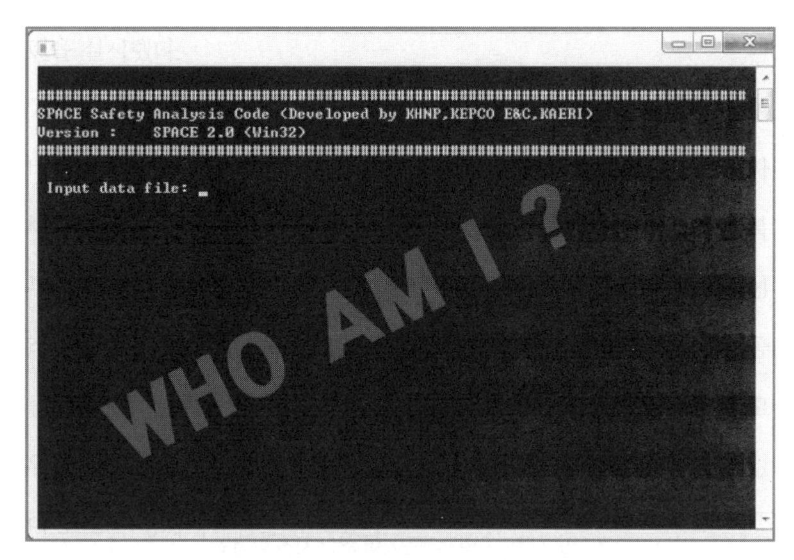

첨부 파일을 연 피해자의 컴퓨터는 위와 같이 까만 바탕화면에 "Who Am I?"라는 문구가 나타났다. 설치된 멀웨어는 12월 10일 오전 11시가 되면 하드디스크를 파괴하도록 설계되어 있었다.

측에 따르면, 그나마 다행스럽게도 이러한 피해가 국가적으로 중요한 기반시설인 원전의 운영이나 안전에 직접적인 영향을 주지는 못했다.

한수원에 대한 사이버 공격을 실시한 세력은 물리적으로 원전에 피해를 입히려 했으나 이것이 실패로 돌아가자 공격 방식과 목표를 바꿨다. 이들은 최후의 발악이라도 하듯이 후속 공격으로 3단계 작전에 돌입했다. 구체적으로 공격자들은 마치 한수원 해킹에 성공한 것처럼 내부 자료 공개에 나섰다. 대한민국 정부와 사회, 그리고 한수원을 협박하여 사회 혼란을 야기하려는 전략처럼 보였다. 그들은 공격이 실패한 지 얼마 지나지 않은 2014년 12월 15일부터 이듬해 3월 12일까지 총 여섯 차례에 걸쳐 한수원과 관련된 중요한 자료와 개인정보를 공개하며 협박에 나섰다. 이때, 다시 'Who Am I?'가 등장했다.

악의적 공격자들은 12월 15일 1차로 네이버 블로그를 통해 "우리는

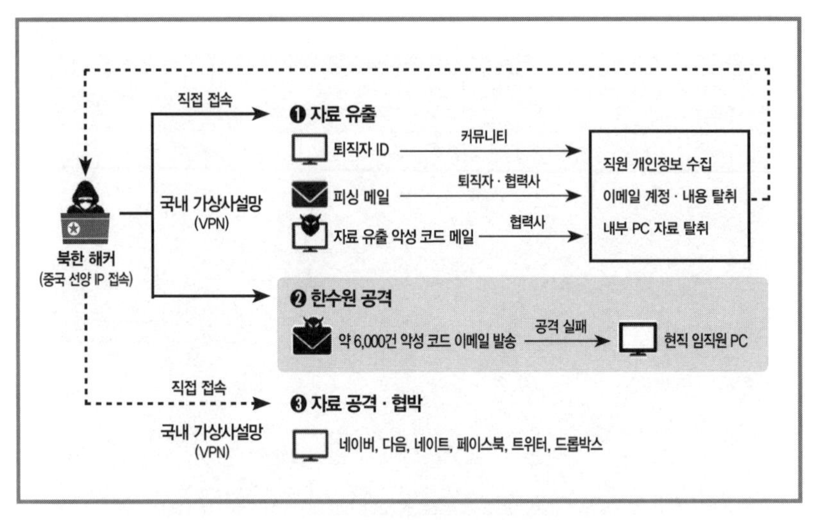

2014년도 한국수력원자력 해킹 사건 설명도

원전반대그룹! 끝나지 않는 싸움"이라는 글을 게시했다. 그리고 이와 동시에 한수원 임직원 1만 799명의 주소록 엑셀 파일 등을 공개하며 공포를 조장하고자 했다. 주소록 엑셀 파일에는 이름과 사번, 휴대전화 번호 등 여덟 가지 개인정보가 담겨 있었다. 이들은 사흘 뒤인 12월 19일에 2차 유출을 자행했다. 월성 1호기의 제어 프로그램 해설 문서와 고리 1 · 2호기 배관 도면 등 6개의 파일이 외부에 공개되었다. 모든 유출 자료에는 "Who Am I?"라는 글자가 찍혀 있었다.

한수원 측은 유출된 자료들이 비교적 낮은 보안등급의 국가기밀사항으로서 관리 대상인 것은 맞으나 설계용 중요 도면은 아닌 것으로 파악되며 이들의 유출이 크게 문제가 되지 않는다고 입장을 밝혔다. 한수원의 도발 때문일까 12월 19일 3차 자료 유출이 이어졌다. 해커는 "한수원에 경고한다"는 문구와 함께 고리 1호기 원자로 냉각 시스템 도면과 한수원 자체의 비밀 지침 등을 트위터를 통해 공개했다. 이틀 뒤인 12

유출된 자료로 한국수력원자력에서 만든 월성 1호기 감속재계통 ISO도면에 관한 문건의 첫 면이다.
〈출처: https://www.yna.co.kr/view/AKR20141224002900003〉

월 21일 해커는 네 번째로 "유출되어도 괜찮은 자료들이라고 하는데 어디 두고볼까"라는 말과 함께 "아직 공개 안 한 자료 10만여 장도 공개하겠다"는 협박을 이어갔다. 그들은 한수원을 악당으로 묘사하며 "원전 수출이 잘 되겠냐"며 비꼬고, "크리스마스까지 원전 가동을 중단하지 않으면 2차 파괴를 하겠다"는 경고성 멘트를 온라인상에 올렸다.

계속되는 공격자의 악의적 자료 공개에 한수원은 12월 23일 사이버 공격에 대비한다며 대대적인 모의훈련을 실시했다. 바로 그날 해커는 미국 IP 주소로 트위터에 접속하여 'John'이라는 이름으로 글을 남겼다. '원전반대그룹 회장'이라고 자신을 소개한 작성자는 "한수원 사이버 대응 훈련 완벽하시네"라는 조롱조의 글과 함께 미국의 파일 공유 사이트 속 자료로 연결되는 인터넷 주소 링크 몇 개를 올렸다. 다섯 번째 자료 유출이었다. 총 4개의 파일에는 월성 3·4호기 도면 10장과 고리 1·2호기 운전용 도면 5장, 그리고 한수원이 전 세계에서 세 번째

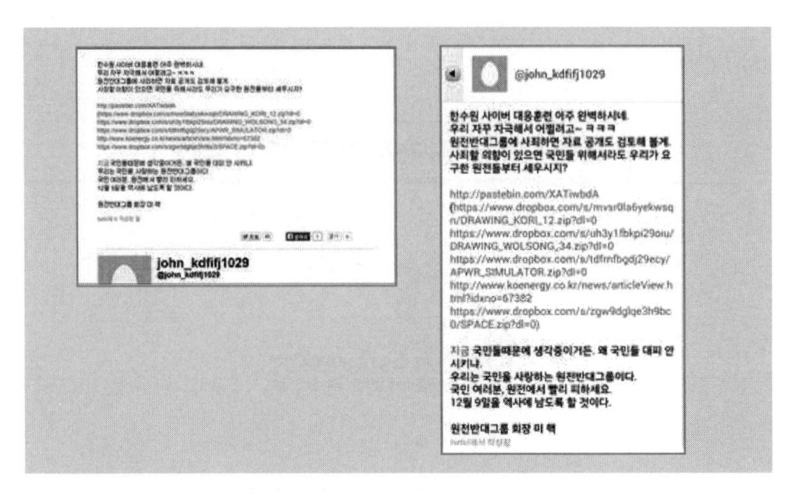

원전반대그룹이라고 주장하는 신원 미상자의 트위터 계정에 올라온 글들. 특징으로 이들은 한글 사용자를 위한 애플 기기용 트위터 사용 어플인 'twtkr'을 이용해 글을 올렸다.

로 국산화한 SPACE라고 하는 원전 운영 프로그램 화면 등이 있었다. 발전소의 안전 및 성능을 분석하는 프로그램인 SPACE의 화면 사진이었으나, 이는 단순한 정지 화면 사진조차 공개되어서는 안 되는 것이었다. 발전소의 배관이 어떻게 연결되어 있고, 500만 개의 부품이 서로 어떻게 맞춰져 있는지 한눈에 볼 수 있기 때문이었다.

공격자들은 총 다섯 차례에 걸쳐 트위터 등을 통해 "크리스마스 때까지 원전 가동을 중지하고 100억 달러를 주지 않으면 보유한 (원전) 자료를 계속 공격하겠다"는 등의 글을 게시하며 대한민국 사회를 위협했다. 마지막 협박은 3개월 정도 지난 2015년 3월 12일경에 이루어졌다. 동일한 해커 집단은 트위터에 "돈이 필요하다"는 글과 함께 원전의 도면 등을 재차 게시했다.

내용이 없는 빈 파일을 제외하고 총 여섯 차례에 걸쳐 94개의 한수원 관련 파일이 외부에 공개되었다. 거기에는 한수원의 임직원 주소록과 전화번호부, 원전과 관련된 도면 등이 포함되어 있었다. 한수원은 자체적으로 이렇게 유출된 자료에 대한 검토에 들어갔다. 한수원은 공개된 자료가 원전의 운영과 직접적으로 관련된 핵심 자료가 아니며 단순 교육용 일반문서가 대부분이라고 밝혔다. 즉, 원전 관리에 위험을 초래하거나 원전의 해외 수출 등 국가적 원전 정책에 영향을 미칠 수 있는 정도의 중요한 정보가 유출되지는 않았다는 것이었다. 설사 한수원 측의 발표에서처럼 엄청난 위험을 초래하지 않는 정보라 할지라도 원전과 직간접적으로 관련이 있는 자료와 민감한 한수원 현직 임직원의 개인정보가 해커들의 손에 넘어간 것은 사실이었다.

그렇다면 어떻게 이러한 일이 일어난 것일까? 이 모든 사이버 공격의 시발점은 1단계 작전인 정보 수집을 위한 정찰 활동이었다. 한수원은 2014년 12월 19일 임직원의 주소록 개인정보 파일 유출과 원전 관련 자료의 유출 및 원전 중단 협박 사건을 정부합동수사단(이하 합수단)에 수사를 의뢰했다. 국가정보원, 대검 과학수사부와 국제협력단, 경찰청 사이버안전국, 방송통신위원회, 한국인터넷진흥원KISA, 그리고 안랩AhnLab 등으로 이루어진 합수단은 즉시 공조하여 수사를 진행하기 시작했다. 공격에 사용된 경유지 IP 서버 소재지 국가들인 미국, 중국, 일본, 태국, 네덜란드 등과도 국제수사 공조를 통해 사건의 전말을 파헤치고 범인을 추적했다. 그 결과, 엄청난 사이버 공격 사건의 전말이 2015년 3월 17일 대검찰청의 중간 수사 결과 발표를 통해 조금이나마 세상에 공개되었다.

다행히도 앞에서 설명한 것처럼 공격자들은 한수원에 대한 해킹에 성공하지 못했다. 공격에 실패한 그들이 공개한 정보는 2단계 결정적 전투 이전에 협력업체 직원 또는 퇴직한 한수원 직원 등에게서 획득한 것으로 나타났다. 사전에 유출된 자료는 크게 두 부류로 나뉜다. 첫 번째는 월성과 고리 원전 등 원전 운전용 도면과 SPACE 원전 운영 프로그램 화면 등이다. 두 번째는 한수원 전현직 임직원의 개인정보이다.

첫 번째 부류의 자료는 대체로 한수원 협력업체 직원들의 컴퓨터에서 유출되었다. 협력업체 A사와 B사의 대표와 직원들은 대략 2014년 7월경 멀웨어가 포함된 한글 문서가 첨부된 이메일을 수신했다. 그들은 첨부된 문서를 보안의식 없이 열었고, 멀웨어가 그들의 컴퓨터에 설치되었다. 해커들은 멀웨어에 감염된 컴퓨터에서 원전과 관련된 자료들을 수집했다. 이때 유출된 대표적인 자료의 이름은 w1_10_1000_50×22.jpg, DRAWING_WOLSONG34.zip, 그리고 K-DOSE 60 Ver. 2.1.2.jpg 등이다.

두 번째인 개인정보 유출은 한수원 퇴직자에 대한 사이버 공격으로부터 시작되었다. 공격자는 한수원 퇴직자 36명에게 총 88건의 스피어 피싱 이메일을 발송했다. 일부 퇴직자는 이메일 계정의 "비밀번호가 유출되었으니 확인 바란다"는 등의 미끼성 이메일을 열어보았다. 이메일 클릭 시 비밀번호 입력을 유도하는 이메일 변경창이 떴다. 일부가 이러한 방식으로 이메일 계정과 비밀번호를 탈취당했다. 공격자는 획득한 계정을 이용해 퇴직자의 이메일 내 저장되어 있는 정보를 수집했다. 이렇게 수집한 정보를 통해 공격자는 한수원의 직원 커뮤니티 웹사이트에 접속했다. 한수원은 임직원들이 외근 중에 동료 및 중요 내부 연락처를 확인하거나 퇴직자의 경조사 관리를 할 수 있도록 외부 서버를 이용해 직원 커뮤니티 웹사이트를 운영했었다. 웹사이트는 이번 사건으로 폐쇄되었지만, 이미 임직원 개인정보와 원전 관련 내부 정보가 이곳을 통해 공격자들에게 흘러간 뒤였다. 이렇게 유출된 대표적 파일은 KHNP+주소록/.xlsx과 본사전화번호부.pdf, 그리고 한수원2직급.pdf 등이다.

1단계 작전으로 유출된 원전 관련 자료와 임직원 개인정보는 2단계와 3단계 작전에 직접적으로 사용되었다. 공격자는 퇴직자 이메일 계정을 동원해 획득된 현직 임직원 이메일 계정에 스피어 피싱 이메일을 발송했다. 원전 관련 자료는 스피어 피싱 이메일에 첨부되어 한수원 임직원들의 실수를 유도하는 데 사용되었다. 또한, 2단계 작전이 여의치 않자, 공격자는 사전에 획득한 원전 관련 자료를 해킹으로 얻어낸 자료로 둔갑시켜 3단계 작전에 활용하는 치밀함도 보였다.

'Who Am I'는 누구?

스스로를 'Who Am I'로 칭하고 대한민국의 안전을 위협한 해커는 누구일까? 합수단은 두 가지 측면에서 이들을 추적했다. 첫째, 공격자는 2014년 12월 2단계 결정적 작전 시 북한 해커들이 사용하는 것으로 알려진 'kimsuky(김수키 또는 킴수키)' 계열의 멀웨어와 구성 및 동작 방식이 매우 유사한 것을 사용했다. 'kimsuky'는 2013년 러시아의 글로벌 보안회사 카스퍼스키Kaspersky가 북한에서 만들었다고 추정한 멀웨어이다. 2단계 작전 간 사용된 멀웨어는 'kimsuky'처럼 멀웨어를 초기에 작동시키는 일종의 명령어 코드 조각인 '쉘shell 코드'가 컴퓨터 내의 '윈도우즈 메모장' 프로그램에 실행 코드가 삽입되어 있는 작동 방식과 동일했다. 게다가 쉘 코드 내부에서 사용된 파일명만 상이했을 뿐, 쉘

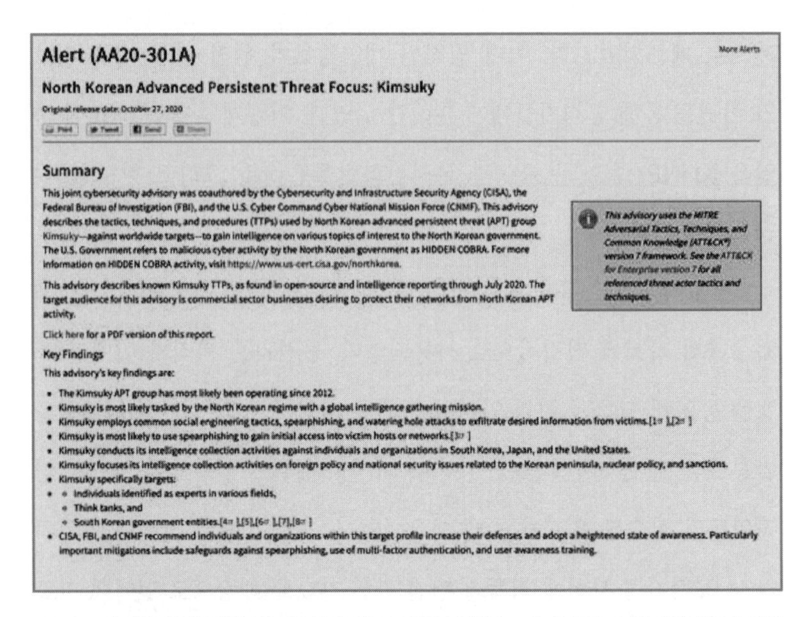

More Alerts

Alert (AA20-301A)

North Korean Advanced Persistent Threat Focus: Kimsuky

Original release date: October 27, 2020

Print | Tweet | Send | Share

Summary

This joint cybersecurity advisory was coauthored by the Cybersecurity and Infrastructure Security Agency (CISA), the Federal Bureau of Investigation (FBI), and the U.S. Cyber Command Cyber National Mission Force (CNMF). This advisory describes the tactics, techniques, and procedures (TTPs) used by North Korean advanced persistent threat (APT) group Kimsuky—against worldwide targets—to gain intelligence on various topics of interest to the North Korean government. The U.S. Government refers to malicious cyber activity by the North Korean government as HIDDEN COBRA. For more information on HIDDEN COBRA activity, visit https://www.us-cert.cisa.gov/northkorea.

This advisory uses the MITRE Adversarial Tactics, Techniques, and Common Knowledge (ATT&CK®) version 7 framework. See the ATT&CK for Enterprise version 7 for all referenced threat actor tactics and techniques.

This advisory describes known Kimsuky TTPs, as found in open-source and intelligence reporting through July 2020. The target audience for this advisory is commercial sector businesses desiring to protect their networks from North Korean APT activity.

Click here for a PDF version of this report.

Key Findings

This advisory's key findings are:

- The Kimsuky APT group has most likely been operating since 2012.
- Kimsuky is most likely tasked by the North Korean regime with a global intelligence gathering mission.
- Kimsuky employs common social engineering tactics, spearphishing, and watering hole attacks to exfiltrate desired information from victims.[1],[2]
- Kimsuky is most likely to use spearphishing to gain initial access into victim hosts or networks.[3]
- Kimsuky conducts its intelligence collection activities against individuals and organizations in South Korea, Japan, and the United States.
- Kimsuky focuses its intelligence collection activities on foreign policy and national security issues related to the Korean peninsula, nuclear policy, and sanctions.
- Kimsuky specifically targets:
  - Individuals identified as experts in various fields,
  - Think tanks, and
  - South Korean government entities.[4],[5],[6],[7],[8]
- CISA, FBI, and CNMF recommend individuals and organizations within this target profile increase their defenses and adopt a heightened state of awareness. Particularly important mitigations include safeguards against spearphishing, use of multi-factor authentication, and user awareness training.

US-Cert가 미국 사이버사령부와 FBI 등과 공동 조사를 통해 'kimsuky' APT 그룹에 대해 확인한 내용을 위와 같이 공개했다. 〈출처: 저자 캡처. https://www.cisa.gov/uscert/ncas/alerts/aa20-301a〉

코드의 함수 및 명령어 구조가 일치했으며, 원격 접속을 위한 악성 코드도 99.9% 유사했다.

'kimsuky' 계열 악성 코드에서는 2014년 5월경부터 소프트개발업체인 '한글과컴퓨터'가 개발한 워드 프로그램인 한글의 제로 데이 취약점을 이용했다. 같은 취약점이 2014년 7월 한수원 협력업체 직원에게 보낸 스피어 피싱 공격에 사용되었다. 한글과컴퓨터가 이 취약점을 보완한 업데이트 패치를 사용자에게 공급하기 시작한 시점은 2014년 11월이었다. 즉, 이 제로데이 취약점은 약 6개월이라는 짧은 기간 동안만 'kimsuky' 계열 악성 코드를 사용하는 해커 조직만이 사용했다. 따라서 이 기간 내 다른 조직이 이 악성 코드를 사용했을 가능성은 매우 낮기 때문에 한수원 공격 조직이 'kimsuky'를 사용하는 북한 해커 집단이라고 의심하기에 충분했다.

한수원 공격자가 북한의 해커로 의심되는 두 번째 정황은 사용된 IP 대역이 중국 선양瀋陽의 IP 대역이라는 점이다. 이번 공격에 사용된 IP 대역은 통상적으로 'kimsuky' 계열의 악성 코드를 사용하는 북한 해킹 조직이 사용하는 것으로 보안업계에 알려진 IP 주소들과 12자리 숫자(175.167.***.***) 중 9자리가 일치했다. 중국 선양은 북한의 국경에서 가까운 곳에 위치해 있다. 해커들이 중국 선양에서 활동했을 수도 있지만, 북한 압록강 주변에서 접속하거나 인접 지역에서 무선 인터넷 중계기를 사용해 접속했을 수도 있다. 1단계 자료 유출 작전 간에 북한 추정 해커는 선양의 IP로 직접 또는 대한민국 국내 VPNVirtual Private Network(가상사설망) 업체를 경유해 스피어 피싱 이메일을 발송하는 등의 작전을 펼쳤다. 가상사설망을 뜻하는 VPN은 일반적인 공중인터넷망을 전용사설망처럼 이용할 수 있도록 통신체계와 암호화 기법을 제공하는 서비스를 말한다. 해외에 위치한 해커들은 국내 VPN을 사용해 마치 그들이 국내 IP를 통해 국내의 포털 사이트에 접속한 것처럼 속인 것이다.

북한 추정 해커 집단은 2단계 작전 시에도 국내 VPN을 통해 악성 코드가 담긴 약 6,000여 건의 이메일 발송했다. 그들은 3단계 작전 시에는 선양의 IP로 직접 또는 VPN을 통해 자료 공개와 협박을 시도했다. 쉽게 말해, 북한 추정 해커 집단은 중국 선양 IP를 사용해 국내 VPN 업체를 경유한 후 위장된 IP로 네이버NAVER, 다음Daum, 네이트NATE, 트위터Twitter, 페이스북Facebook 등에 접속해 민감한 자료 공개와 협박성 글을 게시했다. 이때, 해커들은 포털사 계정 가입자와 국내 VPN 업체 IP 사용자의 명의를 도용해 공격을 시도했다. 한편, 3단계 협박성 글 게시에 북한 IP 주소 25개와 북한 체신성 산하 통신회사이자 중국 베이징에 소재하고 있는 조선체신회사KPTC, Korean Posts & Telecommunications Corporation에 할당된 IP 주소 5개도 사용되었다. 즉, 북한 해커들이 이들 북한의 IP 주소를 직접 이용해 국내 VPN 업체에 접속했던 것이다.

북한 해커는 실체가 불분명한 단체를 내세워 여섯 차례의 협박글과 정보 공개를 하며 두 차례 금전을 요구했다. 그러나 이는 실제 목적을 가리기 위한 불분명한 금전 요구에 불과했다. 정확한 요구액이 제시되지 않음은 물론이고, 전달 장소와 시간을 산업통상자원부가 알아서 정하라는 모호한 태도를 취했기 때문이다. 따라서 이번 사건은 원전 폭발이라는 불안을 조장하여 사회 혼란을 야기하고, 원전 가동에 대한 찬반이 존재하는 상황에서 국론을 분열시키고 양측 간의 갈등을 증폭시키려는 의도에서 이루어진 것이라 할 수 있다.

공격은 치밀하게 진행되었다. 북한 해커들은 1단계의 사전 정찰을 통해 목표물인 한수원에 대한 정보를 치밀하게 수집했다. 2단계 작전에서 북한 해커들은 수집된 정보를 바탕으로 과감하게 약 6,000건의 이메일 폭탄을 보냈다. 공격이 여의치 않자, 그들은 3단계 작전에 돌입했다. 원전 자료와 한수원 임직원 개인정보를 공개하며 사회 혼란과 갈등 조장에 들어간 것이다. 그들은 자료 공개 시 마치 자신들이 2차 공격에 성공해 그것을 탈취한 것처럼 속였다. 이는 2차 공격으로 중요한 정보가 유출되지 않았다고 주장한 한수원 측의 자체 조사와 대검찰청의 수사 결과와 상충되었다. 실제로 한수원의 전산망은 인터넷이 가능한 외부망, 한수원 내부에서 행정 업무만 가능한 내부망, 그리고 원전을 제어 및 감시하는 제어망으로 나누어져 있다. 이는 중요한 내부망 접속과 원전 제어망 해킹이 쉽게 일어날 수 없음을 말해주는 것이기도 했다.

그럼에도 국가기반시설이자 엄청난 물리적 폭발력을 지닌 한수원에 대한 사이버 공격은 쉽게 넘길 수 없는 중요한 문제이다. 언제든 북한의 해커를 포함하여 대한민국을 노리는 국가 또는 비국가 사이버 행위자가 한수원과 같은 국가기반시설의 중요한 정보를 탈취할 수 있으며, 이것이 물리적인 재난과 테러로 이어질 수 있기 때문이다. 사이버 안보에 대한 의식은 청와대, 군, 국정원과 검찰, 그리고 경찰과 같은 국가안보와 직결되는 기관들만의 문제가 아니다. 정부 각 부처와 공공기관은 물론이고 민간 영역에 있지만 국가기반시설을 관리하는 기관과 그에 속한 직원들도 자신들에 대한 사이버 공격이 국가안보와 직결되는 문제라는 것을 인식하는 것이 매우 중요하다.

대한민국을 대상으로 한 북한의 사이버 공격은 2009년 7월 7일로 거슬러 올라간다. 그날 대한민국의 주요 정부기관 웹사이트뿐만이 아니라 각종 포털과 시중 은행 웹사이트가 디도스 공격으로 일시적으로 마비되었다. 국정원은 여러 과학적 조사를 바탕으로 이번 공격의 배후로 북한을 지목했다. 비슷한 시기에 미국도 북한으로부터 비슷한 유형의 사이버 공격을 받았다. 이 사이버 공격은 북한이 고도의 해킹 기술 없이 대한민국 사회를 쉽게 혼란시키는 데 성공한 첫 사례이자 그 이후로 실시된 다양한 목적을 가진 수많은 북한의 고도화된 사이버 공격의 시작에 불과했다. 북한의 사이버 전사들은 2010년 안보와 외교, 그리고 통일 관련 부처를 해킹하고 2011년에는 농협 전산망을 디도스 공격으로 무력화시켰다. 줄기찬 북한의 사이버 공격 중 2014년 발생한 한수원에 대한 사이버 공격은 초기 북한 사이버 공격의 정점을 이룬 사건이었다. 대한민국의 중요 국가기반시설인 한수원을 직접 겨냥한 북한의 사이버 공격은 자칫 국가 대재앙으로 연결될 수도 있었기 때문에 그에 따른 안보적 충격은 매우 컸다.

한수원 해킹 사건은 대한민국 국민 어느 누구나 국가 주도 사이버 공격의 대상이 될 수 있고, 그것이 국가안보와 직결될 수 있음을 여실히 보여줬다. 북한은 대한민국의 안보를 위협할 수 있는 국가안보시설을 뚫기 위해 빈틈을 노렸다. 그것은 한수원을 은퇴한 일반인 또는 한수원과 협력 관계에 있는 업체 임직원이었다. 북한 해커들은 그들을 공략하기 위해 진짜인 것처럼 위장한 가짜 이메일을 보내 해킹하는 스피어피싱 이메일 공격을 실시하여 자신들의 진짜 공격 목표에 접근하기 위한 발판을 마련했다.

여기서 일반인 모두 명심해야 하는 것은 개인에 대한 사이버 공격이 국가안보로 직결될 수 있다는 사실이다. 나의 소홀한 안보의식과 사이버 보안에 대한 인식이 자칫 대한민국의 근간을 흔들 수도 있다는 것이다. 따라서 누구나 의심되는 이메일은 함부로 열거나 첨부된 파일을 다운로드 및 설치해서는 안 된다. 그리고 개인은 자신이 사용하고 있는 컴퓨터 또는 스마트폰 등의 IT 장치들에 있는 운영체제와 소프트웨어를 늘 최신 버전으로 업데이트하여 최상의 상태로 유지해야 한다. 통상 IT 기업들은 자신들의 제품에 보안 취약점이 발견되면 이를 제거하기 위한 패치를 업데이트 과정을 통해 배포한다. 그러나 일반인들은 그러한 사실들을 모르거나 귀찮다는 것을 핑계로 하지 않는 경우가 많다.

사이버 범죄자들과 북한의 해커들과 같은 국가의 후원을 받는 해커들은 이점을 악용하여 사이버 공격을 실시하는 경우가 많다. 이것이 이 책에서 여러 차례 언급한 제로 데이 취약점 공격이다.

다행히 한수원이 북한 해커들의 궁극적 공격 목표로 가는 길은 차단했지만, 그들의 사이버 공격은 사회 혼란을 목적으로 한 가짜 뉴스 유포 형태로 변형되었다. 다행히도 이 역시 큰 성공을 거두지는 못했다. 그러나 최근 소셜 미디어의 발달로 인해 이러한 가짜 뉴스를 통해 사회 혼란을 유도하거나 특정 정치적 목적을 달성하려는 식의 사이버 공격이 성행하고 있기 때문에 이 부분을 그냥 넘길 수는 없다. 사실과 정교한 계획 하에 만들어진 가짜 뉴스를 구분하는 것은 쉽지 않기 때문에 이러한 사이버 공격이 전 세계적으로 큰 성공을 거두고 있는 것이 사실이다. 따라서 사람들은 다양한 소셜 미디어에서 접하는 지나치게 자극적이거나 충격적인 내용을 담은 검증되지 않은 기사에 대해서는 공신력 있는 기관 또는 뉴스 매체를 통해 다시 한 번 확인하는 습관이 필요하다. 또한, 온라인상에서 주변 사람들에게 인기를 얻기 위해 확인되지 않는 내용의 기사와 이야기를 자신의 소셜 미디어 계정을 통해 퍼뜨리는 행위도 피해야 한다. 언제 어디서 국가의 후원을 받는 해커들이 당신을 노리고 있을지 모르기 때문이다.

CHAPTER 16

소니픽처스 엔터테인먼트 해킹

2014년 말 전 세계의 이목이 크리스마스 날에 개봉한 할리우드 영화 〈디 인터뷰The Interview〉에 쏠렸다. 미국에 본사를 둔 대형 영화사인 소니픽처스 엔터테인먼트(이하 소니픽처스)가 제작한 영화인데도 대형 극장 체인이 아닌 독립영화관과 소규모 극장 체인에서만 개봉하기로 한 것은 이례적인 일이 아닐 수 없었다. 〈디 인터뷰〉는 심지어 극장 개봉 전날인 12월 24일부터 온라인 스트리밍 서비스를 통해 공개되기도 했다. 무슨 일이 있었던 걸까?

영화 〈디 인터뷰〉 티저 영상 공개와 북한의 격한 반발

소니픽처스는 2014년 6월 12일 새 영화 〈디 인터뷰〉의 공식 예고 영상을 인터넷상에 공개했다. 이 영화는 유명배우인 제임스 프랭코James

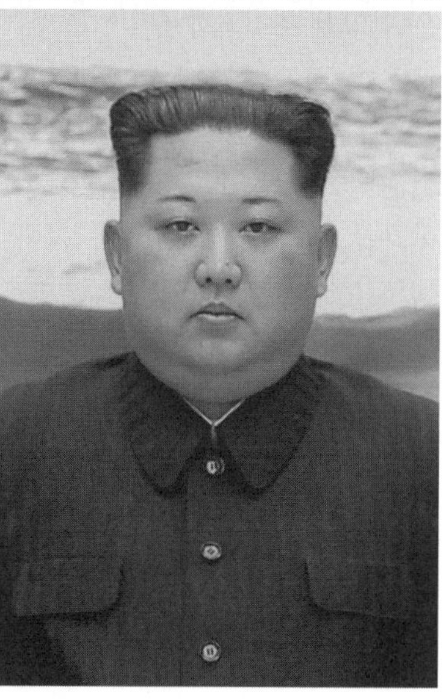

북한 김정은(아래 오른쪽)을 노골적으로 조롱한 영화 소니픽처스 엔터테인먼트(위)의 영화 〈디 인터뷰〉의 공식 포스터(아래 왼쪽). 〈디 인터뷰〉는 미국 CIA가 북한의 초대를 받은 미국의 인기 시사 토크쇼 진행자를 사주하여 북한의 독재자 김정은 국방위원회 제1위원장을 암살한다는 가상의 내용을 그린 코미디 영화이다. 그런데 이 영화의 개봉을 앞두고 소니픽처스 엔터테인먼트 해킹 사건이 벌어졌고, 그 해킹 사건의 배후가 북한인 것으로 밝혀졌다. 〈출처: (위) WIKIMEDIA COMMONS | Public Domain / (아래 왼쪽) Amazon.com / (아래 오른쪽) WIKIMEDIA COMMONS | Korea Open Government License Type I〉

Franco와 세스 로건Seth Rogen이 주연을 맡은 평범한 할리우드식 B급 코미디 영화에 불과했다. 그런데 이 영화는 누군가에게는 매우 민감한 내용을 담고 있었다. 전체 줄거리는 미국 CIA가 북한의 초대를 받은 미국의 인기 시사 토크쇼 진행자를 사주하여 북한의 독재자 김정은 국방위원회 제1위원장을 암살한다는 가상의 내용이었다. 김정은은 2011년 12월 아버지 김정일이 죽은 후 북한의 최고지도자 자리에 올랐다. 영화가 개봉될 당시 북한의 어린 독재자 김정은은 내부적으로 권력의 기반을 열심히 다지던 때였다.

북한은 〈디 인터뷰〉의 예고편이 온라인을 통해 공개되자마자 매우 강력한 비난을 쏟아냈다. 그 포문은 북한의 비공식 대변인 역할을 맡은 김명철 조미평화센터The Centre for North Korea-US Peace 소장이 열었다. 그는 2014년 6월 20일 영국의 유력 신문《텔레그래프The Telegraph》와의 인터뷰를 통해 "외국 지도자의 암살을 다룬 영화는 미국이 아프가니스탄, 이라크, 시리아, 그리고 우크라이나에서 한 짓"과 같다고 목소리 높였다. 그는 존 F. 케네디John F. Kennedy 대통령의 암살에 빗대어 지금도 미국인들이 대통령을 죽이고 싶어 한다는 말을 덧붙이며 버락 오바마Barack Obama 당시 대통령을 협박했다.

북한의 공식적인 외교계통도 직접 나섰다. 유엔 주재 북한대사였던 자성남은 2014년 6월 27일 반기문 유엔 사무총장에게 이 영화의 제작과 배포를 막아달라는 항의서한을 보냈다. 북한대사는 항의서한에서 주권국가의 수반을 암살하는 내용의 영화가 제작되어 배급되도록 허가하는 것을 테러 지원 행위로 규정했다. 그는 미국 정부가 영화 〈디 인터뷰〉의 제작과 배급을 허락하는 것은 테러를 조장하는 것이며 그에

Letter dated 27 June 2014 from the Permanent Representative of the Democratic People's Republic of Korea to the United Nations addressed to the Secretary-General

I have the honour to transmit herewith a copy of the statement released by the spokesperson for the Ministry of Foreign Affairs of the Democratic People's Republic of Korea with regard to a film made in the United States of America whose plot involves insulting and assassinating the supreme leadership of the Democratic People's Republic of Korea (see annex).

To allow the production and distribution of such a film on the assassination of an incumbent Head of a sovereign State should be regarded as the most undisguised sponsoring of terrorism as well as an act of war.

The United States authorities should take immediate and appropriate actions to ban the production and distribution of the aforementioned film; otherwise, it will be fully responsible for encouraging and sponsoring terrorism.

I should be grateful if you would have the present letter and its annex circulated as a document of the General Assembly, under agenda item 110, and of the Security Council.

(*Signed*) **Ja** Song Nam
Ambassador
Permanent Representative

2014년 6월 27일 유엔 주재 북한대사였던 자성남이 반기문 유엔 사무총장에게 보낸 항의서한 〈출처: 저자 캡처〉

대한 책임이 미국에 있음을 강조하면서 아무런 조치를 취하지 않고 있던 미국에 대해 노골적인 불만을 표출했다.

자성남이 보낸 항의서한에는 유엔 총회와 안전보장이사회에서 회람해주길 바라는 문건이 첨부되어 있었다. 이 문건의 내용은 불과 이틀 전 북한 외무성 대변인이 조선중앙통신을 통해 발표한 담화였다. 대변인은 "최고 수뇌부를 해치려는 기도를 공공연하게 영화로 만들어 내돌리려는 것은 우리 군대와 인민의 마음의 기둥을 뽑아버리고 우리 제도를 없애보려는 노골적인 테러 행위며 전쟁행위로 절대 용납할 수 없다"라고 했다. 또한, 그는 "만일 미국 행정부가 영화 상영을 묵인·비호한다면 그에 해당한 단호하고 무자비한 대응 조치가 취해지게 될 것"

이라는 경고성 메시지를 전했다.

다른 때와 달리, 북한은 '북한 최고 지도자 김정은 암살'이라는 영화의 주제를 심각하게 받아들이고 격한 반응을 보였다. 북한은 2002년 개봉작인 〈007 어나더데이Die Another Day〉와 2004년에 개봉된 〈팀 아메리카: 세계 경찰Team America : World Police〉에서 자신들이 악의 축 등으로 풍자되었을 때에는 이러한 반응을 보이지 않았었다. 그러나 이번에는 이전과 확연히 달랐다.

그런데 흥미롭게도 〈디 인터뷰〉의 개봉 금지라는 북한의 요구사항이 받아들여지지 않는 상황에서 영화 제작사인 소니픽처스가 정교한 사이버 공격에 당한 것이다.

'평화의 수호자'

2014년 11월 24일 추수감사절 주간의 첫날인 월요일에 소니픽처스의 직원들은 아침 업무를 시작하기 위해 켠 자신의 컴퓨터 모니터를 보고 깜짝 놀랐다. 그들의 눈앞에는 "#GOP에 의해 해킹되었다"라는 붉은 글씨와 무시무시한 해골 사진이 있었다. 자신을 '평화의 수호자GOP, Guardians of Peace'라고 부르는 해커 집단에게 사이버 공격을 당한 것이었다. 그들은 "우리가 당신들의 비밀을 포함한 내부 데이터 모두를 탈취했다"라고 주장했다. 컴퓨터 화면에는 "당신들이 우리에게 복종하지 않으면, 탈취한 데이터를 세상에 공개하겠다"는 위협도 있었다. 역시나 사이버 공격을 받은 컴퓨터는 사용 불능 상태였다.

해커들은 사건이 드러나기 1년 전에 침입하여 100TB(테라바이트) 이상의 데이터를 탈취했다고 주장했다. 그러나 해커들이 언제 소니픽

소니픽처스 직원 모니터에 나타난 "#GOP에 의해 해킹되었다"라는 붉은 글씨와 무시무시한 해골 사진
〈출처: https://www.businessinsider.com/guardians-of-peace-hackers-sony-pictures-2014-12〉

처스의 네트워크와 컴퓨터에 잠입했으며, 얼마 동안 활동했는지 정확히 알 수 없는 상황이었다. 이번 사이버 공격을 조사한 전문가들은 공격자가 최소 두 달 이상 소니픽처스의 네트워크에 머물면서 중요한 데이터들을 훔쳐갔을 것이라고 예상했다. 즉, 상당 기간 해킹이 이루어졌으며, 그동안 공격자들이 충분히 많은 양의 데이터를 탈취했다는 것에는 의심의 여지가 없었다.

사이버 공격은 사전에 정해진 목표에 대해 매우 정교하게 이루어졌다. 사이버 공격은 시기적으로 미국의 최대 명절 중 하나인 추수감사절 주간에 시작되었다. 회사의 많은 직원들이 가족과 오붓한 시간을 보내기 위한 준비로 들떠 있었을 때였다. 이미 장거리 여행을 출발한 직원들도 상당수 있었을 시기였다. 공격자들은 대응이 효과적으로 이루어지기 힘든 시기에 공격 사실을 외부로 드러냈다.

공격자들은 또한 정교한 악성 프로그램을 사용해 공격에 성공을 거두었다. 미국 서트CERT는 공격자들이 SMBServer Message Block의 취약점을 이용한 악성 프로그램 툴을 사용했다고 밝혔다. SMB는 마이크로소프트 윈도우즈 운영체제 환경에 사용되는 파일 또는 프린터 공유 프로토콜protocol[6]이다. 해킹에 사용된 악성 프로그램은 공격자가 오랜 침입 기간 동안 네트워크를 들락날락하며 컴퓨터 사용자를 감시하는 것을 도왔다. 그리고 악성 프로그램은 회사의 중요한 정보를 탈취하도록 설계되어 있었다. 게다가 공격자는 SMB 악성 프로그램 툴을 이용해 원하는 목표를 파괴했을 뿐만 아니라 자신들의 침입 흔적도 깨끗이 지웠다. 따라서 공격자들이 공격 사실을 공개하기 전에 소니픽처스의 그 누구도 자신들의 업무 컴퓨터가 사이버 공격을 당했다는 사실을 알지 못했다.

네 가지 주요 피해 현황

2014년 11월 말 드러난 소니픽처스에 대한 사이버 공격은 단순한 침입과 정보의 탈취 및 파괴, 그리고 컴퓨터 사용 불능에서 그치지 않았다. 이번 공격은 2차 피해로 이어지며 국가안보에 대한 위협으로 평가되었다. 사이버 공격으로 소니픽처스가 입은 피해는 네 가지로 나누어 볼 수 있다.

첫 번째로 소니픽처스는 사이버 공격으로 '직접적인 금전적 피해'를 입었다. 그들은 해킹으로 인해 파괴되거나 사용 불가능하게 된 네트워크와 컴퓨터를 복구하기 위해 엄청나게 많은 돈과 시간을 들여야 했다.

---

6 프로토콜이란 컴퓨터 통신 규약을 의미한다. 구체적으로 컴퓨터와 컴퓨터 사이에서, 또는 하나의 IT 장치에서 다른 IT 장치 사이에서 데이터를 원활히 교환하기 위해 사용되는 통신 규칙을 말한다.

또한, 소니픽처스는 일시적 업무 마비로 인해 영업에 손실을 입었다. 사이버 공격 발생 직후, 직원들은 업무용 컴퓨터를 사용할 수 없었다. 직원들 중 일부는 정신적 피해를 호소하며 정상적인 업무로 복귀하지 못했다. 소니픽처스는 2015년 1분기에 약 1,500만 달러의 예산을 편성해 사이버 공격으로 발생한 문제를 해결하고자 했다.

두 번째 피해의 형태는 제작이 완료되었으나 아직 대중에 공개되지 않고 극장 등에서 개봉을 대기 중이던 '(미개봉) 영화들의 불법적 공개'였다. 소니픽처스를 공격한 해커들은 회사로부터 탈취한 정보에 포함되어 있던 미공개 영화와 준비 중인 영화의 대본을 온라인에 불법적으로 공개함으로써 회사에 타격을 입혔다. 사이버 공격이 대중에게 공개된 지 불과 며칠 후인 11월 말에 소니픽처스의 비공개 신작 영화들이 인터넷상에서 개인과 개인이 직접 연결되어 파일을 공유하는 P2Ppeer to peer 웹사이트 여러 곳에 업로드되었다.

〈미스터 터너Mr. Turner〉, 〈애니Annie〉, 〈스틸 앨리스Still Alice〉, 〈그녀의 팔에 사랑을 새겨줘To Write Love on Her Arms〉, 그리고 〈퓨리Fury〉 등 최소 5편의 영화가 정식으로 개봉되기 전에 불법적으로 온라인상에서 공유되기 시작했다. 전쟁영화 〈퓨리〉의 경우 거의 100만 회 정도 불법 다운로드가 이루어졌다고 알려졌을 정도로 소니픽처스에게 치명적이었다. 또한, 이제 막 촬영을 시작한 제임스 본드 영화 시리즈 〈007 스펙터Spectre〉의 대본과 그것과 관련된 부가적인 정보도 이번 해킹 사건으로 외부에 노출되었다.

세 번째 피해는 '개인정보의 불법적 공개'였다. 12월 1일 미 연방수사국 FBI가 소니픽처스를 공격한 해커들이 미국에 대한 심각한 위협

행위를 했다며 그 배후를 찾아내 응징하겠다고 했다. FBI의 공식적 사건 수사를 알리는 발표였다. 그런데 공교롭게도 이날 연봉이 100만 달러 이상 되는 임원 17명을 포함한 6,000여 명의 소니픽처스 임직원들의 연봉 내역이 그들의 집주소와 함께 공개되었다.

같은 달 4일에는 두 주연 배우 제임스 프랭코와 세스 로건의 〈디 인터뷰〉 영화 출연료도 공개되었다. 9일부터 직원들끼리 주고받은 17만 건 이상의 이메일이 공개되면서 더 많은 개인적인 정보들이 온라인상에 돌아다니기 시작했다. 여기에는 유명인들이 사용하는 가명과 소니픽처스의 주요 임원의 사적 이메일들이 포함되었다. 우리나라의 주민등록번호와 유사한 기능을 하는 직원들의 사회보장번호 약 4만 7,000개 또한 해커들에게 탈취되어 외부에 공개되었다.

마지막 네 번째 피해는 '경영진에 대한 도덕적 타격'이었다. 12월 10일 공개된 소니픽처스의 공동회장 에이미 파스칼Amy Pascal과 유명 영화 제작자 스콧 루딘Scott Rudin이 주고받은 이메일 내용은 더 큰 사회적 파장을 불러일으켰다. 둘은 자신들이 제작하기로 했던 스티브 잡스Steve Jobs의 전기를 다룬 영화가 유니버셜 스튜디오Universal Studios로 넘어가게 되었다는 기밀사항을 이메일로 주고받았다. 둘의 이메일 대화에는 안젤리나 졸리Angelina Jolie, 마이클 패스밴더Michael Fassbender 등 유명 할리우드 배우에 관한 뒷담화도 포함되어 있었다.

파스칼과 루딘이 주고받은 부적절한 이메일 내용 중 정점은 인종차별적 발언이었다. 그것도 미국 대통령이었던 버락 오바마에 관한 것이어서 충격은 더 컸다. 에이미 파스칼은 2013년 11월에 보낸 이메일을 통해 루딘과 제프리 카젠버그Jeffrey Katzenberg 드림웍스DreamWorks CEO

가 주최한 행사에서 오바마 대통령과 무슨 이야기를 할지 대화를 나누었다. 둘은 대통령이 좋아할 만한 영화로 〈장고: 분노의 추적자Django Unchained〉, 〈노예 12년12 Years a Slave〉, 〈버틀러: 대통령의 집사Lee Daniel's The Butler〉, 그리고 〈씽크 라이크 어 맨 투Think Like a Man Too〉를 나열했다. 이들 영화의 공통점은 아프리칸 아메리칸African American, 좋지 않은 표현으로 흑인이 주인공이었다. 그들은 오바마 대통령이 좋아하는 배우가 흑인인 케빈 하트Kevin Hart라는 추측까지 내놓았다. 친한 사이에서 나눌 수 있는 대화라고 치부할 수 없는 엄청난 인종차별적 발언들이었다. 그들은 이 내용이 공개되자마자 사안의 심각성을 인지하고 공개적으로 사과했다. 당연한 수순이겠지만, 에이미 파스칼은 이 문제로 인해 2015년 2월 자신의 직위에서 물러났다.

북한과의 연계성

앞에서 설명한 네 가지의 피해가 한창 발생하던 시기에 소니픽처스를 공격했다고 주장한 '평화의 수호자'의 배후가 서서히 드러나기 시작했다. 물론, 사이버 공격 초기부터 북한이 용의선상에 올라섰지만, 아직 그 실체가 명확하지는 않았다.

공격의 배후로 북한이 가장 큰 의심을 받게 된 이유는 미개봉 신작 영화의 불법적 공개 때문이었다. 약 5편 정도의 영화가 P2P 웹사이트에서 불법으로 공유되었을 때, 이상하게도 불법적으로 공개될 법한 소니픽처스의 신작 영화 한 편이 공개되지 않았던 것이다. 그 영화는 바로 〈디 인터뷰〉였다. 또한, 소니픽처스의 임직원 연봉이 공개된 지 사흘 뒤인 12월 4일 〈디 인터뷰〉의 주연배우 둘의 출연료만 따로 공개되는 사건도 있었다. 사이버 공격과 북한의 지도자를 희화화한 영화 간의 관련성에 무게가 실렸다.

결정적으로 12월 8일 사이버 공격을 실시했다고 주장하는 해커 그룹 '평화의 수호자'가 자신들이 북한과 연계되어 있음을 간접적으로 언급했다. 그들은 컴퓨터 전문가들이 사용하는 온라인 커뮤니티 깃허브GitHub에 글을 올려 "지역의 평화를 깨고 전쟁의 빌미를 줄 수 있는 테러리즘 영화 〈디 인터뷰〉의 상영을 즉각 중단하라"는 말을 남겼다. 사이버 공격이 북한과 연계되었을 것이라는 심증이 확신으로 바뀌는 순간이었다.

미 연방수사국 FBI는 12월 19일 소닉픽처스에 대한 사이버 공격의 배후가 북한이라는 공식 수사 결과를 발표했다. FBI는 제한적이었지만, 이번 사이버 공격이 왜 북한의 소행인지를 과학적 증거를 들어 설명했다. 다만, 차후 북한의 사이버 전사에게 유리하게 사용될 수 있는 일부 중요한 증거는 공개하지 않았다.

FBI가 소닉픽처스에 대한 사이버 공격의 배후로 북한을 지목한 첫 번째 증거는 이번에 사용된 악성 프로그램의 코드 작성 방식, 암호 알고리즘과 데이터 삭제 방식, 그리고 네트워크 침투 방식 등 모든 면에서 이전의 북한 사이버 전사들이 해오던 것과 거의 같았다는 사실이다. 보기에 유사한 기능을 하는 소프트웨어 제작도 개발자에 따라 다른 코드로 짤 수 있다는 것을 감안한다면, 이 유사도가 북한을 배후로 지목할 수 있는 큰 근거임을 알 수 있다.

두 번째 증거는 사이버 공격에 사용된 IP 주소였다. 북한 사이버 전사가 기존에 사용하던 IP 주소가 이번 사이버 공격에도 등장했다. 또한

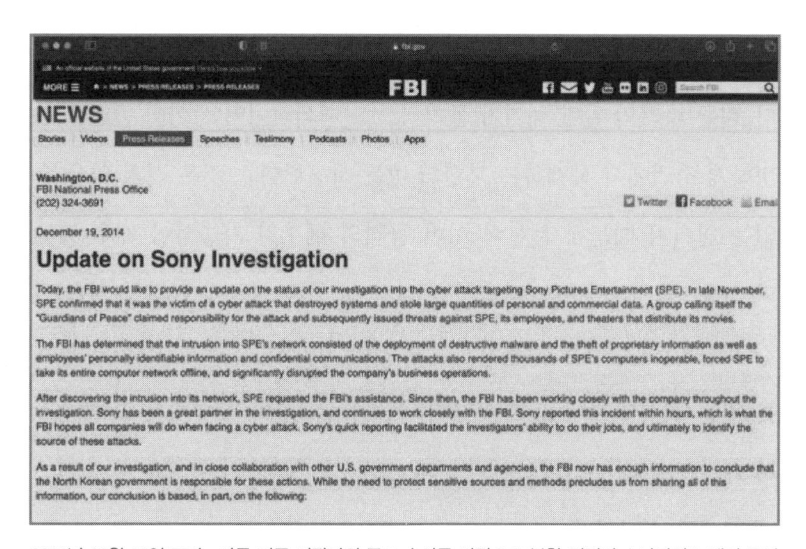
FBI

NEWS

Stories | Videos | Press Releases | Speeches | Testimony | Podcasts | Photos | Apps

Washington, D.C.
FBI National Press Office
(202) 324-3691

Twitter Facebook Email

December 19, 2014

Update on Sony Investigation

Today, the FBI would like to provide an update on the status of our investigation into the cyber attack targeting Sony Pictures Entertainment (SPE). In late November, SPE confirmed that it was the victim of a cyber attack that destroyed systems and stole large quantities of personal and commercial data. A group calling itself the "Guardians of Peace" claimed responsibility for the attack and subsequently issued threats against SPE, its employees, and theaters that distribute its movies.

The FBI has determined that the intrusion into SPE's network consisted of the deployment of destructive malware and the theft of proprietary information as well as employees' personally identifiable information and confidential communications. The attacks also rendered thousands of SPE's computers inoperable, forced SPE to take its entire computer network offline, and significantly disrupted the company's business operations.

After discovering the intrusion into its network, SPE requested the FBI's assistance. Since then, the FBI has been working closely with the company throughout the investigation. Sony has been a great partner in the investigation, and continues to work closely with the FBI. Sony reported this incident within hours, which is what the FBI hopes all companies will do when facing a cyber attack. Sony's quick reporting facilitated the investigators' ability to do their jobs, and ultimately to identify the source of these attacks.

As a result of our investigation, and in close collaboration with other U.S. government departments and agencies, the FBI now has enough information to conclude that the North Korean government is responsible for these actions. While the need to protect sensitive sources and methods precludes us from sharing all of this information, our conclusion is based, in part, on the following:

2014년 12월 19일 FBI는 다른 미국 기관과의 공조 수사를 바탕으로 북한 정권이 소니픽처스 해킹 공격의 배후임을 공식적으로 발표했다. 〈출처: 저자 캡처. https://www.fbi.gov/news/pressrel/press-releases/update-on-sony-investigation?utm_campaign=email-Immediate&utm_medium=email&utm_source=national-press-releases&utm_content=386194〉

북한 고유 IP 주소도 발견되었다. 사이버 공격에 사용된 프록시 IP 주소 중 일부가 북한발 IP 주소였던 것이다. 일반적으로 해커는 자신의 정체를 숨기기 위해 사이버 공격을 할 때 마치 다른 곳에서 공격하는 것처럼 여러 곳을 경유한다. 이때 해커는 프록시 서버Proxy server를 쓴다. 프록시 서버란 사용자가 자주 접속하는 데이터를 저장해뒀다가 누군가 요청하면 더 빨리 제공하는 역할을 하는 중개 서버이다. 북한 인터넷으로 접속해 바로 미국 업체를 공격하면 북한에서 공격했다는 증거가 고스란히 남는다. 접속 기록에서 북한 IP 주소를 확인할 수 있기 때문이다. 그래서 보통 해커들은 여러 프록시 서버를 경유해 원래 공격을 실시한 위치, 자신들이 있는 곳을 숨긴다. 그런데 FBI는 수사와 추적을 통해 소니픽처스를 해킹한 범인이 일부의 경우 북한 IP를 사용해 여러 프록시 서버를 경유하는 형태로 사이버 공격을 실시했음을 밝혀냈다. 다른 나라의 일반 해커가 물리적으로 폐쇄적이며 사이버 공간을 완벽하게 정권에서 통제하는 북한의 IP를 사용한다는 것은 거의 있을 수 없는 일이기 때문에 북한이 이번 공격의 배후일 가능성이 매우 높았다. 또한, 공격자들은 소니픽처스 해킹 시 중국 선양에 위치한 일반 민간 회사의 IP 주소를 사용하기도 했지만, 이 회사는 북한 정부의 통제를 받는 회사인 것으로 드러났다. 해커들은 '평화의 수호자'의 페이스북 계정 접속과 소니픽처스의 서버 접근 시 자신들의 IP 주소를 숨기는데 실패했던 것이다.

당시 미 FBI 수장이었던 제임스 코미James Comey는 북한의 IP 주소가 발견된 사실의 중요성을 다음과 같은 두 가지 이유를 들어 강조했다. 첫 번째 이유는 북한 내의 어느 누구도 정권의 허가 없이 인터넷 접속이 불가능하다는 사실이다. 다음은 외부의 제3자가 해킹 공격을 위해 북한의 강력한 통제 하에 있는 북한 소유 IP 주소를 사용하는 것이 거의 불가능하다는 것이다. 미국 국가안보국NSA, National Security Agency도 사이버 공격에 사용된 악성 코드를 기술적으로 분석하여 북한을 배후로 지목해 FBI의 수사 결과에 신빙성을 부여했다.

북한의 사이버 공격에 대한 미국의 물리적 보복의 한계

북한은 미 FBI의 수사 결과 발표 이전부터 소니픽처스에 대한 사이버 공격과 자신들의 연관성을 강력히 부인했다. 첫 북한의 공식 반응은 12월 7일에 나왔다. 그들은 조선중앙통신을 통해 소니픽처스가 미국 땅 어느 구석에 자리 잡고 있는지, 무슨 못된 짓을 저질러 봉변을 당했는지 모른다며 전면적으로 혐의를 부인했다. 또한, 조선중앙통신은 "이번 해킹 공격은 우리의 반미공조 호소를 받들고 떨쳐나선 지지자, 동정자의 의로운 소행이 분명할 것이다"라는 말을 남겼다.

북한의 전면적인 부인에는 두 가지 모호한 표현이 들어 있었다. 첫째, 소니픽처스가 마치 무엇을 했기 때문에 당했다는 인과응보적인 사이버 공격임을 암시했다. 사이버 공격을 당한 대상이 꼭 무슨 잘못을 해서 그런 결과가 있는 것은 아니다. 그런데 북한 공식 매체의 보도는 마치 자신들의 지도자인 김정은에 대한 모욕적 행위에 대한 결과가 사이버 공격이었음을 간접적으로 말하는 것만 같았다.

둘째는 자신들에게 동조하는 세력이 자발적으로 했다는 표현이다. 기술적으로 북한을 지목하는 증거들은 일반인이 이해하기 힘들지만, 정황적 증거가 자신들을 지목할 것을 대비한 포석이라 판단된다. 다시 말해, 북한은 김정은과 직접적으로 연관된 영화 〈디 인터뷰〉와 관련해 온라인상의 비국가 행위자인 해커들이 북한이 옳기 때문에 자발적으로 도왔다는 식으로 자신들에게 돌아올 보복의 화살을 피하고자 한 것이다. 두 표현은 마치 도둑이 제 발 저린 듯 보였다.

북한은 또한 미 FBI의 공식적인 수사 결과가 나온 지 하루 만에 공동조사를 요구하고 나섰다. 12월 20일 북한 외무성 대변인이 조선중앙통신 기자와의 인터뷰에서 "미국이 터무니없는 여론을 내돌리며 우리를 비방하고 있는 데 대처해 우리는 미국 측과 이번 사건에 대한 공동조사를 진행할 것을 주장한다"라고 말했다. 공동조사까지 운운하며 부인하는 것은 수사 결과 발표와 함께 버락 오바마 미국 대통령의 사이버 공격을 주도한 세력에 대한 미국의 강력한 응징 발언에 부담을 느졌기 때문인 것으로 보인다. 오바마 대통령은 FBI의 첫 공식 수사 결과 발표 직후 기자회견을 통해 북한에 대해 '비례적으로' 보복하겠다고 밝혔다. 그는 "우리는 비례적으로 대응할 것이다. 우리가 선택한 장소와 시간, 방식으로 대응할 것"이라고 천명했다. 오바마 대통령의 발언은 사이버 공격에 대하여 현실 세계에서 물리적 보복도 가능하다는 의미였다. 그러나 그러한 강력한 대응은 끝내 현실화되지 않았다.

그나마 미국이 보복의 일환으로 12월 22일 10시간 동안 북한의 인터넷망을 완전히 불통시켰다는 이야기가 흘러나왔다. 이후 약 1주일간 북한의 주요 웹사이트의 상태는 불안정했다. 북한은 인터넷이 불안정한 지 5일째에 접어들자 이 사태의 배후로 미국을 지목했다. 그러나 미국은 이 사태에 대하여 확인도 부인도 하지 않는 이른바 'NCND Neither Confirm Nor Deny'를 고수했다. 최종적으로, 미국은 2015년 1월 2일 오바마 대통령의 행정명령을 통해 북한의 사이버 공격에 대한 보복으로 추가적인 경제적 제재를 추가하는 데 그쳤다.

〈디 인터뷰〉는 극장에 대한 북한의 추가적 테러 위협 속에 개봉이 무기한 연기되었다. 그러나 오바마 대통령은 북한에 대한 보복을 언급했던 12월 19일 연말 기자회견에서 영화 개봉 취소 결정은 실수라고 말했다. 이에 따라 소니픽처스의 최고경영자는 12월 24일 "표현의 자유를 해치려는 집단에 의해 회사와 직원들이 사이버 공격을 받은 상황에서 이 영화를 배포하는 것은 아주 중요한 의미가 있다"는 성명과 함께 영화를 유튜브 등에 온라인 배포 방식으로 전 세계에 공개했다. 그리고 12월 25일 331개의 독립 영화관을 통해 논란의 영화를 미국인들이 직접 관람할 수 있게 했다. 4,400만 달러의 제작비가 들어간 〈디 인터뷰〉

의 박스 오피스의 실적은 약 1,230만 달러에 그쳤다. 메이저 극장 체인을 통해 공급하지 못한 탓이었다. 그러나 온라인 대여와 판매는 엄청난 수익을 올렸다. 공개 4일 만에 1,500만 달러의 수입을 거두며 2014년 온라인 공개 영화 중 최고 실적을 올렸다. 2015년 1월 20일까지의 온라인 수입은 4,000만 달러였다. 많은 북한발 논란이 있었지만, 아이러니하게도 〈디 인터뷰〉는 성공적인 노이즈 마케팅으로 엄청난 수입을 거둔 영화가 되었다.

CHAPTER 17

방글라데시 중앙은행 사이버 강도 사건

은행 강도 사건은 영화나 드라마의 인기 있는 주제이다. 영화나 드라마 속에서 얼굴에 복면을 쓴 은행 강도는 손에 든 총으로 은행원과 고객들을 위협한다. 돈을 챙긴 강도가 은행을 빠져 나가는 과정에서 강도와 경찰 간에 총격전이 벌어지고 그로 인해 인명 피해가 발생하기도 한다. 그런데 이제는 직접 은행에 가지 않아도 컴퓨터와 키보드, 그리고 인터넷만 있으면 은행에서 돈을 훔칠 수 있는 시대가 되었다. 사이버 공간에서는 지금도 눈에 보이지 않는 사이버 은행 강도 사건이 발생하고 있다. 그중 가장 대표적인 사건은 2016년 2월 발생한 방글라데시 중앙은행Bangladesh Bank에 대한 사이버 은행 강도 사건이다. 이 사건이 특별히 사람들의 이목을 끈 이유는 엄청난 금액을 눈 깜짝할 사이에 훔친 것도 있지만, 그 배후가 국가라는 사실 때문이다.

북한의 소행으로 밝혀진 해킹 사건 중에서 2016년 방글라데시 중앙은행(사진) 사이버 강도 사건은 금전 탈취를 목적으로 한 사건으로 유명하다. 당시 북한은 방글라데시 중앙은행 컴퓨터에 접속해 미국 중앙은행인 연준에 있는 방글라데시 계좌에서 9억 5,100만 달러를 빼돌리려 했으나 중간 단계에서 막혀 약 8,100만 달러만 손에 넣을 수 있었다. 사진은 수도 다카(Dhaka)에 있는 방글라데시 중앙은행 건물이다. 〈출처: WIKIMEDIA COMMONS | CC BY 2.0〉

여건 조성 작전

많은 은행 강도 사건을 주제로 한 영화나 드라마에서처럼 2016년 2월에 발생한 사이버 은행 강도 사건도 오랜 시간 동안 치밀하게 준비되었다. 신원 미상 해커 조직의 첫 움직임은 사건 발생 1년 반 전인 2014년도로 거슬러 올라간다. 피해자인 방글라데시 중앙은행에 따르면, 그 해 7월에 수상한 은행계좌 하나가 윌리엄 소 고William So Go라는 이름으로 필리핀의 리잘상업은행RCBC, Rizal Commercial Banking Corporation에 개설되었다. 필리핀 페소용으로 범행 이전에는 평범한 계좌처럼 사용되었다.

그러나 리잘상업은행의 계좌 주인으로 지목된 고Go는 계좌를 개설한 사실 자체를 부인했다. 이후, 범행에 사용된 또 다른 달러용 계좌 하나가 역시나 고Go의 이름으로 리잘상업은행에 개설되었다. 그로부터 10개월 뒤인 2015년 5월 15일 동일한 은행에 5개의 달러용 계좌가 가짜 이름으로 개설되었다. 5개의 계좌는 모두 동일하게 500달러 금액의 예치금과 함께 개설되었다. 이것들은 훔친 돈을 세탁하기 위해 만들어진 가짜 계좌들이었다. 작전이 시작되기 오래전부터 가짜 계좌가 개설된 이유는 이것들을 평범한 합법적 계좌로 둔갑시키기 위한 사전 활동의 일환이었다.

신원 미상 해커 조직의 온라인상 첫 번째 흔적은 2014년 10월 7일부터 8일까지 양일간 이루어진 은밀한 정찰활동이었다. 그들은 사이버 공간에서 방글라데시의 여러 은행에 관한 정보를 수집했다. 이는 마치 목표물을 식별하고 목표물의 취약점을 확인하는 군사적 행동과 같았다. 물론, 정확히 외부로 드러난 내용이 없을 뿐이지, 정보 획득을 위한 그들의 사이버 작전은 이번 첫 자취가 발각되기 이전부터 시작되어 은행 강도 사건 직전까지 수없이 반복되었을 것으로 판단된다.

신원 미상 해커 조직은 대형 사이버 은행 강도 사건을 일으키기 전에 사전 리허설을 실시했다. 그들은 2015년 1월 12일경 스위프트SWIFT, the Society for Worldwide Interbank Financial Telecommunication[7](국제은행간통신협정)의 허점을 이용하여 남미 에콰도르의 한 은행인 방코 델 아우스트로Banco del Austro의 예치금을 홍콩, 두바이, 뉴욕, 그리고 로스앤젤레스의 은행계좌로 불법 송금했다. 피해 은행에서 총 1,220만 달러(약 138.5억 원)가 도난당했고, 그중에서 회수된 돈은 고작 185만 달러(약 21억 원)뿐이었다.

---

7 스위프트란 2018년 기준 전 세계 200여 개국 1,000여 개 은행을 연결하는 국제 금융 통신망이다. 1973년 유럽과 북미의 240여 개 금융회사가 회원사 간의 자금 이동과 결제 업무를 처리하기 위해 만들었다. 협동조합 형태의 비영리 기관이다.

PARK JIN HYOK

Conspiracy to Commit Wire Fraud and Bank Fraud; Conspiracy to Commit Computer-Related Fraud (Computer Intrusion)

WANTED
BY THE FBI

KIM IL

Conspiracy to Commit Wire Fraud and Bank Fraud; Conspiracy to Commit Computer-Related Fraud (Computer Intrusion)

WANTED
BY THE FBI

JON CHANG HYOK

Conspiracy to Commit Wire Fraud and Bank Fraud; Conspiracy to Commit Computer-Related Fraud (Computer Intrusion)

북한군 정보기관인 정찰국 소속 해커들은 꾸준히 대한민국과 미국 정부, 그리고 글로벌 기업과 전 세계 은행, 그리고 가상화폐 거래소 등을 공격하고 있다. 미국 법무부는 어느 정도 인물이 특정된 북한 정찰국 소속 해커 3명을 기소했다. FBI 수배명단에 공개된 그들의 이름은 위에서부터 박진혁(Park Jin Hyok), 김일(Kim Il), 그리고 전창혁(Jon Chang Hyok)이다. 한편, 글로벌 사이버 보안 기업은 이들 북한군 정찰국 소속 해커들의 집단에 라자루스 또는 APT38 등의 명칭을 부여한 바 있다. 〈출처: https://www.fbi.gov/wanted/cyber〉

안타깝게도 문제는 이러한 중요한 사건이 뒤늦게 세상에 알려졌다는 것이다. 다시 말해, 이 말은 이러한 사이버 작전을 수행하는 세력의 활동 사실이 즉각적으로 전 세계에 알려지지 않고 뒤늦게 알려짐으로써 피해가 더 커졌다는 것을 의미했다. 사전 리허설은 방코 델 아우스트로가 자신에 대한 사이버 은행 강도 사건에서 실수를 범한 미국의 대형 은행 웰스 파고Wells Fargo를 사건 발생으로부터 1년 이상 지난 2016년 1월 28일에서야 고소하면서 외부로 드러났던 것이다. 또한, 이 사건은 외부로 첫 공개되었을 당시 전 세계 언론으로부터 주목을 받지 못했다. 이번 사건이 언론에 대대적으로 알려진 것은 2016년 2월 본 게임인 방글라데시 중앙은행 해킹 사건이 발생한 뒤였다. 그것도 과거에 이와 유사한 방식의 사이버 은행 강도 사건이 있었다는 정도로 보도되었다.

이후, 글로벌 사이버 보안 업체인 파이어아이FireEye가 두 사건이 동일한 해커 집단에 의해 발생한 것이라는 분석을 내놓았다. 가정이지만, 첫 번째 사건이 미리 세상에 알려졌더라면 은행을 공격한 해커 집단의 사이버 작전 활동은 크게 위축되었을 가능성이 높다. 미리 알려졌더라면 방글라데시 중앙은행에 대한 더 큰 희대의 사이버 은행 강도 사건을 어느 정도 막을 수 있었을 것이라는 아쉬움이 남는 대목이다.

네트워크 계정 탈취와 백도어 설치

신원 미상의 해커 조직은 사이버 공격을 위해 목표를 식별하기 위한 조사에 박차를 가했다. 이때는 방글라데시로부터 멀리 떨어진 남미 에콰도르의 은행 방코 델 아우스트로를 대상으로 한 사전 리허설이 한창이던 2015년 1월경이었다. 해커들은 방글라데시 중앙은행과 그 직원들을 대상으로 한 면밀한 조사를 진행했다. 그리고 그들은 구체적으로 1월 말 정도에 공격에 취약할 것으로 판단되는 직원들을 선별해 공격 목표로 삼았다고 알려져 있다.

해커들은 방글라데시 중앙은행에 침투하기 위해 스피어 피싱 공격을 선택했다. 이 공격 방식은 명확한 공격 목표로 설정된 대상에게만 악성 코드가 심어진 이메일을 보내는 것으로, 무작위로 악성 코드를 살포하는 방식의 피싱 공격과 차이가 있다. 해커들은 2015년 1월 29일 yargden@gmail.com이라는 구글 이메일 계정을 통해 16명의 방글라데시 중앙은행의 직원들에게 10개가량의 스피어 피싱 이메일을 발송했다.

이메일 내용은 은행원들의 호기심을 끌 만한 구직에 관한 내용을 담고 있었다. 이직에 관심 있는 은행원이라면 더 많은 연봉과 좋은 직급을 제시하는 이메일 내용에 혹해 첨부된 링크를 무심코 클릭할 것이 틀림없었다. 해커들은 이러한 점을 노리고 링크에 악성 코드를 심어놓았다. 악성 코드는 공격 대상의 컴퓨터에 설치되어 그 컴퓨터에 있는 모든 정보를 빼내는 역할을 담당하게 된다. 즉, 악성 코드의 역할은 직원이 가지고 있는 방글라데시 중앙은행 네트워크 접속에 관한 계정정보를 탈취하는 것이었다. 2015년 2월 23일에도 약 10여 명의 방글라데시 중앙은행 직원들은 해커가 동일한 구글 이메일 계정으로 발송한 스피어 피싱 이메일을 두 통씩 더 받았다.

또한, 스피어 피싱 이메일은 거짓으로 꾸며진 새로운 일자리에 대하여 관심을 갖는 방글라데시 중앙은행의 직원이 자신의 자기소개서와 경력증명서를 자발적으로 그들에게 보내도록 유도했다. 완벽한 사이버 작전을 위해 공격 목표로 삼은 은행 직원들에 대한 신상 정보를 자세

백도어란?

우리말로 뒷문을 뜻하는 백도어backdoor는 시스템 또는 소프트웨어에 일부러 열어 놓은 보안 구멍을 말한다. 시스템과 소프트웨어 개발자들이 자신들이 만든 제품에 문제가 발생한 경우 이를 점검하기 위해 백도어를 만드는 경우가 있다. 그러나 사이버 공격에서 백도어는 인증되지 않은 사용자가 시스템이나 소프트웨어 내에 몰래 설치하는 악의적인 보안 구멍이다.

하게 파악하기 위해서였다. 해커 조직은 은행 직원들이 은행 네트워크 계정 설정(아이디와 비밀번호)에 자신의 신상 정보를 활용했을 가능성이 있기 때문에 이를 공략해 계정 정보를 알아내고 직원들의 생활 패턴을 통해 침투를 위한 취약점을 찾아내려 했던 것이다.

해커들은 크게 두 차례에 걸쳐 스피어 피싱 공격을 시도한 끝에 2015년 3월 방글라데시 중앙은행의 네트워크에 잠입하는 데 성공했다. 그들은 먼저 네트워크 내에 백도어backdoor를 설치했다. 이번에 불법으로 설치된 백도어는 해커와 해킹된 네트워크 간의 통신 기능을 담당했다. 또한, 해커는 백도어를 통해 파일 전송, 네트워크 내의 파일 압축, 그리고 특정 파일의 실행 등을 할 수 있었다. 무엇보다 이 백도어는 해커와의 통신 간 발생하는 트래픽을 합법적인 TLSTransport Layer Security(전송 계층 보안)[8] 트래픽처럼 보이도록 위장하여 방글라데시 중앙은행의

8 TLS(전송 계층 보안)이란 인터넷 공간에서 데이터의 변조를 막고 안전하게 전송하기 위해 사용되는 SSL(Security Sockets Layer: 보안 소켓 계층) 프로토콜의 표준화된 정식 명칭이다. 인증서를 통해 상대방을 인증하고, 기밀성과 무결성을 제공한다.

사이버 보안팀의 눈을 피했다.

휴무일의 야음을 틈탄 사이버 은행 강도 사건

신원 미상의 해커 조직은 오랜 기간 동안의 네트워크 내 감시와 정찰 활동을 마치고 2016년 초 본격적인 공격활동을 개시했다. 1월 29일 금요일에 그들은 방글라데시 중앙은행 네트워크 내에서 수차례에 걸쳐 래터럴 무브먼트Lateral Movement(횡적 내부 확산) 방식의 사이버 공격 활동을 실시했다. 래터럴 무브먼트는 지능형 지속 공격APT 중 공격자가 최초 시스템 해킹에 성공한 후 내부망에서 사용되는 계정 정보를 획득하여 내부망 내에서 중요한 데이터를 확보하기 위해 내부에서 내부로 이동하는 것을 말한다. 이슬람 국가인 방글라데시에서는 금요일과 토요일이 휴무일인데, 해커들은 은행이 쉬는 날을 노렸던 것이다.

더욱이, 해커들은 앞선 불법적 네트워크 침투 활동을 통해 최신 백그라운드 감시용 프로그램인 시스몬SysMon을 스위프트라이브SWIFTLIVE에 설치하고 하루 종일 실행되도록 설정했다. 스위프트라이브는 국제 결제 명령을 내리는 방글라데시 중앙은행의 메인 플랫폼이었다. 시스몬은 백그라운드로 작동하며 네트워크 내에서 보안과 관련되어 일어나는 전 과정 등을 기록하는 역할을 담당했다. 무엇보다 해커는 시스몬을 통해 방글라데시 중앙은행이 국제 자금 이체를 위해 사용하는 스위프트SWIFT에 관한 중요한 정보를 집중적으로 수집하기 시작했다.

여기서 흥미로운 것은 사이버 보안 담당자들이 업무를 위해 합법적으로 사용하는 시스몬이라는 프로그램을 해커가 해킹 도구로 전용轉用했다는 사실이다. 시스몬은 로그 분석을 통해 특정 앱이나 프로세스를

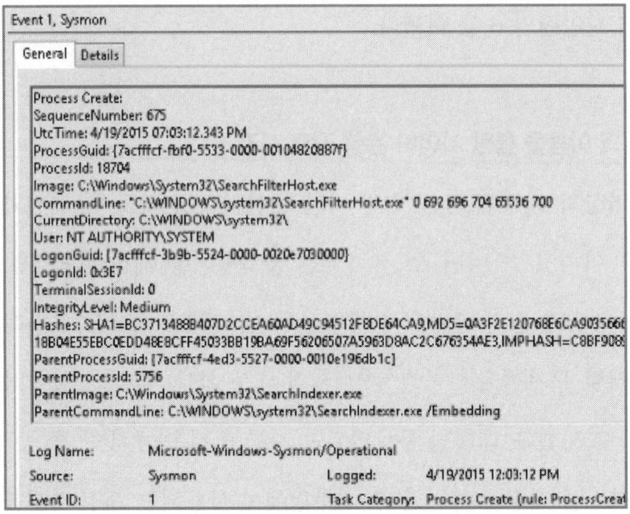

```
Event 1, Sysmon

General | Details

Process Create:
SequenceNumber: 675
UtcTime: 4/19/2015 07:03:12.343 PM
ProcessGuid: {7acfffcf-fbf0-5533-0000-00104820887f}
ProcessId: 18704
Image: C:\Windows\System32\SearchFilterHost.exe
CommandLine: "C:\WINDOWS\system32\SearchFilterHost.exe" 0 692 696 704 65536 700
CurrentDirectory: C:\WINDOWS\system32\
User: NT AUTHORITY\SYSTEM
LogonGuid: {7acfffcf-3b9b-5524-0000-0020e7030000}
LogonId: 0x3E7
TerminalSessionId: 0
IntegrityLevel: Medium
Hashes: SHA1=BC37134888407D2CCEA60AD49C94512F8DE64CA9,MD5=0A3F2E120768E6CA903566
18B04E55EBC0EDD48E8CFF45033BB19BA69F56206507A5963D8AC2C676354AE3,IMPHASH=C8BF908
ParentProcessGuid: {7acfffcf-4ed3-5527-0000-0010e196db1c}
ParentProcessId: 5756
ParentImage: C:\Windows\System32\SearchIndexer.exe
ParentCommandLine: C:\WINDOWS\system32\SearchIndexer.exe /Embedding

Log Name:     Microsoft-Windows-Sysmon/Operational
Source:       Sysmon              Logged:          4/19/2015 12:03:12 PM
Event ID:     1                   Task Category:   Process Create (rule: ProcessCreat
```

마이크로소프트의 시스몬(SysMon)을 통해 특정 이벤트 로그를 분석한 결과 예시이다. 통상 보안 전문가는 이 프로그램을 이용해 해커 등의 불법적 보안 활동을 감시·수집하고 자동으로 각 활동의 상관관계 등을 분석하여 악성 공격의 근원을 추적한다. 그런데 방글라데시 중앙은행 해킹 시 해커가 이를 역으로 이용해 해킹에 필요한 정보를 수집했다. 이는 유용한 합법적 소프트웨어가 언제든 해킹 도구로 악용될 수 있음을 보여준 사례였다. 〈출처: https://docs.microsoft.com/en-us/sysinternals/downloads/sysmon 〉

대상으로 수행되는 사이버 공격 과정을 추적하는 프로그램이다. 즉, 이는 합법적 소프트웨어가 언제든 악의적인 사이버 무기로 둔갑할 수 있음을 보여준다.

방글라데시 중앙은행에 대한 사이버 은행 강도 사건은 시스몬의 집중적 정보 수집이 시작된 지 1주일이 지난 시점인 2016년 2월 4일에 발생했다. 그들은 스위프트 시스템을 이용해 35건의 가짜 자금 이체 명령을 뉴욕 연방준비은행Federal Reserve Bank of New York(이후 뉴욕 연준)에 내렸다. 당시 뉴욕 연준에 방글라데시 중앙은행 명의로 예치된 9억 5,100만 달러(약 1조 794억 원)를 해외의 다른 은행 계좌로 보내는 명령이었다. 당연히 해커들의 작전은 현지 시간으로 은행 문이 닫힌 심야 시간에 이루어졌다. 이때는 미국 시간으로 목요일 오전이었다. 더욱이 이슬람권에서 목요일 심야는 은행 휴무일인 주말로 넘어가는 시간대였다. 해커들은 방글라데시 중앙은행 보안팀의 대처가 가장 어려운 시간대인 2월 4일(목)부터 5일(금) 사이의 심야 시간을 노렸던 것이다. 해커들은 최종적으로 2월 5일 새벽 3시 59분경 방글라데시 중앙은행의 스위프트 시스템에서 빠져나왔다. 이때, 그들은 악성 코드를 실행시켜 자신들의 범행의 증거가 될 만한 모든 흔적들을 지우려 했으나 서버가 다운되는 바람에 2월 6일 방글라데시 중앙은행 네트워크에 다시 침입해 자신들의 흔적을 지워야만 했다.

불행 중 다행?

뉴욕 연준에 예치된 방글라데시의 천문학적인 돈을 준비된 해외 계좌로 빼돌리려는 35건의 자금 이체 명령 전부가 성공한 것은 아니었다. 35건의 불법적 이체 명령은 은행 라우팅 정보 누락 등의 실수로 그날 자정 두 차례에 걸쳐 반복 시도되었고, 그중 오로지 5건만 정상적으로 뉴욕 연준의 승인을 받았다. 금액으로는 전체 9억 5,100만 달러(약 1조 794억 원) 중 1억 100만 달러(약 1,147억 원)만이 성공적으로 이체되었다.

그런데 이 5건 중 1건은 해커들의 또 다른 실수로 중간 단계에서 실패했다. 그 1건은 자금 이체 명령에 성공한 1억 100만 달러 중 2,000만 달러(약 227억 원)로, 스리랑카의 샬리카 재단Shalika Foundation으로 보내는 것이었다. 그런데 해커들은 자금 이체 요청서에 'Foundation'을 'Fundation'으로 철자를 잘못 입력하는 실수를 범했다. 또한, 스리랑카의 팬 아시아 은행Pan Asia Bank은 방글라데시의 경제 규모에 비해 지나치게 큰 금액의 이체가 발생한 사실을 수상하게 여겼다. 결국, 이 돈은 완전히 이체되지 않고 방글라데시 중앙은행으로 안전하게 돌아왔다.

나머지 4건의 불법 자금 이체 명령이 성공적으로 승인된 총 8,100만 달러(약 920억 원)가 필리핀 리잘상업은행에 미리 만들어둔 5개 중 4개의 불법 계좌로 입금되었다. 해커들은 자금 세탁을 위해 달러를 필리핀 페소로 환전하거나 다른 곳으로 돈을 이체시키고 돌려받기, 또는 현금으로 출금하기 등 여러 단계를 거쳤다. 심지어 이 돈은 카지노의 게임칩으로 교환되는 과정도 거쳤다. 2월 5일부터 13일까지 이루어진 불법 자금 세탁에는 리잘상업은행의 매니저부터 중국계 필리핀 사업가 등 여러 인물들도 가담했다.

방글라데시 중앙은행은 뒤늦게 사이버 은행 강도 사건을 인지하고 상황 파악에 나섰다. 그들은 2월 8일에서야 리잘상업은행에 스위프트 메시지를 보내 4개의 불법 계좌에 이체된 자금의 지불 중지와 동결을 요청했다. 그런데 여기서 해커들은 또 다른 치밀함을 보여주었다. 이러한 자금 세탁이 이루어지던 시기는 음력 설날이었다. 필리핀에서는 음력 설날이 휴무일이기 때문에 리잘상업은행도 지난 주 금요일부터 오랜 시간 영업을 쉬고 있었던 것이다. 결국, 하루 뒤인 2월 9일 리잘상업은행은 방글라데시 중앙은행으로터 온 스위프트 메시지를 수신했다. 그러나 이때는 이미 리잘상업은행으로부터 약 6,000만 달러(약 681억 원) 이상에 달하는 자금이 인출 처리된 상태였기 때문에 필리핀으로 이체된 자금 8,100만 달러 중 고작 1,800만 달러(약 205억 원)만이 방글라데시로 돌아올 수 있었다.

미국 정부와 글로벌 사이버 보안 회사들은 이번 사이버 은행 강도 사건의 배후로 북한을 지목했다. 신원 미상의 해커 조직이 사용한 침투 방식과 악성 코드가 이전에 북한이 사용해오던 것과 유사했기 때문이다. 또한, 핵무기 개발로 인해 오랫동안 경제적 제재를 받아오던 북한이 정권 유지를 위한 자금을 필요로 했기 때문에 정황상 증거도 북한을 가리켰다. 통상 금전적 이득을 위한 사이버 범죄는 불법적인 행위를 자행하는 해커 개인이나 범죄조직의 전유물로 여겨져왔다. 그러나 이번 사건은 해커 개인이나 범죄조직이 저지른 단순한 사이버 범죄가 아니라 국가가 금전 탈취를 목적으로 저지른 국가적 차원의 사이버 강도 사건이라는 점에서 우리에게 시사하는 바가 크다. 국제 사회의 경제적 제재로 궁지에 몰린 북한이 정치적 혹은 군사적 목적이 아니라 금전 탈취를 위해 총이 아닌 키보드를 들고 외국 은행 해킹에 뛰어든 것이다. 방글라데시 중앙은행 해킹 사건은 북한의 해킹 수법이 날로 교묘하게 진화하고 있다는 것을 여실히 보여준다.

한편, 북한 정권의 해커들은 시중의 은행을 넘어 가상화폐로도 잘 알려진 암호화폐를 노린 범죄에도 열을 올리고 있다. 그들은 보안이 취약한 가상화폐 거래소나 개인의 암호화폐 지갑, 또는 암호화폐 자체에 대한 사이버 공격을 통해 다양한 종류의 암호화폐를 탈취하려고 시도 중이다. 대한민국의 국정원은 과학적인 증거들을 토대로 2017년 12월 16일 같은 해 6월 국내의 유명 암호화폐 거래소 빗썸Bithumb에서 발생한 3만여 명의 회원정보 유출의 배후로 북한의 해커들을 지목했다. 그리고 국정원은 그해 9월 코인이즈Coinis라는 암호화폐 거래소에서 일어난 암호화폐 탈취 사건의 범인도 북한이 관련되었다며 관련 증거를 대한민국 검찰에 넘기기도 했다.

북한의 해커들은 여기에서 그치지 않고 글로벌 암호화폐 시장도 사이버 공격의 대상으로 삼았다. 대표적인 예를 들면, 2022년 4월 14일 미 재무부는 북한이 블록체인 비디오 게임 '액시 인피니티Axie Infinity'의 약 6억 달러(약 7,460억 원)가 넘는 암호화폐를 탈취했다고 밝혔다. 이렇듯 북한의 암호화폐 탈취 시도가 계속되자, 미 재무부는 북한과 연계된 암호화폐 지갑들을 제재 리스트에 추가하는 등 그들의 금전 목적의 사이버 공격을 차단하기 위해 노력하고 있다. 이처럼 국제적으로 고립된 채 경제 제재를 계속 받고 있는 북한에게 은행과 암호화폐 거래소 등에 대한 금전을 노린 사이버 공격은 국가적 생존을 위해 멈출 수 없는 행위가 되어버린 상황이다. 따라서 개인부터 금융기관, 그리고 국가에 이르기까지 우리 모두가 투철한 보안의식을 갖고 상호 협력 하에 보안 인력을 확충하고 방어 시스템을 구축하여 북한의 무차별적인 금전 목적 사이버 공격에 대비해야 할 것이다.

CHAPTER 18

워너크라이 랜섬웨어 공격

인간은 컴퓨터와 인터넷, 그리고 매일 새로 등장하는 수많은 스마트 기기들로 인해 그 어느 때보다 편안한 삶을 살고 있다. 모두가 공감할 만한 한 가지 불편한 점은 시도 때도 없이 뜨는 소프트웨어 보안 업데이트 알림이다. 그런데 이런 보안 업데이트의 중요성을 일깨워주는 전 세계적 사이버 공격이 발생했다. 그것은 2017년 5월에 발생한 워너크라이 랜섬웨어 공격WannaCry Ransomware Attack이다.

온라인 먹튀 유괴 사건

랜섬웨어 Ransomware라는 컴퓨터 신조어는 납치 또는 유괴된 사람의 몸값을 의미하는 '랜섬Ransom'과 컴퓨터 프로그램에 흔히 사용되는 만질 수 없는 상품이라는 뜻을 가진 '웨어Ware'의 합성어로, 공격 대상의 컴

'워너크라이'에 담긴 의미

2017년 5월에 발생한 사이버 공격이 워너크라이WannaCry로 작명된 것은 랜섬웨어 파일명 Wana DecryptOr에서 비롯되었다고 알려져 있다. 그래서 이 랜섬웨어는 WannaCrypt, Wana DecryptOr 2.0, Wana Decryptor로도 불리고 있다. 또한, Wana가 오타라는 가정 하에 이 파일명은 마치 "너 복호화 원해?([Do You] Wanna Decrypt?)"라는 의미인 것처럼 보였다. 여기서 복호화는 암호화된 파일을 사용할 수 있도록 다시 원상 복구시킨다는 말이다. 한편, 워너크라이라는 이름은 한 번 걸리면 울고 싶게 만들어줄 것이라는 중의적 의미를 담아 "너 울고 싶니?(Do You Wanna Cry?)"를 상징하는 것이라는 해석도 존재한다.

퓨터를 인질로 삼아 금전을 요구하는 악성 프로그램을 말한다.

랜섬웨어 공격은 공격자가 악성 코드를 사용해 공격 대상 컴퓨터 내에 있는 파일들을 암호화시킨 후 피해자에게 암호를 풀어주는 대가로 금전적인 보상인 랜섬을 요구하는 방식으로 이루어진다. 파일을 암호화한다는 것은 간단히 말하면 공격자가 자신이 만든 열쇠(암호화 키)로 파일을 잠가버리는 것이다. 피해자는 공격자가 가진 열쇠(복호화 키) 없이는 다시는 잠긴 파일을 열어서 사용할 수 없게 된다. 물론, 워너크라이 랜섬웨어WannaCry Ransomware처럼 어떤 것은 시간이 지나면 공격자의 열쇠로도 더 이상 잠긴 파일을 열 수 없게 설계한 경우도 있어 그 무서움을 더하고 있다.

워너크라이 랜섬웨어 공격은 2017년 5월 12일부터 시작되었다. 전 세계 150여 개 국가의 약 20만 대 이상의 컴퓨터가 워너크라이 랜섬웨어 공격을 당했다. 악성 코드에 감염된 컴퓨터의 파일은 불상의 공격자에 의해 암호화되었다. 즉, 랜섬웨어 공격으로 컴퓨터의 주인 또는 사용자는 더 이상 그 안에 저장된 파일을 열거나 사용할 수 없게 된 것이다.

컴퓨터를 켠 피해자들은 검은 바탕화면에서 "이런, 당신의 중요한 파일들이 암호화되었습니다Ooops, your important files are encrypted"라는 문구를 발견했다. 그리고 그 문구 아래에는 암호화된 파일을 복호화하려면 '@WanaDecryptor@.exe'이라는 이름의 어플리케이션 파일을 찾아 실행시키라는 지침도 있었다.

지침에 따라 '@WanaDecryptor@.exe'이라는 이름의 어플리케이션 파일 찾아 프로그램을 실행시키면, 피해자는 현재 자신의 컴퓨터 상태와 복호화시키기 위한 구체적인 지침을 확인할 수 있게 된다. 복호화에 대한 지침을 요약하자면, 피해자는 프로그램을 실행시키거나 실행된 시점을 기준으로 3일 내에 300달러를 공격자에게 지불해야만 암호화된 자신의 파일을 정상화시킬 수 있다. 만약, 이 시간이 지나면 7일까지는 그 두 배인 600달러를 지불해야 파일을 복화할 수 있게 된다. 그마저도 지나면 암호화된 파일은 영원히 복구 불가능하게 된다. 물론, 공격자는 수사기관의 추적을 피하기 위해 현금이 아닌 암호화폐cryptocurrency인 비트코인을 지불 방식으로 택했다.

친절하다고 해야 할까, 아니면 자신들의 요구를 정확히 전달하려는 것일까. 이유가 뭐든 워너크라이 랜섬웨어는 한국어를 포함해 총 28개 다른 언어를 지원한다. 이 랜섬웨어는 사용하는 컴퓨터에 설치된 운영체제의 언어를 자동으로 탐지해 피해자가 읽을 수 있는 언어로 실행되었다. 또한, 피해자는 랜섬웨어에 있는 링크를 클릭해 비트코인에 대한

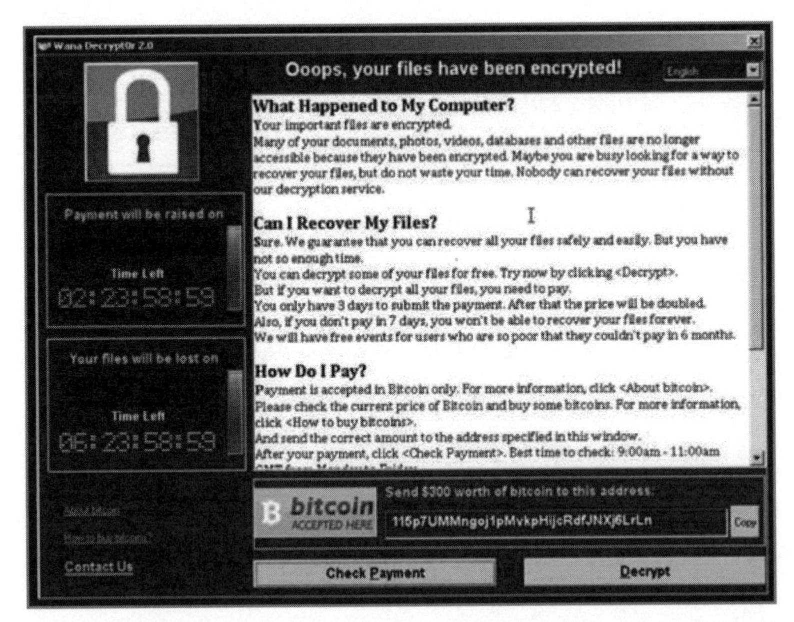

워너크라이 랜섬웨어 공격을 받은 피해자 컴퓨터에 나타난 화면이다. 팝업창에는 “이런, 당신의 중요한 파일들이 암호화되었습니다(Ooops, your important files are encrypted)”라는 제목이 상단에 선명하게 나타나 있으며, 구체적으로 피해자의 컴퓨터에 일어난 랜섬웨어 공격에 대한 설명부터 암호화된 파일을 복호화할 수 있는지의 여부, 그리고 돈을 지불하는 방법까지 쓰여 있다. 우측 상단에는 언어를 선택할 수 있도록 되어 있다. 좌측에는 두 가지 다른 스톱워치 시간이 표시되어 있는데, 상단의 시간이 다 지나면 최초 300달러로 책정되어 있는 랜섬이 600달러 오르게 되고, 하단의 남은 시간은 랜섬의 데드라인으로 그 시간이 다 지나면 피해자는 파일 복구를 영원히 할 수 없음을 나타낸다. 여기서 중요한 점은 시간 내에 랜섬을 지불한다고 해도 파일의 복구는 불가능하다는 사실이다. 〈출처: https://www.wordfence.com/blog/2017/05/how-to-protect-yourself-against-wannacry/〉

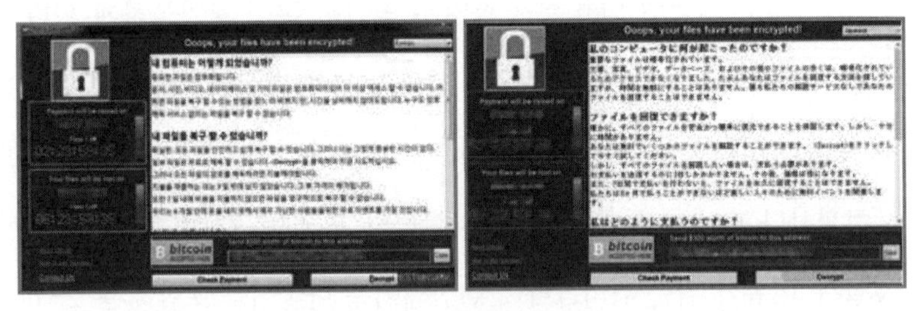

워너크라이 랜섬웨어는 28개의 언어로 랜섬웨어 공격을 받은 사실과 암호화된 파일을 복화하는 방법 등을 설명해준다. 왼쪽은 한국어 설명이고 오른쪽은 일본어 설명이다.

비트코인을 비롯한 다양한 암호화폐의 로고. 워너크라이 랜섬웨어 공격자는 피해자에게 현금이 아닌 암호화폐인 비트코인을 요구했다. 이는 익명성과 분권화된 암호화폐를 이용하여 수사기관의 추적을 피하기 위한 전략이었다. 〈출처: WIKIMEDIA COMMONS | Public Domain〉

자세한 설명부터 구매 방법과 송금 절차 등을 자세히 알 수 있었다.

당연한 이야기이지만, 악의적인 공격자는 친절하지 않았다. 그 다음 단계인 가장 중요한 암호화된 파일의 복호화는 제대로 지원되지 않도록 악성 코드가 설계되어 있었다. 한 사이버 보안 업체는 수백 가지의 변종 워너크라이 랜섬웨어 중 일부를 자체적으로 분석했다. 그 분석 결과에 따르면, 워너크라이 랜섬웨어의 경우 공격자가 수동으로 복호화 키를 피해자에게 전송하는 방식으로 복호화가 가능하게 되어 있음에도 불구하고 랜섬웨어 상에서 어떤 피해자가 자신에게 돈을 지불했는지 공격자가 확인할 수 있는 부분이 없었기 때문에, 공격자는 피해자가 지침에 따라 비트코인을 자신에게 송금했다고 하더라도 파일을 풀어주지 않았다.

자생적 전파 가능 랜섬웨어의 등장

일반적인 랜섬웨어는 트로이 목마를 이용하여 전파된다. 트로이 목마는 겉보기에는 합법적인 프로그램처럼 보이지만 실제로는 악성 바이러스를 탑재하고 있다. 트로이 목마란 바이러스가 은밀히 숨어 있는 프로그램이라는 뜻으로, 고대 그리스-로마 신화에서 오디세우스Odysseus가 목마에 정예 용사를 태워 트로이의 내부로 잠입하는 데 성공함으로써 트로이 전쟁에서 승리를 거뒀다는 이야기에서 이름을 따온 것이다.

트로이 목마를 사용한 랜섬웨어는 통상 이메일 또는 드라이브 바이 다운로드Drive-by download 등을 통해 전파된다. 먼저, 이메일 방식은 공격자가 보낸 트로이 목마 형태의 랜섬웨어 파일이 첨부된 이메일을 받은 수신자가 해당 이메일에 첨부된 파일을 열게 되면 랜섬웨어 바이러스가 전파된다. 이는 고전적인 방식이다. 다음으로 드라이브 바이 다운로드 방식은 인터넷 사용자가 해킹된 광고 서버의 팝업창 또는 배너를 무심코 클릭하거나 해킹된 웹사이트에 방문했을 때 자신도 모르게 바이러스를 자신의 컴퓨터에 다운로드시키는 것이다. 즉, 컴퓨터 사용자가 부주의하게 앞선 경로를 통해 랜섬웨어를 탑재한 트로이 목마를 자신의 컴퓨터에 다운로드하여 실행시키면, 그 안에 있던 랜섬웨어가 실행되어 사용자의 컴퓨터 내에 있는 파일들이 암호화되어 더 이상 사용할 수 없게 되는 것이다. 그런데 워너크라이 랜섬웨어는 이전의 일반적인 랜섬웨어와는 전혀 달랐다. 그 이유는 워너크라이 랜섬웨어가 트로이 목마를 필요로 하지 않았기 때문이다.

워너크라이 랜섬웨어는 트로이 목마를 사용하는 악성 바이러스가 아니라 컴퓨터 웜Computer Worm(이하 웜)의 일종이었다. 웜은 컴퓨터 바이러스와 비슷하지만 다른 점이 있다. 바이러스는 다른 실행 프로그램에 기생하여 실행된다. 반면에, 웜은 다른 프로그램의 도움 없이 독자적으로 실행된다. 더 중요한 것은 바이러스는 스스로를 전달할 수 없지만, 웜은 그것이 가능하다는 것이다. 웜은 어떠한 중재 작업 또는 공격자의 개입 없이 네트워크를 사용하여 자신의 복사본을 다른 컴퓨터로 전송할 수 있게 설계되어 있다. 따라서 웜의 일종인 워너크라이 랜섬웨어는 네트워크를 통해 스스로를 다른 컴퓨터로 전파하며 빠르고 쉽게 그 피해 범위를 전 세계로 넓힐 수 있었다. 물론, 워너크라이 랜섬웨어는 기존 랜섬웨어처럼 전통적인 방법인 이메일과 해킹된 서버 또는 웹사이트를 통해서도 전파되었다.

SMB 취약점, 섀도우 브로커스, 그리고 이터널블루

워너크라이 랜섬웨어가 웜으로서 네트워크를 통해 쉽게 전 세계로 퍼져나갈 수 있었던 가장 큰 이유는 그 구성요소에서 찾아볼 수 있다. 워너크라이는 크게 두 가지 구성요소를 가지고 있다. 첫 번째는 지금까지 설명한 랜섬웨어의 기능을 담당하는 구성요소이고, 두 번째는 전파의 기능을 담당하는 구성요소이다.

워너크라이는 전파가 용이하도록 마이크로소프트MS 윈도우즈의 파일 공유에 사용되는 서버 메시지 블록SMB, Server Message Block의 원격 코드 취약점을 악용했다. SMB는 마이크로소프트 윈도우즈 운영체제가 설치된 시스템에서 파일 공유, 프린터 공유, 원격 윈도우즈 서비스 액세스 등 광범위한 목적으로 사용되는 전송 프로토콜이다. 따라서 워너크라이 랜섬웨어는 SMB가 활성화되어 있으면서 동시에 네트워크에도

워너크라이 랜섬웨어 공격 발생에 대한 비난이 마이크로소프트로 향하자, 브래드 스미스 마이크로소프트 사장은 오히려 이번 사이버 공격에 사용된 자사 프로그램의 취약점을 사전에 알고도 뒤늦게 알려준 미국 국가안보국의 잘못된 관행을 지적했다. 미국 국가안보국은 워너크라이 랜섬웨어 사건이 발생하기 약 5년 전부터 마이크로소프트 윈도우즈의 SMB에 취약점이 있다는 것을 알고도 이 사실을 마이크로소프트에 알리지 않고 오히려 그 취약점을 이용하여 '이터널블루'라는 해킹 도구를 만들어 전 세계에서 엄청난 양의 첩보를 수집했다. 〈출처: WIKIMEDIA COMMONS | CC BY 2.0〉

연결되어 있는 컴퓨터에 쉽게 전파될 수 있었던 것이다. 이러한 이유로 워너크라이 랜섬웨어의 공격 대상은 오로지 마이크로소프트 윈도우즈 운영체제를 사용하는 컴퓨터였다.

워너크라이 랜섬웨어 공격 발생으로 많은 비난의 화살이 마이크로소프트로 향했다. 그런데 갑자기 마이크로소프트 사장 겸 최고 법률 책임자인 브래드 스미스Brad Smith가 미국 국가안보국NSA, National Security Agency의 잘못된 관행을 문제 삼았다. 미국 국가안보국은 워너크라이 랜섬웨어 사건이 발생하기 약 5년 전부터 마이크로소프트 윈도우즈의 SMB에 취약점이 있다는 것을 알았다. 그들은 이 사실을 마이크로소프트에 알리는 대신 그 취약점을 이용하여 '이터널블루EternalBlue'라는 해킹 도구를 만들었다. 국가안보국이 직접 인정하지 않았지만, 그들이 이터널블루를 통해 전 세계에서 엄청난 양의 첩보를 수집했다는 이야기가 언론을 통해 퍼졌다.

브래드 스미스에 따르면, 국가안보국은 2017년 1월이 되어서야 SMB 취약점을 마이크로소프트에 알렸다. 이때는 이미 미 정보당국이 해킹 도구인 이터널블루가 도난당했을 가능성이 있다고 판단한 때였다. 이후 마이크로소프트가 SMB 취약점에 대한 보안 패치를 공개한 시점은 두 달 뒤인 3월 14일이 되어서였다. 그런데 국가안보국이 우려했던 것처럼 2017년 4월 14일 '섀도우 브로커스the Shadow Brokers'라는 해킹 그룹이 이터널블루를 세상에 공개했다. 그리고 이 기술이 약 한 달 뒤 발생한 워너크라이 랜섬웨어 공격에 적용되었던 것이다. 마이크로소프트의 윈도우즈 운영체제 사용자 모두가 SMB의 취약점을 제거하는 보안 패치를 설치하기에 두 달은 너무나도 짧았다.

귀차니즘은 보안의 적

그렇다고 이번 랜섬웨어 공격이 제로 데이 취약점을 공략한 것은 아니었다. 제로 데이 취약점을 활용한 사이버 공격이란 특정 컴퓨터 소프트웨어의 취약점에 대한 패치(오류 수정)가 나오지 않은 시점에 이루어지는 것을 말한다. 그런데 마이크로소프트는 워너크라이 랜섬웨어 공격 발생 2개월 전인 2017년 3월 14일부터 자사 운영체제의 SMB 취약점

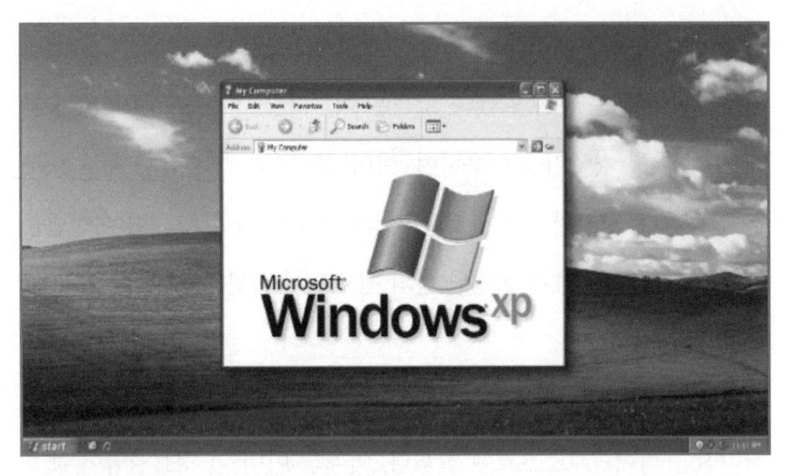

한때 컴퓨터 운영체제로 최고의 인기를 구가했던 마이크로소프트의 윈도우즈 XP 메인 화면. 그러나 새로운 운영체제의 등장으로 2014년 4월 8일을 기점으로 보안 업데이트가 더 이상 제공되지 않아 보안에 취약한 윈도우즈 XP 사용자들이 워너크라이 랜섬웨어 공격으로부터 피해를 입었다. 〈출처: 저자 캡처. https://www.howtogeek.com/762910/green-hills-forever-windows-xp-is-20-years-old/〉

을 제거하기 위한 보안 패치를 제공하기 시작했다.

그럼에도 불구하고 두 가지 이유 때문에 사이버 공격은 성공적으로 이루어질 수 있었다. 첫 번째 이유는 마이크로소프트의 운영체제인 윈도우즈를 사용하는 일부 사용자들이 SMB 취약점에 관한 패치 설치를 위한 업데이트를 진행하지 않았다는 것이다. 대부분이 귀찮아서 업데이트를 하지 않거나, 업무에 사용하고 있는 다른 프로그램과의 호환성 문제 때문에 취약점 제거를 위한 패치 설치를 미뤘던 것이다.

두 번째 이유는 마이크로소프트가 더 이상 소프트웨어 업데이트를 제공하지 않기로 한 오래된 운용체제를 사용하는 사람들이 많았다는 것이다. 대표적으로 공격의 대상이 된 운용체제는 윈도우즈 XP였다. 2001년 10월에 출시된 이후 윈도우즈 XP는 엄청난 인기를 끌었던 운용체제 버전이었다. 그런데 마이크로소프트는 많은 이용자가 여전히 윈도우즈 XP를 운용체제로 사용 중이던 2014년 4월 8일을 기점으로 이에 대한 보안 업데이트를 더 이상 제공하지 않기로 발표했다. 물론, 마이크로소프트는 보안 업데이트에 관한 공지를 통해 앞으로 바이러스 등 여러 가지 취약성이 존재하기 때문에 기존 윈도우즈 XP를 운영체제로 사용하는 고객들에게 최신 윈도우즈 운영체제로 업그레이드할 것을 권고했다. 그럼에도 많은 사람들이 윈도우즈 XP가 손에 익어서, 업그레이드가 귀찮거나 어려워서, 금전적 이유로, 또는 업무용으로 사용하던 다른 프로그램과의 호환성 문제를 이유로 운용체제를 업그레이드하지 않았다. 결국, 앞선 두 가지 이유로 인해 워너크라이 랜섬웨어는 마치 제로 데이 공격과 같은 효과를 거두며 전 세계적으로 엄청난 피해를 일으켰다.

주요 피해 사례와 북한 정찰총국 소속 '박진혁'

영국의 국민보건서비스National Health Service에 속한 병원들은 워너크라이 랜섬웨어로부터 가장 큰 피해를 입은 것으로 알려졌다. 병원의 환자 데이터 관리와 예약에 사용하는 컴퓨터부터 MRI 스캐너, 혈액보관용 냉장고 등 구버전의 윈도우즈를 사용하는 의료 장비까지 약 7만여 기기가 이번 랜섬웨어에 감염되었다. 다행히 환자가 죽는 등의 큰 재앙이 일어나지는 않았지만, 영국의 의료체계가 일시적으로 마비되는 사태가 벌어졌다.

이외에도 독일, 일본, 중국, 그리고 러시아가 엄청난 피해를 입었다고 보고되었다. 그중에서도 러시아에서 가장 많은 컴퓨터가 이번 랜섬웨어에 감염되었다고 알려졌다. 그 이유는 정상적으로 금액을 지불하지

우리나라는 다행히 워너크라이 랜섬웨어로부터 큰 피해를 입지 않았다. 한국의 인터넷 제공업체들이 SMB에 사용되는 포트들을 원천봉쇄하고 있기 때문에 네트워크를 통한 랜섬웨어의 침투가 어려웠다. 그럼에도 불구하고 대형 극장 체인인 CGV를 비롯해 국내 기업 몇 곳과 공공시설물에 대한 일부 감염 사례가 보고되었다. 사진은 2017년 5월 15일 "현재 CGV 상황"이라는 제목으로 국내 한 온라인 커뮤니티에 올라온 사진이다. 〈출처: https://gall.dcinside.com/board/view/?id=rhythmgame&no=9229397〉

않고 불법으로 마이크로소프트 윈도우즈 운영체제를 사용하던 사람들이 많아서 합법적으로 보안 업데이트 서비스를 받지 못했기 때문이다.

우리나라는 다행히 큰 피해를 입지는 않았다. 한국의 인터넷 제공업체들이 SMB에 사용되는 포트들을 원천봉쇄하고 있기 때문에 네트워크를 통한 랜섬웨어의 침투가 어려웠다. 그럼에도 불구하고 대형 극장 체인인 CGV를 비롯해 국내 기업 몇 곳과 아산시의 버스 정류장 단말기 1대 등 공공시설물에 대한 일부 감염 사례가 보고되었다. 사이버 보안 업체들은 워너크라이 랜섬웨어에 의한 전 세계인 경제 피해액을 최소 수억 달러에서 최대 40억 달러까지 예측했다. 그러나 아이러니하게도 이러한 엄청난 간접적 피해액에 비해 해커는 큰 금전적 이득을 얻지 못했다. 개인부터 기업, 그리고 국가기관에 이르기까지 해커에게 비트코인을 송금한 사례가 매우 드물었기 때문이다.

미국과 영국을 비롯한 여러 국가들은 기술적 분석을 통해 이번 랜섬웨어 공격의 배후로 북한을 지목했다. 북한은 핵무기 개발로 오랫동안 국제적인 경제 제재를 받고 있었기 때문에 금전적 이익을 위한 이번 공격의 주동자로 의심받기 쉬웠다. 물론, 북한은 이러한 국제 사회의 비난에 강하게 반발하며 맞섰다. 하지만 미 법무부는 2018년 9월 공개한 기소장에서 다양한 과학적 증거들까지 설명하며 '박진혁Park Jin Hyok' 이라는 해커를 기소했다. 그는 북한의 군 정보기관인 정찰총국 소속이며, 워너크라이 랜섬웨어와 소니픽처스 엔터테인먼트 해킹 등 다양한 사이버 공격에 가담한 혐의를 받았다.

워너크라이 랜섬웨어는 북한이 금전적 이익을 목적으로 벌인 사이버 공격이었다. 그런데 이는 단순한 금전적 이익을 노린 사이버 범죄행위처럼 보이지만, 사실 그 이면을 들여다보면 북한이 자신의 정권 유지를 위해 벌인 전쟁행위나 다름없었다. 다행히도 큰 인명피해로 이어지지는 않았지만, 이 워너크라이 랜섬웨어 공격이 무서웠던 것은 무작위로 퍼진 랜섬웨어 공격이 사적 영역을 넘어 의료시설부터 교통시스템, 발전시설 등 국가 기반 시스템과 시설에까지 피해를 입혔다는 사실 때문이다. 워너크라이 랜섬웨어 사건은 사소해 보이는 보안 업데이트가 얼마나 중요한지를 깨닫게 해준 사건이었다. 귀찮고 어렵지만 보안 패치를 항상 업데이트하는 것이 개인과 사회, 그리고 국가를 사이버 공격으로부터 지키는 첫 걸음이라는 것을 명심해야 한다.

CHAPTER 19

군사기밀정보 노린 북한의 대한민국 국방망 해킹 공격

『손자병법孫子兵法』 하면 떠오르는 말이 있다면 바로 "상대를 알고 나를 알면 백 번 싸워도 위태롭지 않다"는 뜻의 "지피지기 백전불태知彼知己 百戰不殆"일 것이다. 이 말은 나와 상대의 강점과 약점을 알고 싸운다면 승리할 가능성이 높아진다는 의미를 담고 있다. 실제로 전쟁에 임하는 양측은 아군에 대한 냉정한 평가를 넘어 적군에 대한 정보를 파악하기 위해 치열하게 '정보전'을 수행하게 된다. 정보전에서 승리하기 위해서는 군사보안이 중요한데, 군사보안이란 적의 스파이 행위로부터 아군의 정보를 보호하기 위해 취하는 수단과 방법을 말한다. 넓게는 적의 적극적인 스파이 행위와 상관없이 적에게 유리하게 작용할 수 있는 아군의 어떠한 정보도 흘러가지 않도록 하는 모든 활동들도 군사보안에 속한다.

제1차 세계대전 당시 독일 제국의 외무 장관이었던 아르투르 치머만(Arthur Zimmermann)(왼쪽)과 그가 멕시코 주재 독일 대사에게 보낸 비밀 전보문(오른쪽). 통상 '치머만 전보'로 알려진 이 비밀 전보에는 멕시코 정부에게 미국에 대항할 수 있도록 독일과의 동맹을 제안하라는 내용이 담겨 있다. 이때 독일은 미국과의 전쟁 대가로 멕시코에 재정적 지원은 물론 미국에게 빼앗겼던 뉴멕시코, 텍사스, 애리조나 등의 영토를 되돌려주겠다는 제안을 해서 미국인들로부터 큰 반감을 샀다. 이는 미국이 제1차 세계대전에 참전하는 계기가 되었다. 〈출처: WIKIMEDIA COMMONS | Public Domain〉

역사적으로 군사보안의 성공 여부는 전쟁의 흐름을 완전히 바꿔왔다. 대표적인 사례로 제1차 세계대전 당시 영국 정보부대는 독일의 '치머만 전보Zimmermann Telegram'를 가로채 미국의 참전을 이끌어낸 사건과 제2차 세계대전 당시 미군이 일본군의 공격지점이 미드웨이Midway라는 것을 사전에 확인함으로써 미리 준비하여 승리를 거둔 사건을 꼽을 수 있다. 그런데 군사적으로 대치하고 있는 적대국에 대한 군사 스파이 행위가 사이버 공간에서도 이루어지고 있다. 대표적인 사건은 2016년 대한민국 군의 내부망 해킹이다. 당시 이러한 대형 사고의 근원은 휴먼 에러human error였다.

침투 방법 : 약한 연결고리 공략

2016년 12월 6일 대한민국 국방부가 군 네트워크에 외부 세력이 침투한 사실을 대외적으로 처음 공개했다. 당시 발표에 따른 사건의 전말은 다음과 같다. 공격자는 적어도 2016년 8월 4일에 군의 네트워크에 침투했던 것으로 보인다. 그들이 남긴 제일 오래된 멀웨어(악성 코드)로 그 기록의 흔적이 그때였던 것이다. 그러나 군이 처음으로 신원 미상의 해커들이 군 내부 네트워크에 침투한 사실을 인지한 시점은 최초 침투로부터 한 달하고도 보름이 지난 9월 23일경이었다. 컴퓨터와 시스템을 바이러스로부터 안전하게 지키고자 갖춰둔 백신 중계 시스템의 허점을 통해 육 · 해 · 공군에서 사용하는 수많은 컴퓨터들이 악성 코드에 감염되었던 것이다. 더 뼈아픈 점은 외부 인터넷망뿐만 아니라 외부와 물리적으로 단절시켜두었던 군의 내부망 역시 사이버 공격을 당했다는 점이었다.

최초 인지 시점으로부터 이틀 뒤인 9월 25일 군은 급하게 백신을 최신화할 때 사용하던 서버를 강제로 분리시켰다. 백신 중계 서버를 통해 더 많은 컴퓨터로 멀웨어가 전파되는 것을 막기 위한 최선의 조치였다. 국방부는 합동참모본부, 국군사이버사령부, 기무사령부(현 군사안보지원사령부), 국방조사본부, 국가정보원 등의 기관에서 차출된 30여 명의 전문가들로 합동수사팀을 구성해 2개월간 면밀한 조사를 실시했다. 그리고 그 결과가 12월에 공개된 것이다. 그렇다면 이러한 사이버 공격은 누가한 것일까? 그들은 어떻게 방화벽으로 보호되거나 완전히 외부와 단절되어 있던 군의 네트워크에 침투할 수 있었을까? 그리고 그들이 탈취해간 것은 무엇일까?

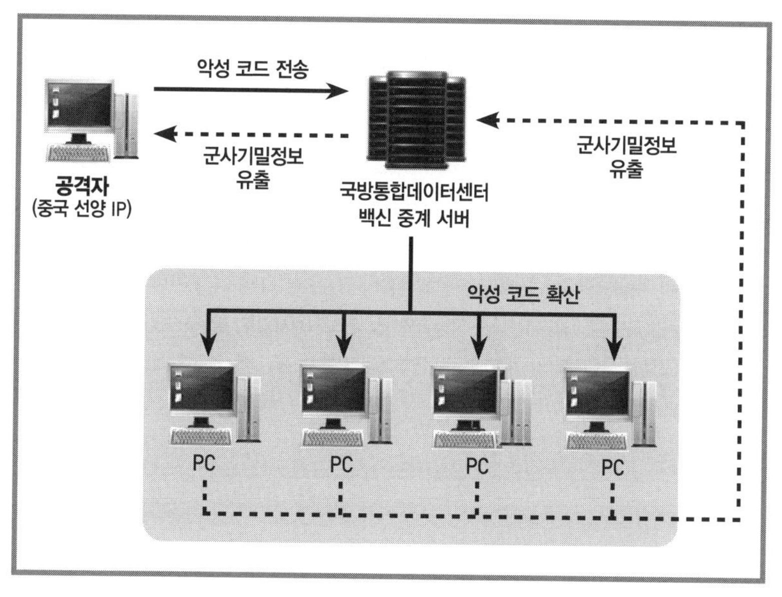

대한민국 국방부 인트라넷(국방망) 해킹 사건

2개월간의 조사를 마친 뒤 2016년 12월 6일 대한민국 국방부는 2016년 군 네트워크 해킹 공격의 배후로 북한을 지목했다. 그 증거는 크게 두 가지였다. 첫 번째는 네트워크 침투에 사용된 IP 주소였다. 2010년 이후 북한 정권의 해커들은 중국 랴오닝성遼寧省의 선양瀋陽 등지에서 다양한 사이버 작전을 수행하며 대한민국의 안보를 위협해왔다. 그런데 북한의 적대적 사이버 작전에 사용된 선양 소재 IP 주소가 이번에도 발견되었던 것이다. 북한을 배후로 지목한 두 번째 근거는 해킹에 사용된 멀웨어의 소스 코드였다. 이전에 여러 차례 북한 해커들이 사이버 공격에 사용했던 소스 코드를 기반으로 제작된 멀웨어가 이번에도 발견되었던 것이다.

북한의 해커들은 무작정 군의 내부망을 공격하여 성공한 것이 아니라, 오랜 고민과 계획 끝에 취약점을 발견하고 그 부분을 공략한 것이

> **'국방통합데이터센터'란?**
>
> '국방통합데이터센터DIDC, Defense Integrated Data Center'는 각 군과 기관별로 분산되어 운영되고 있는 전산소의 국방정보시스템을 통합한 것으로, 외부의 위협으로부터 국방정보자원을 보호하는 동시에 이를 안정적으로 운영하기 위해 2014년 설립되었다. 국방통합데이터센터는 용인과 계룡대 두 곳으로 나누어져 있으며, 제1센터인 용인 국방통합데이터센터는 국방부와 군사안보지원사령부, 방위사업청 등의 정보시스템을, 제2센터인 계룡대 국방통합데이터센터는 육·해·공군의 정보시스템을 담당한다.

었다. 먼저, 그들은 어떻게 군사적 목표를 공략할 것인지 고민했을 것으로 보인다. 그리고 그들이 찾은 허점은 국방부에 백신을 납품하는 H사였다. 북한 추정 해커 조직은 백신 납품업체 해킹에 성공한 후 인증서와 백신의 소스 코드 등 각종 정보를 수집한 후 면밀한 분석을 실시했다.

공격자들은 수집한 정보와 분석을 통해 드러난 백신의 취약점을 이용했다. 먼저 그들은 백신 업데이트 파일을 통해 국방통합데이터센터DIDC, Defense Integrated Data Center 내에 있는 백신 중계 서버에 멀웨어를 침투시켰다. 여기서 북한이 제작한 멀웨어는 백신 중계 서버에 설치된 '중앙관리형 소프트웨어'를 통해 네트워크에 연결된 컴퓨터들로 쉽게 퍼져나갔다. 중앙관리형 소프트웨어는 특정 명령어를 통해 일괄적으로 연결된 컴퓨터에 보안 패치 등의 업데이트용 파일을 배포하고 규정에 따른 보안 정책을 설정하는 시스템을 말한다. 중앙관리형 소프트웨어는 '관리 서버'와 '에이전트'로 구성된다. 관리 서버는 중앙에서 관리자

페이지를 통해 연결된 다수의 에이전트에 일괄적으로 명령어나 파일을 전송하는 파트이다. 에이전트는 개별 컴퓨터에 설치되어 관리 서버로부터 송신된 명령어 또는 파일을 처리하는 파트이다. 즉, 국방통합데이터센터는 중앙관리형 소프트웨어를 통해 중앙에서 네트워크에 연결된 컴퓨터의 백신 프로그램을 최신화시키는 방법을 사용해왔는데, 이것이 개별 컴퓨터로의 빠른 멀웨어 전파에 기여했던 것이다.

폐쇄망을 무색케 한 휴먼 에러

국방부는 국가의 안보와 직결되는 문제를 다루는 기관의 특성상 폐쇄적인 망 분리 환경이 잘 구축되어 있는 것으로 알려져 있다. 크게 국방부의 네트워크는 외부 인터넷과 연결되는 인터넷망, 내부의 통상 업무에 사용되는 인트라넷 전산망인 국방망, 그리고 군사작전에 사용되는 전작망으로 구성되어 있다. 군 내부에서도 업무적으로 일반 인터넷 접속이 필요한 업무를 수행하는 인력을 위해 외부 인터넷망이 갖춰져 있다. 통상 검색 전용으로 사용되는 인터넷 접속용 컴퓨터는 인트라넷망에 물리적으로 접속할 수 없게 되어 있다. 마찬가지로, 인트라넷용 컴퓨터도 물리적으로 인터넷망에 접속이 불가하다. 보안 등급이 가장 높은 전장망 역시 이 2개의 망과 물리적으로 완전히 분리되어 있으며, 극히 제한된 인원에게만 접근이 허용된다. 여기서 중요한 점은 3개의 서로 다른 네트워크는 이론상 물리적으로 철저히 분리되어 구성되어 있다는 것이다.

그런데 국방부의 폐쇄망 구조는 누구도 몰랐던 하나의 접합점을 갖고 있었다. 국방통합데이터센터가 설립되던 해인 2014년 11월경 외부의 인력이 업무 편의성을 이유로 하나의 컴퓨터로 외부 인터넷망과 내부망인 국방망을 동시에 연결해 작업을 실시했다. 전문용어로 설명하자면, 국방통합데이터센터 서버실 내에 외부 인터넷망 CIFS(Common Internet File System) (공통 인터넷 파일 시스템) 서버에 연결된 스위치와 국방망 CIFS 서버에 연결된 스위치가 같은 서비스망 포트에 연결되어 인터넷망과 국방망 사이에 망접점이 발생했던 것이다. 문제는 국방통합데이터센터가 정상적인 운영을 시작한 이후에도 이러한 망접점이 단절되지 않고 그대로 사용되었던 것이다. 국방망과 인터넷망은 물리적으로 분리되어 직접적 연동이 되어 있지 않으며 제한적인 자료 교환의 필요성 때문에 간접적으로만 연동되게 구성되어야 했지만, 그렇지 않았던 것이다. 즉, 국방부의 3개의 망은 이론적으로 완전히 분리되어 구성되었어야 했지만, 그 셋 중 인터넷망과 국방망이 국방통합데이터센터의 서버 컴퓨터 한 곳을 기준으로 망접점이 생겼던 것이다. 무엇보다 가장 큰 시사점은 이 해킹 공격의 근원이 망 설계의 문제가 아니라 보안보다 편의를 중시했던 휴먼 에러였다는 사실이다. 휴먼 에러는 인간의 신체적 또는 정신적 한계로 인해 의도하지 않게 일으키는 실수(error)를 뜻한다. 휴먼 에러의 발생은 일상에서의 작은 불편에서부터 인명피해와 같은 대형 사건의 원인이 되기도 한다. 이번 해킹 공격은 휴먼 에러에 의해 군의 내부망이 적에게 뚫린 심각한 사건이었던 것이다.

해커들은 이러한 보안의 취약점을 통해 외부 인터넷에서 이 망접점을 통해 내부망인 국방망까지 침투하는 데 성공할 수 있었다. 국방부가 2016년 12월 7일 국회 정보위원회에 보고한 내용에 따르면, 사이버 공격으로 외부 인터넷망에 연결된 컴퓨터 2,500대와 국방망용 컴퓨터

700대 등 모두 합해 약 3,200여 대가 멀웨어에 감염되었다. 통상 외부 인터넷과 연결된 컴퓨터는 문서 편집기 등이 설치되어 있지 않고 인터넷 검색 정도의 기능만을 위해 사용되기 때문에 기밀 유출과는 관련이 없었다. 심각한 문제는 해커가 인트라넷(국방망)에 침투해 군사기밀정보가 유출되었다는 것이었다.

2017년 10월《조선일보》의 단독 보도와 이어진 한 국회의원의 국정감사 자료는 2016년 사이버 공격으로 인해 발생한 기밀자료 외부 유출의 심각성을 잘 보여주었다. 자료에 따라 유출된 데이터의 양 차이는 있었으나, 북한 해커로 의심되는 공격자는 멀웨어에 감염된 국방망용 컴퓨터에서 약 170~235GB(기가바이트)의 데이터를 탈취했다. 외부로 유출된 엄청난 양의 데이터 속에는 2급 기밀 226건, 3급 기밀 42건, 대외비 27건이 포함되어 있었다. 유출된 기밀에는 북한의 남침으로 인한 한반도 유사시 군의 군사작전에 관한 내용을 담은 '작전계획 5015'와 침투 및 국지도발 대응계획인 '작전계획 3100' 등도 포함되어 있어 그 충격이 엄청났다. 그나마 다행인 것은 가장 중요한 전장망이 뚫리지 않은 정도였다.

대응과 앞으로를 위한 두 가지 교훈

북한 추정 해커는 2016년 8월 4일부터 같은 해 9월 22일까지 인간의 실수로 만들어진 망접점을 이용해 군 내부망에 침투하여 많은 중요한 기밀들을 탈취해갔다. 소 잃고 외양간 고치는 격이지만, 군은 재발 방지를 위해 이번에 드러난 많은 문제점들을 보완했다. 한 가지 예로 외부망과 내부망 백신 공급 업체를 달리하는 방안을 채택했다.

2016년 북한의 대한민국 국방망 해킹 공격은 대한민국 군에게 매우 치욕적인 일이자 외부에 드러내고 싶지 않은 치부일 것이다. 그렇다고 숨길 것이 아니라 냉정하게 돌아볼 필요가 있다. 2016년 군 내부망에 대한 사이버 공격은 국가에 의한 적대적 사이버 스파이 행위의 표본으로 크게 두 가지 교훈을 주고 있다. 첫 번째 교훈은 사이버 공격이 보안의 약한 고리를 통해 이루어진다는 것이다. 북한의 해커들은 국방망에 침투하기 위한 방법으로 백신 제공 업체를 선정했다. 통상적으로 공격자들은 강력한 보안 시스템이 구축되어 있는 상대를 공략하기 위해 약한 부분을 찾기 마련이다. 이번 공격에서는 해커들이 국방부에 백신을 납품하는 계약 업체를 약한 고리로 보고 사회공학적 기법을 통해 국방망까지 침투한 것이다. 이번 공격은 중국 정부와 연계된 해커 집단이 강력한 사이버 보안 시스템을 갖추고 있는 록히트 마틴Lockheed Martin과 같은 미국의 방산업체로부터 기밀자료를 유출하기 위해 방어체계가 상대적으로 약한 하청 업체를 노리는 것과 유사한 모습이라 할 수 있다. 따라서 국가안보를 담당하는 기관은 계약을 맺고 있는 업체들에 대한 관리에 각별히 주의를 기울여야 한다.

두 번째 교훈은 휴먼 에러(인간의 실수)를 막기 위한 관리 · 감독이 중요하는 것이다. 군의 네트워크 시스템은 폐쇄망 구조로 외부의 공격과 침입은 이루어질 수 없도록 잘 설계되어 있다. 군의 망 구조는 공격자가 외부와 연결되어 있는 군의 인터넷망에 성공적으로 침입한다고 해도 중요한 자료가 있는 내부망인 국방망에 접근할 수 없게 물리적으로 분리되어 있다. 그런데 당시 해킹 사건 발생 당시 고의가 아닌 휴먼 에러로 인해 인터넷망과 인트라넷망 사이에 물리적 연결점이 존재했고,

외부 해킹 공격의 주요 표적인 미국 방산업체 록히드 마틴은 최첨단 무기를 생산하고 있다. 록히드 마틴의 대표 무기이자 전 세계 국가 주도 해커들의 주요 목표물 중 하나는 세계 최강 전투기인 F-22 랩터(Raptor)이다. 중국과 북한 해커들이 미국의 앞선 기술력을 탈취하기 위해 수행하는 산업·방산 사이버 스파이 행위는 미국 정부의 큰 안보 문제로 대두되고 있다. 사진은 2013년 10월 미국 정부가 공개한 미 공군 제43전투비행대대 소속 F-22 랩터 전투기들의 비행 모습이다. 〈출처: WIKIMEDIA COMMONS | Public Domain〉

이를 통해 공격자가 쉽게 국방망에 들어올 수 있었다. 즉, 아무리 좋은 시스템도 인간의 작은 실수 하나로 무너질 수 있다는 것이 이번 해킹 공격에서 드러났다. 따라서 사이버 안보를 위해서는 우수한 물리적 시스템 구축과 함께 이를 운영하고 사용하는 인간에 대한 지속적인 교육과 관리·감독이 필요하다.

CHAPTER 20

날로 진화하는 북한의 피싱 공격

일반적으로 재래식 전쟁은 한 국가가 국경선을 넘어 다른 국가의 영토를 침범하는 것으로부터 시작된다. 이러한 전시 상황에서 공격하는 측은 전략적 우위를 점하기 위해 방어하는 측의 지휘체계, 방공시설, 군대, 핵심 기반시설 등을 우선순위로 하여 공격을 실시하게 된다.

그런데 사이버 공간에서는 국가 간의 영토적 경계와 군사적 우선순위라는 것 자체가 모호하다. 사이버전은 전시와 평시의 구분 없이 24시간, 주 7일, 365일 쉬지 않고 일어나고 있으며, 전통적인 군사적 목표뿐만 아니라 평범한 시민들까지 공격 대상으로 하고 있다.

재래식 전쟁 못지 않게 평시에 일어나는 평범한 시민들을 대상으로 한 사이버 공격 역시 큰 안보 위기를 초래할 수 있다. 대표적으로 북한으로 추정되는 해커 조직은 외교와 안보, 그리고 대북 업무 등에 종사하는 주요 인사들과 탈북민에 대한 집중적인 사이버 공격을 통해 대한민국의 안보를 심각하게 위협하고 있다. 오래전부터 시작된 북한의 이와 같은 시도는 지금까지 끊이지 않아 많은 사례들을 찾아볼 수 있다. 20장에서는 그중 대표적인 두 사례로 2016년 발생한 외교와 안보 부처, 그리고 방위산업체 등에 종사하는 주요 인사에 대한 스피어 피싱 공격과 2018년 일어난 경북 구미시 소재의 경북하나센터 해킹 사건을 소개하고자 한다.

외교 · 안보 부처 공무원 등 90명 이메일 해킹

2016년 8월 1일 대한민국 대검찰청 사이버수사과는 북한 해킹 조직으로 추정되는 세력이 스피어 피싱 공격을 통해 대한민국의 안보를 위협했다고 발표했다. 이 사건에서는 대상자를 특정하지 않고 무작위로 이루어지는 피싱 공격이 아니라 공격 대상을 특정해 실시하는 스피어 피싱 공격 수법이 사용되었다. 공격 대상은 외교부와 통일부, 국방부 등에서 외교와 안보를 담당하는 공무원과 군인, 북한 관련 연구소의 교수와 연구원, 그리고 방위산업체에서 근무하는 임직원 등이었다. 공격 방식과 대상으로 유추해보면, 북한 추정 해커 조직의 목표는 외교와 안보 분야와 관련된 정보의 획득으로 추정된다.

사이버 공격은 2016년 1월 12일부터 6월 16일 사이에 이루어졌다. 북한 추정 해커 조직은 정부부처 또는 네이버, 다음, 구글 등의 보안담당자를 사칭해 공격 대상으로 특정된 90여 명에게 스피어 피싱 이메일을 발송했다. 공격 대상자들은 자신들이 사용하는 이메일 서비스 회사 등의 보암담당자가 보낸 것으로 오인하여 아무런 의심 없이 문제의 이메일을 열어보았다. 스피어 피싱 이메일에는 사용자의 이메일 계정 비

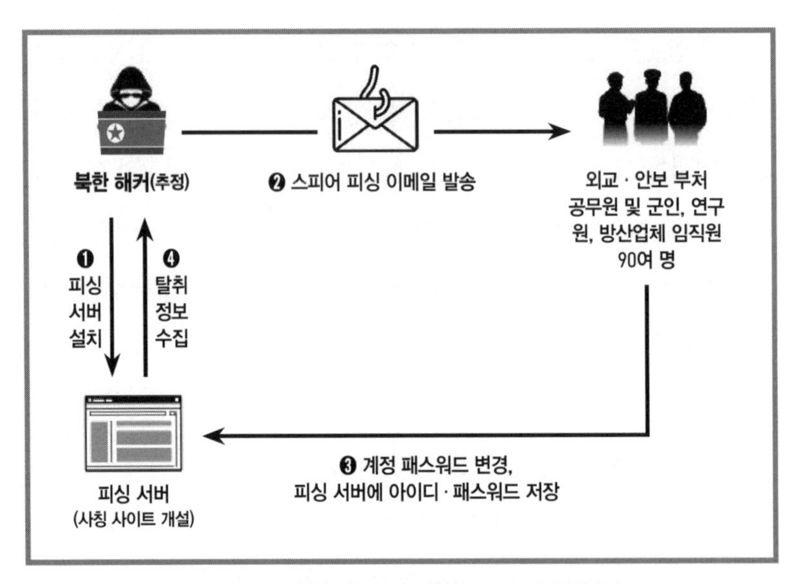

2016년 외교 · 안보 부처 공무원 등 90명 이메일 해킹

밀번호를 변경하라는 안내가 있었다.

자신들의 아이덴티티identity를 보안담당자로 속인 북한 추정 해커 조직은 단순하게 비밀번호 변경 안내만 한 것이 아니었다. 그들은 친절하게도 비밀번호 변경을 위한 링크도 보내주었다. 공격 대상자들이 정상적인 웹사이트에 접속하여 비밀번호를 변경하면 공격의 의미가 없었다. 당연히, 공격자들은 스피어 피싱 이메일 발송 이전에 약 27개의 가짜 이메일 계정 변경 웹사이트를 개설해두었다. 즉, 공격 대상이 받은 링크는 북한 추정 해커들이 만들어둔 가짜 웹사이트로 연결되는 통로였다. 만약, 공격 대상이 가짜 웹사이트의 지시에 따라 자신의 이메일 계정 아이디와 현재의 비밀번호, 그리고 바꾸고자 하는 새로운 비밀번호를 입력하게 되면, 공격자는 그 내용을 탈취하게 되는 것이다.

대한민국 사법기관에 따르면, 북한 추정 해커로부터 이러한 방식의

| 2016년 외교·안보 부처 공무원 등 90명 이메일 해킹에 사용된 수법 |

〈출처: 2016년 8월 1일 대검찰청 수사 보도자료에서 캡처〉

❶ 해커가 보안담당자로 사칭하여 목표로 삼은 대상(피해자)에게 스피어 피싱 이메일 발송

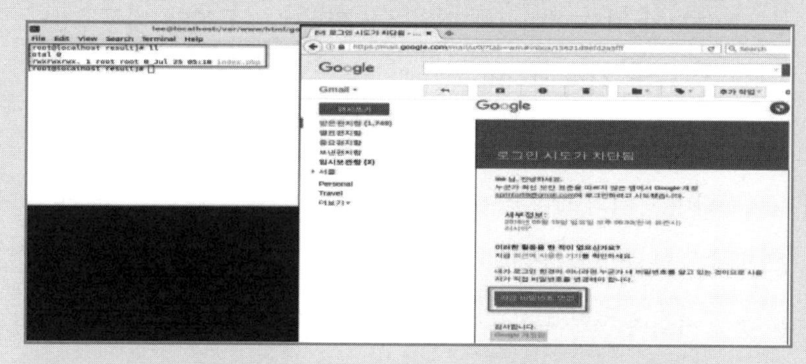

북한 해커가 보안담당자를 사칭한 스피어 피싱 이메일을 외교부, 통일부, 국방부 관계자 등에게 위와 같이 발송했다. 왼쪽은 피싱 서버 화면이고 오른쪽은 스피어 피싱 이메일 화면이다. 스피어 피싱 이메일을 받은 피해자가 오른쪽 하단에 있는 '지금 비밀번호 변경'을 클릭하는 순간 왼쪽의 피싱 서버로 연결된다. 피싱 서버는 피해자가 진짜 구글의 계정 변경 서버로 오해하도록 만들어놓은 가짜 사이트이다.

❷ 피해자의 접속 IP를 파일명으로 하는 텍스트 파일 생성

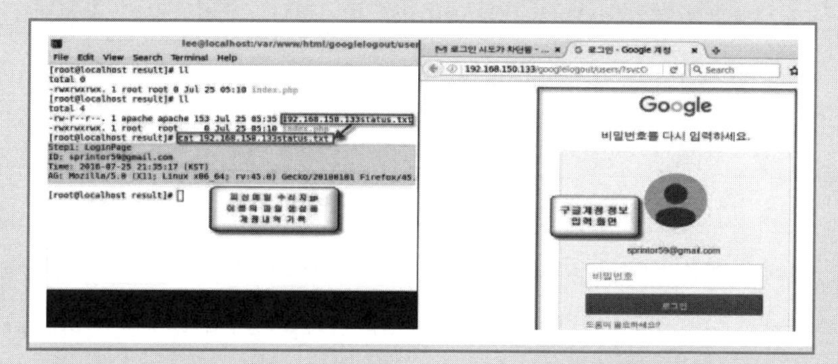

피해자가 '지금 비밀번호 변경'을 클릭하여 피싱 서버에 접속하게 되면, 피싱 서버에서 피해자의 IP(192.168.150.133)를 파일명으로 하는 텍스트(txt) 파일이 생성된다.

❸ 피해자의 계정과 패스워드의 탈취

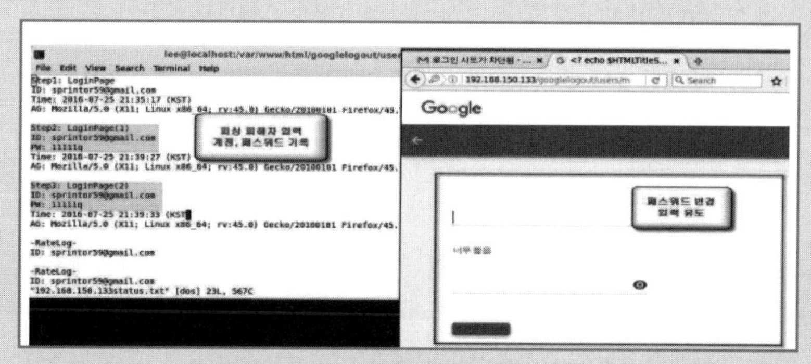

피해자가 가짜 피싱 서버에 현재 자신의 비밀번호를 입력하면 피싱 서버는 이전에 생성된 IP주소를 이름으로 하는 텍스트 파일에 피해자의 계정과 패스워드를 저장하게 된다.

공격을 받은 대상은 약 90여 명이었다. 그리고 북한 해커는 공격 대상 중 약 56명의 계정 아이디와 비밀번호 탈취에 성공했다. 대검찰청의 사이버수사과는 이번 사이버 공격에 사용된 IP 주소와 공격 수법 등이 2014년 발생한 북한 해커에 의한 한국수력원자력 자료 유출 사건과 동일하다며 공격의 배후로 북한을 지목했다. 그리고 대검찰청은 피해의 확산을 막기 위해 국정원, 한국인터넷진흥원 등 유관기관과의 협조를 통해 사이버 공격에 사용된 비밀번호 변경 유도용 가짜 웹사이트를 폐쇄하는 한편, 피해 계정들에 대한 계정 보호 등의 조치를 취했다.

탈북민 997명 개인정보 유출 사건

국내외에 거주하는 북한이탈주민(이하 탈북민)은 북한으로의 송환과 북한 공작원의 물리적 테러 위협 등을 걱정하며 살아왔다. 특히, 최근 들어 대북전단 살포와 북한 내 인권유린 실상을 전 세계에 알리는 일에 앞장서는 일부 탈북민은 물리적 위협을 넘어 사이버 공간에서도 신변의 위협을 느끼고 있다고 언론을 통해 주장하고 있다. 탈북민에 대한 북한의 위협이 현실 세계를 넘어 사이버 공간으로까지 확장된 것이다. 2018년 경상북도 지역 하나센터에 가해진 사이버 공격이 생명의 위협을 받고 있는 그들의 현실을 잘 보여주고 있다.

흔히 '하나원'으로 불리는 '북한이탈주민정착지원사무소'는 통일부 소속으로 탈북민 교육을 담당하고 있다. 하나센터는 이곳 하나원을 수료한 탈북민의 지역사회 적응을 돕기 위해 전국에 25곳이 설치되어 있다. 북한 추정 해커의 공격을 받은 곳은 그중 하나인 경북하나센터였다. 경상북도 구미시에 본부를 두고 있는 경북하나센터는 경산시를 제외한

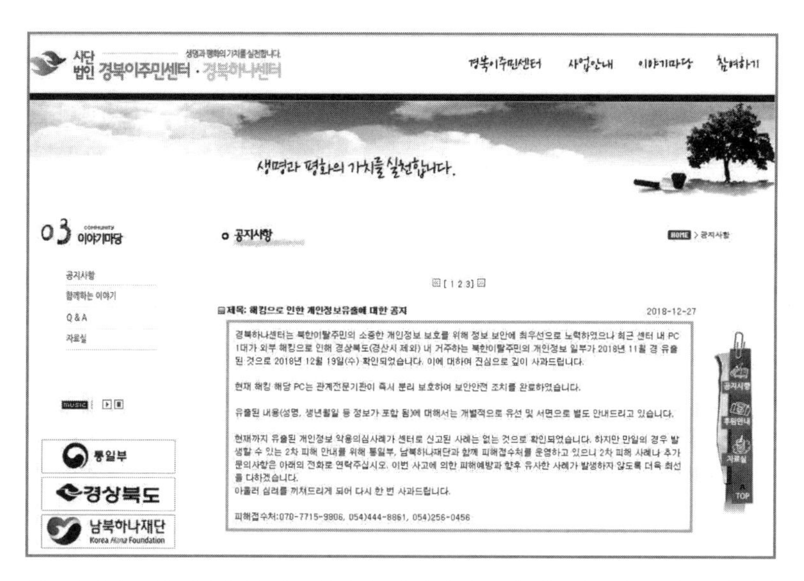

경북이주민센터 · 경북하나센터 홈페이지에 올라온 센터 내 컴퓨터 한 대가 외부 해킹 공격을 받은 사실을 알리는 공지사항 〈출처: 경북이주민센터 · 경북하나센터 홈페이지 캡처〉

경상북도 내 22개 시와 군의 탈북민을 지원하고 있다. 한 민간기관이 2010년부터 이 센터를 위탁받아 운영 중에 있다. 이곳은 비록 민간이 위탁 방식으로 운영하고 있지만, 신변의 위협을 느끼는 탈북민의 민감한 개인정보를 관리하는 등 중요한 공적 업무를 수행하는 기관이다.

경북하나센터에 대한 북한 추정 해커 집단의 사이버 공격 사실은 2018년 12월 28일 통일부의 공개로 세상에 알려졌다. 구체적인 내용은 다음과 같다. 경북하나센터에 대한 해킹 정황을 인지한 시점은 명확히 외부로 알려져 있지 않다. 다만, 사이버 안보와 관련된 기관은 이러한 공격 사실을 인지 후 즉각적으로 경북도청과 남북하나재단 등에 알렸으리라 판단된다. 경북도청과 남북하나재단은 2018년 12월 19일 경북하나센터에 대한 현장조사를 통해 자료 유출 사실을 확인했다. 피해 현황은 해당 센터가 관리하는 지역 내 거주 탈북민 997명의 이름과 생년월일, 주소 등 개인정보가 담긴 민감한 자료가 대략 2018년 11월경 북한 추정 해커 집단의 손에 들어간 것이다.

북한 추정 해커의 정확한 침투 일자에 대해서는 외부에 알려진 것이 없지만, 공개된 자료에 따르면 다음과 같은 방식으로 공격이 이루어졌다. 경북하나센터의 직원이 외부에서 하나센터의 기관 이메일 주소로 온 스피어 피싱 이메일을 열람했다. 아마도 해당 직원은 하나센터를 노린 스피어 피싱 이메일을 의심 없이 열었던 것 같다. 그리고 그곳에 첨부된 멀웨어가 센터 내에서 사용 중인 해당 직원의 컴퓨터 한 대에 설치되었다. 해커 집단은 이 멀웨어를 통해 컴퓨터를 장악하고 내부에 저장된 탈북민에 대한 자료를 탈취해갔다.

여기서 북한 추정 해커 집단이 손쉽게 탈북민 997명의 신상 정보를 탈취할 수 있었던 것은 경북하나센터의 보안규정 위반 때문이었다. 관계 법령에 따라 하나센터는 탈북민의 개인정보가 담긴 문서에 암호를 설정하도록 되어 있다. 그리고 탈북민에 대한 개인정보를 담은 파일과 자료는 인터넷과 분리된 컴퓨터에 저장하도록 되어 있다. 그런데 이러한 보안규정은 지켜지지 않았다. 멀웨어가 설치된 컴퓨터에는 탈북민 지원 업무 과정에서 수집된 정보들이 암호화 없이 저장되어 있었다. 당연히 해당 컴퓨터는 인터넷에 연결되어 있었다. 인터넷에 연결되어 있는 컴퓨터에 멀웨어가 설치되어 민감한 개인정보가 유출되었더라도 암호가 설정되었더라면 피해를 줄일 수 있었을 것이다.

하나센터를 담당하는 통일부는 사건에 대한 경찰 사이버수사팀의 조사 결과를 기다리는 한편, 모든 하나센터의 해킹 여부 및 개인정보 관리 상태를 긴급 점검하는 등 재발 방지에 나섰다. 그들은 개인정보가 유출된 탈북민에게 개별적으로 관련 사실을 통지하고 피해접수처를 운영하기도 했다. 그러나 이미 북한 추정 해커에게 자신의 개인정보가 넘어간 탈북민은 두려움에 떨 수밖에 없었다. 이번에 탈취된 탈북민의 개인정보는 북한의 방첩기관이자 비밀경찰조직인 국가보위성에 넘겨져 그들에 대한 협박 또는 납치에 악용될 위험성이 있다. 이미 2017년 통일부 국정감사에서 북한의 국가보위성으로부터 직접 협박과 회유를 받은 탈북민이 있음이 드러난 바 있다. 보위부가 탈북자의 전화번호를 수집한 후 북한 내 가족을 동원해 협박을 하고 있으며, 이로 인해 북한으로 다시 돌아간 탈북민의 사례도 있다고 알려져 있다.

그나마 다행인 사실은 이번에 유출된 탈북민의 개인정보 내에 연락처와 주민등록번호 등이 담겨 있지 않았던 것이다. 그리고 피해자 997명 중 대부분은 경북 거주 탈북민이지만 일부는 다른 지역에 거주하고 있는 경우도 있었다. 그럼에도 불구하고 이 탈북민 개인정보 해킹 사건을 교훈 삼아 공적 업무를 대행하는 민간 기관 역시 공적 기관과 동등한 수준의 높은 사이버 보안 의식을 가지고 관련 규정을 철저히 준수해야 할 것이다.

소셜 미디어를 통한 피싱 공격과 스미싱 공격

글의 서두에 설명한 것처럼 대한민국을 대상으로 한 북한의 피싱 공격은 그 역사가 오래되었을 뿐만 아니라 지금도 끊임없이 이루어지고 있다. 북한 추정 해커들은 대형 포털 기업의 보안담당자로부터 정부 기관인 통일부와 한국인터넷진흥원KISA 직원으로 위장하여 다양한 분야의 시민들을 공격하고 있다. 정부부처 공무원과 군인뿐만 아니라 언론인과 북한 관련 전문가까지 그 공격 대상은 다양하다. 대표적으로 2020년 9월 개성공단 근무자 연구와 아태 연구 논문 투고를 사칭한 사이버 공격에 북한 전문가들이 노출되기도 했다.

공격 방식도 무섭게 진화하고 있다. 2021년 발생한 언론인을 대상으로 한 피싱 공격은 이러한 변화를 잘 보여주고 있다. 이 피싱 공격에는 한국인터넷진흥원 선임연구원의 이름이 도용되었다. 국내 대형 포털사의 이메일 계정에서 발송된 이메일은 사이버 보안 관련 제목이 달려 있었다. 그런데 이메일에는 특별한 내용 없이 MS워드 파일만이 첨부되어 있었다. 첨부 파일은 암호가 걸려 있어 열 수 없었다. 비밀번호를 요청하는 이메일을 회신해야만 비밀번호를 받아 파일을 열어볼 수가 있는 구조였다. 이는 문서형 악성 파일을 전송할 때 보안 프로그램의 탐지를 회피하려는 것뿐만 아니라 공격 대상의 이메일 수신 여부와 파일 열람 등에 관한 구체적인 정보를 획득하려는 수법으로 보인다. 또한, 암호 설정과 별도로 비밀번호를 보내주는 방식은 피싱 이메일에 포함된 악성 파일이 보안 전문가에게 넘어가지 않도록 하기 위한 안전장치 역할도 한다.

피해자인 공격 대상이 의심 없이 해커로부터 받은 비밀번호를 사용해 문서를 열면 본격적으로 사이버 공격이 시작되었다. 한국인터넷진흥원을 사칭한 문서는 매크로 기반 악성 파일이었다. MS워드 문서 내부 기능인 매크로에 악성 코드가 숨겨져 있었다. 공격 대상이 매크로 사용 버튼을 클릭하면 악성 코드가 실행되고, 해커가 사전에 설정해둔 C&C 서버에서 악성 파일이 추가적으로 다운로드되어 피해자의 컴퓨터에 설치되었다. 북한 추정 해커들은 이러한 방식으로 피해자의 컴퓨터를 장악하여 다양한 중요 정보를 탈취했다.

2021년 9월경 알려진 사이버 공격은 한 단계 진화된 새로운 (스피어) 피싱 수법을 사용하여 사람들에게 큰 충격을 안겨주었다. 북한 추정 해커들이 기존에 피싱 이메일을 발송했던 것과는 달리, 소셜 미디어를 통해 피싱 공격을 실시하고 있음이 드러난 것이다. 그들은 소셜 미디어를 통해 공격 대상자들을 선별하고 그들과 친분을 쌓아나갔다. 그리고 때가 되었다고 판단하면 공격 대상자에게 악성 파일을 전달하는 방식을 사용했다. 해커들이 악성 파일을 전송한 구체적 방법은 다음과 같다. 해커들은 자신이 작성한 최근 북한 정세와 관련된 글에 대해 조언을 구한다는 명목으로 악성 코드가 담긴 MS워드 파일을 소셜 미디어를 통해 알게 된 공격 대상자에게 보냈다. 이때, 해커들은 특정 인물의 소셜 미디어 계정을 해킹하여 친구관계로 연결된 다른 여러 피해자를 물색하는 방식으로 공격 대상을 넓혀나가기도 했다.

이 책에 소개한 북한의 피싱 공격 사례는 빙산의 일각에 불과하다. 최근에는 안드로이드 기반 스마트폰 이용자를 노린 스미싱smishing[SMS(문자 메시지)와 피싱phishing(낚시)의 합성어로, 문자 메시지를 이용한 휴대전화 해킹을 이르는 말] 공격도 있었다. 북한 해커들은 자신들이 제작해 유포한 악성 APK 앱을 설치한 스마트폰에 저장된 주소록부터 통화 내역과 문자 메시지, 위치 정보, 그리고 사진 파일 등 모든 내용을 탈취하기도 했다. APK는 Android Application Package의 약자로, 구글의 안드로이드 운영체제를 사용하는 스마트폰에서 프로그램 형태로 배포되는 형식의 확장자를 말한다. 문제는 안드로이드 운영체제 사용 스마트폰에서 앱을 APK 파일로 직접 설치하는 것은 사이버 보안 측면에서 매우 위험하다. 그 이유는 구글 플레이에 올라온 앱들은 구글이 보안성 등을 검수한 안전한 앱인 것에 반해 구글의 검수를 거치지 않는 APK 파일 형태의 앱은 사용자의 스마트폰을 해킹하기 위해 제작된 것일 수 있기 때문이다. 이처럼 북한 해커의 공격은 계속 진화하고 있으며, 공격 대상도 다양해지고 있다. 따라서 이러한 공격을 피하기 위해서는 이메일과 모바일 상에서 지인이나 업계 전문가를 자처하는 이들이 보내는 수상한 워드 파일과 APK 앱 등은 한 번쯤 의심해봐야 하며, 발신자와 직접 통화해 사실 여부를 꼭 확인하고 열어보는 습관이 필요하다.

| PART 5 |

미중 사이버 대전

DoS Attack

DDoS Attack

Who am I?

Ransomware

Malware

YOU HAVE BEEN HACKED!

2015년 9월 25일 오바마 미 대통령과 미국을 방문한 시진핑 중국 국가주석이 백악관에서 정상회담을 갖고 사이버 공간에서 기업 관련 정보를 훔치는 등의 경제적 목적의 스파이 활동을 벌이지 않기로 합의했다. 미국과 중국은 시진핑 주석 방문을 앞두고 사이버 해킹 문제를 둘러싸고 신경전을 벌였다. 사진은 미국을 방문한 중국 시진핑 주석과 오바마 미 대통령이 백악관 만찬에서 건배를 하고 있는 모습이다. 〈출처: WIKIMEDIA COMMONS | Public Domain〉

구밀복검口蜜腹劍은 직역하면 "입에 꿀이 있고 배에 칼이 있다"는 말이다. 이는 "말로는 친한 듯하지만, 속으로는 상대방을 해칠 의도가 있음"을 뜻한다. 미국의 버락 오바마 대통령과 시진핑習近平 중국 주석의 2015년 정상회담이 마치 이와 같았다. 두 정상 간의 제일 중요한 의제는 미국과 그의 동맹국에 대한 중국의 불법적 사이버 공격이었다. 입에 꿀을 바른 듯 시진핑은 이 자리에서 불법적 사이버 공격을 하지 않겠다고 오바마와 합의했다. 그러나 회담이 있고 나서 중국발 사이버 공격이 줄어드는가 싶더니 그것은 잠시일 뿐, 중국은 뱃속에 품고 있던 사이버 칼날을 이전처럼 미국과 그의 동맹을 향해 무섭게 겨누었다. 신흥강대국인 중국이 세계 최강국 미국과 패권 경쟁을 하기 위해 반드시 필요한 사이버 수단을 포기한다는 것은 있을 수 없는 일이었다.

미중 패권 경쟁을 위한 중국의 사이버 무기

미국은 19세기 남북전쟁 이후 급격히 부상하며 이전 패권국인 영국을 추월하기 시작했다. 특히, 제1 · 2차 세계대전을 기점으로 미국은 소련과 함께 세계를 양분했다. 그리고 1991년 소련이 붕괴하자 초강대국인 미국의 단일 체제가 완성된 듯했다. 그런데 미국의 패권에 도전하는 신흥강대국인 중국이 나타났다. 건국 이후 오랫동안 엄청난 빈곤에 시달렸던 중국은 덩샤오핑鄧小平 집권 이후 개혁정책을 시행하여 비약적인 발전을 이룬 끝에 2010년 일본을 추월하며 세계 2위의 경제대국으로 올라섰다.

2010년 이전까지만 해도 미국과의 관계에서 힘의 열세를 인정할 수밖에 없었던 중국은 넘버 2가 되자 달라졌다. 2013년 최고지도자의 자리에 오른 시진핑이 이끄는 중국 공산당은 '대국大國'이라는 표현을 즐겨 사용하며 주변 국가들을 위협하거나 불쾌하게 만들기 시작했다. 2015년 전승절 기념 열병식에 1만 2,000여 중화인민군 병력이 신무기와 함께 행진하는 모습은 과거 세계 최강대국 시절의 중국으로의 재탄생을 원하는 것처럼 전 세계에 비춰졌다.

미국은 중국과의 국력 차이가 좁혀지자 이를 심각한 위협으로 인식하기 시작했다. 미국은 국제적으로 영향력 확장에 나선 중국과 여러 문제에서 충돌할 수밖에 없었다. 미중 무역 전쟁과 같은 경제 문제부터 홍콩의 민주화 운동, 대만 문제 등 두 나라 간의 갈등 요소는 계속되고 있다. 특히, 넘버 2로 급부상한 사회주의 국가 중국이 자유민주주의 국가를 대표하는 세계 최강국 미국에 도전함으로써 두 나라의 패권 경쟁은 피할 수 없는 상황이 되었다.

미국은 중국과의 국력 차이가 좁혀지자 이를 심각한 위협으로 인식하기 시작했다. 미국은 국제적으로 영향력 확장에 나선 중국과 여러 문제에서 충돌할 수밖에 없었다. 미중 무역 전쟁과 같은 경제 문제부터 홍콩의 민주화 운동, 대만 문제 등 둘 간의 갈등 요소가 계속되고 있다. 특히, 넘버 2로 급부상한 사회주의 국가 중국이 자유민주주의 국가를 대표하는 세계 최강국 미국에 도전함으로써 두 나라의 패권 경쟁은 피할 수 없는 상황이 되었다. 사진은 2020년 1월 1단계 무역협정에 서명하고 악수를 나누는 트럼프 미 대통령(오른쪽)과 중국 류허 부총리(왼쪽)의 모습이다. 〈출처: WIKIMEDIA COMMONS | Public Domain〉

그러나 아무리 중국이 급부상했다 하더라도 미국에 대한 도전은 쉽지 않을 것이다. 시진핑의 장기 집권과 함께 국내 정치가 안정을 이루었다는 평가가 있지만, 여전히 중국은 내부적으로 소수민족의 독립 시도, 급격한 경제 발전 이면에 있는 사회적 불평등과 극심한 빈부격차, 그리고 대만과 홍콩 문제에 직면해 있고, 체제 유지를 위해 인권을 탄압하고 있다는 오명을 받고 있어 국제적으로 다른 국가들의 신뢰를 얻지 못하고 있는 상황이다. 게다가 엄청난 인구 잠재력을 통해 경제적 성공을 거두었지만, 핵심과학기술 면에서는 미국에 크게 미치지 못한다는 평가를 받고 있다. 이는 미국이 보유한 최첨단 무기를 중국이 겉으로 흉내만 내고 있음을 의미한다.

중국은 미국과의 패권 경쟁에서 불리한 점을 극복하기 위한 수단으로 은밀한 사이버 공간을 적극적으로 활용하고 있다. 중국 공산당의 지원을 받는 다양한 해커부터 인민군 소속 사이버 전사는 중국의 국익을 위해 국제적인 사이버 작전에 투입되고 있다. 중국은 미국과의 기술 격차를 줄이기 위한 방법으로 사이버 작전을 벌이고 있다. 중국 사이버 전사들은 그들보다 앞선 기술을 가진 미국과 서구 국가 기업들을 해킹해 첨단 기술 정보를 빼돌리고 있다. 〈출처: WIKIMEDIA COMMONS | CC BY-SA 4.0〉

중국은 미국과의 패권 경쟁에서 불리한 점을 극복하기 위한 수단으로 은밀한 사이버 공간을 적극적으로 활용하고 있다. 먼저, 그들은 국내적으로 체제의 안정을 도모하기 위해 사이버 공간을 강력히 통제하고 있다. 사이버 범죄 예방을 이유로 만들어진 중국의 다양한 감시 알고리즘과 프로그램은 체제에 위협이 되는 온라인 여론 형성을 막고 반체제 인사들을 집중 감시하는 역할을 하고 있다. 또한, 중국 공산당의 지원을 받는 다양한 해커부터 인민군 소속 사이버 전사는 중국의 국익을 위해 국제적인 사이버 작전에 투입되고 있다. 독립된 국가로 남으려는 대만과 영토 분쟁 중인 주변 국가들이 그들의 주된 공격 대상이다.

여기에 더하여 중국은 미국과의 기술 격차를 줄이기 위한 방법으로 사이버 작전을 벌이고 있다. 중국 사이버 전사들은 그들보다 앞선 기술을 가진 미국과 서구 국가 기업들을 해킹해 첨단 기술 정보를 빼돌리고 있다. 중국의 사이버전은 미국과의 패권 경쟁을 위해 포기할 수 없는 그들의 뱃속에 숨긴 날카로운 검劍이 틀림없다.

CHAPTER 21

핵티비즘과 애국주의적 해커 : 어나니머스, 위키리크스, 그리고 홍커 연맹

액티비즘activism(행동주의)은 사회, 정치, 경제, 법, 또는 환경 분야의 개혁을 이끌어나가거나 적극적으로 참여하는 등의 방법을 통해 세상을 최고의 선을 지향하는 곳으로 변화시키려는 노력들을 일컫는다. 액티비스트activist는 앞선 노력을 하는 행동주의자를 말한다. 핵티비즘hacktivism은 해킹hacking과 액티비즘activism의 합성어로, 사이버 공간에서 이루어지는 액티비즘을 말한다. 핵티비즘은 정치적 아젠더agenda(의제 또는 안건을 뜻함) 또는 사회적 변화를 이끌어내기 위한 시민의 불복종 형태로 해킹과 같은 컴퓨터 기반의 기술을 사용하는 특징을 갖는다. 이러한 활동을 하는 사람을 우리는 핵티비스트hacktivist라고 부른다. 이러한 핵티비즘의 대표적인 예로 어나니머스Anonymous, 위키리크스WikiLeaks, 그리고 중국의 홍커 연맹Honker Union이 있다. 그러나 엄밀히 말해 홍커

연맹의 경우는 그들이 표방하는 것과 달리 중국의 이익을 대변하는 활동을 하고 있기 때문에 일반적인 핵티비스트가 아니라 애국주의적 해커로 분류하는 게 옳다.

핵티비즘의 최선봉에 선 어나니머스

"우리는 어나니머스다. 우리는 군단이다. 우리는 용서하지 않는다. 우리는 잊지 않는다. 우리를 기다려라.We are Anonymous. We are Legion. We do not forgive. We do not forget. Expect us."(어나니머스 슬로건)

1605년 11월 5일 영국 상원House of Lords의 개원일에 맞춰 의사당 지하에 묻어둔 화약을 폭발시켜 국왕 제임스 1세James I를 비롯한 대신과 의원들을 죽이려 한 화약 음모 사건Gunpowder Plot이 사전에 발각되어 실패로 돌아갔다. 가톨릭에 대한 제임스 1세의 가혹한 박해정책에 항거하는 폭거였다. 당시 현장에서 핵심 가담자인 가이 포크스Guy Fawkes라는 인물이 체포되었다. 그는 모진 고문을 당한 후 주동자, 그리고 다른 가담자들과 함께 이듬해 죽임을 당했다.

아이러니하게도 가이 포크스는 잔인하게 죽임을 당한 후 저항의 상징으로 떠올랐다. 영국 의회가 1606년부터 매년 11월 5일을 제임스 1세의 무사함을 축하하기 위한 감사절로 정했는데, 그날은 오히려 '가이 포크스 데이Guy Fawkes Day'가 되었다. 이날 밤은 화려한 폭죽놀이와 함께 사람들이 두 가지 의미로 가이 포크스의 가면을 쓰고 무리 지어 행진했다. 의회의 뜻대로 가이 포크스를 조롱하기 위해 가면을 쓴 사람도 있었지만, 반대로 가이 포크스의 저항정신을 기리기 위한 이들로 있었다. 더욱이 가이 포크스는 예술 작품을 통해 세상에 저항하는 영웅으로

1605년 11월 5일 영국 국왕 제임스 1세의 가톨릭에 대한 가혹한 박해정책에 항거하기 위해 국왕 제임스 1세를 비롯한 대신과 의원들을 죽이려 한 화약 음모 사건이 사전에 발각되어 실패로 돌아가자, 핵심 가담자인 가이 포크스는 모진 고문을 당한 후 주동자와 다른 가담자들과 함께 처형되었다. 아이러니하게도 이후 가이 포크스는 저항의 상징으로 떠올랐으며, 예술 작품을 통해 세상에 저항하는 영웅으로까지 부활했다. 그중 가장 유명한 것은 1982년 출간된 만화책 시리즈 '브이 포 벤데타'이다. 동명의 타이틀로 영화가 개봉되기도 했다. 2008년 영화 〈브이 포 벤데타〉에 등장했던 가이 포크스 가면은 엉뚱하게도 핵티비즘의 최선봉에 선 어나니머스의 상징으로 다시 태어났다. 〈출처: WIKIMEDIA COMMONS | CC BY-SA 4.0〉

까지 부활했다. 그중 가장 유명한 것은 1982년 출간된 만화책 시리즈 '브이 포 벤데타V for Vendetta'이다. 가이 포크스 가면을 쓴 주인공 브이V는 무정부주의자로 전체주의 정부에 맞서는 인물이었다. 2005년 개봉한 〈브이 포 벤데타〉는 동명의 만화를 각색하여 영상으로 옮긴 것이다.

그런데 영화 개봉 후 얼마 지나지 않은 2008년 〈브이 포 벤데타〉에 등장했던 가이 포크스 가면은 엉뚱하게도 핵티비즘의 최선봉에 서

핵티비즘의 대표주자인 어나니머스의 회원들은 2008년 사이언톨로지교에 항의하는 시위에 이 가면을 쓰고 처음 등장했다. 이후, 어나니머스는 다양한 시위 현장과 사이버 공간에서 가이 포크스 가면과 함께하며 전 세계적으로 저항의 아이콘으로 급부상하게 되었다. 〈출처: WIKIMEDIA COMMONS | Public Domain〉

있던 어나니머스의 상징으로 다시 태어났다. 어나니머스의 회원들은 2008년 사이언톨로지교Church of Scientology에 항의하는 시위에 이 가면을 쓰고 처음 등장했다. 이후, 어나니머스는 다양한 시위 현장과 사이버 공간에서 가이 포크스 가면과 함께하며 전 세계적으로 저항의 아이콘으로 급부상하게 되었다.

핵티비즘의 대표주자인 어나니머스는 사이버 공간에서 활동하는 분권화 방식을 채택한 국제적인 행동주의 단체이다. 조직의 멤버는 통상 어논anon이라 불린다. 느슨하게 연결된 조직원들이지만, 그들의 목적은 국가의 법이나 정부 또는 지배 권력이 부당하다고 판단될 시 이를 공개적으로 거부하는 시민 불복종 운동을 펴는 것이다. 구체적으로, 어나니머스는 사이버 검열과 감시에 대한 강력한 반대와 함께 표현의 자유를 주장하고 있다. 그들은 자신들의 목적 달성을 위한 수단으로 정부와 정부 기관, 기업 등에 대한 사이버 공격을 택하고 있다. 그러나 그들의 목적이 설사 정의를 추구한다고 해도 그들이 택한 방식이 사이버 범죄임에는 틀림없다.

어나니머스의 시작은 2003년으로 거슬러 올라간다. 어나니머스Anonymous는 우리말로 '익명의'라는 뜻을 가지고 있다. 그들의 명칭은 이미지보드로 유명한 4chan 웹사이트에 이미지와 댓글을 익명으로 게시하는 것에서 유래했다. 컴퓨터 전문가였던 이들은 단순히 익명으로 글을 남기는 것을 넘어 하나의 조직으로서 2003년부터 정부 기관, 기업, 종교 단체 등에 사이버 공격 수단을 통해 시민 불복종 운동을 전개했다. 그리고 자신들을 대외적으로 어나니머스로 지칭했다. 누구나 조직의 창설 목적을 따른다면 국적, 인종, 민족, 종교 등과 관계없이 구성원이 될 수 있다. 느슨한 조직이니만큼 활동 지역과 내용은 정해져 있지 않다. 전 세계에 흩어져 존재하는 어논은 사이버 공간에서 작전을 선포하고 수행하는 방식으로 활동한다. 그들은 소통 수단으로 트위터 계정 등 여러 소셜 미디어를 활용하고 있다. 대표적으로 트위터의 @AnonOps, 블로그의 anonops.blogspot.com, 그리고 텀블러의 youranonnews.tumblr.com 등을 사용한다고 알려져 있다.

어나니머스의 본격적인 사이버 공격은 미국의 극우 논평가 할 터너Hal Turner에 대한 사이버 공격(2006년 12월~2007년 1월)으로부터 시작되었다. 자신들을 어나니머스로 밝힌 공격자의 사이버 공격으로 할 터너의 웹사이트가 다운되는 일이 발생했다. 그들은 채놀로지 프로젝트Project Chanology(2008년 1월~2009년 11월)로 전 세계의 이목을 집중시키는 데 성공했다. 이는 전체주의적인 종교이자 반인권적이고 반민주적인 종교단체 사이언톨로지에 대한 대규모 시민 운동이었다. 종교단체에 대한 사이버 공격과 함께 사람들이 가이 포크스 가면을 쓰고 사이언톨로지 교회 근처에서 대규모 시위를 벌였다.

2010년 어나니머스는 내부 고발을 전문으로 하는 위키리크스를 지지하고 나섰다. 위키리크스는 당시 미국의 극비 외교 문서들을 입수해 온라인상에 공개했다. 이에 대한 제재로 비자카드와 마스터카드 등 금융회사들이 위키리크스의 금융 활동을 차단했다. 어나니머스는 위키리크스를 제재한 금융회사들에 대한 디도스 공격을 감행했다. 이들은 위키리크스 문제로 FBI와 IMF 등에 대한 사이버 공격도 마다하지 않았다.

이외에도 어나니머스는 아랍의 봄 지지 운동(2011년), 월가 점령 시위 운동(2011년), 저작권 독점 반대 운동(2012년), 반反이스라엘 운동(2012년), 일본 방사능 오염 항의 시위(2013년), 이슬람 국가IS에 대한 선전 포고(2015년) 등을 통해 자신들의 존재감을 드러냈다. 방식은 해당 문제와 관련된 국가 기관 등의 웹사이트와 서버를 마비시키는 디도스 공격부터 개인 신상을 포함한 민감한 내부 정보의 유출까지 다양했다.

독재 정권인 북한도 어나니머스의 사이버 공격을 피하지 못했다. 그들은 2013년 4월 4일 '프리 코리아 작전Operation Free Korea'을 감행했다. 그들은 북한과 관련된 웹사이트에 대한 사이버 공격을 실시했다. 특히, 그들의 공격으로 대외 선전매체인 '우리민족끼리'의 웹사이트가 해킹되었고, 약 1만 5,000여 개의 회원 계정 정보가 외부에 공개되었다. 당시 어나니머스의 요구사항은 김정은의 하야, 북한 내 자유 민주주의 확립, 핵무기 개발 포기, 그리고 북한 주민에게 인터넷 자유 부여 등이었다. 그리고 그들은 북한의 내부망인 인트라넷 등에도 침입에 성공했다고 주장하기도 했다. 북한은 이에 대해 남한 당국이 국제 해커 조직을 끌어들여 우리민족끼리 사이트를 공격했다며 대한민국 정부를 비난했다.

사이버 공간에서 벌이는 어나니머스의 행동주의에 대한 평가는 극명하게 엇갈린다. 그들은 시위의 성격을 변화시켰다는 평가와 함께 2012년 《타임Time》지가 선정한 '가장 영향력 있는 100인'에 선정되기도 했다. 그들의 사이버 공격은 컴퓨터와 시스템 등에 심각하고 영속적인 피해를 주는 파괴적 해킹이라기보다 디도스 공격을 통한 일시적 웹사이트 무력화가 주를 이루고 있다. 정교하고 악의적인 멀웨어의 사용이나 천문학적인 금전적 피해를 일으키는 행위를 추구하지 않는 측면이 있다.

그럼에도 불구하고 어나니머스의 행위는 일종의 사이버 범죄행위이다. 분권화된 조직의 무분별하고 불분명한 활동들은 예측이 불가능하다. 많은 전문가들은 그들 스스로 선하다고 생각하는 시민 불복종 운동이 자칫 잘못된 판단이거나 역효과를 낼 수 있다는 점에서 우려의 시선을 보내고 있다. 그들이 자처하는 사이버 자경단 역할은 어나니머스와 같은 익명의 핵티비스트들이 아니라 정부 기관이 담당해야 한다는 의견도 많이 제기되고 있다. 또한 CIA와 같은 국가안보를 담당하는 국

독재 정권인 북한도 어나니머스의 사이버 공격을 피하지 못했다. 어나니머스는 북한의 내부망인 인트라넷 침입에 성공했다고 주장하기도 했다. 〈출처: 저자 캡처. https://www.anonymous-france.info/anonymous-north-korea.html〉

가정보기관의 데이터를 외부로 유출하는 그들의 행위가 아무리 정의를 추구하기 위한 것이라 하더라도 다른 한편으로는 국가안보를 위협한다는 것을 간과해서는 안 된다는 평가도 있다. 결국, 어나니머스의 이러한 행위는 사회 정의와 표현의 자유를 추구하고 부패와 폭력에 저항하는 자신들의 의사에 반하는 국가나 기업, 혹은 개인을 응징하기 위해 사이버 공간에서 특정 웹사이트를 익명으로 무책임하게 검열하고 단죄하는 행위로도 볼 수 있어 늘 논란의 소지가 있다.

'위키리크스' : 휘슬 블로어 혹은 폭로 도서관?

어나니머스와 함께 전 세계적으로 높은 인지도를 가진 핵티비즘 단체는 위키리크스WikiLeaks이다. 논란의 인물인 호주 출신 핵티비스트 줄리언 어산지Julian Assange가 2006년 시작한 국제 비영리 단체인 위키리크스는 같은 이름의 폭로 전문 사이트(https://wikileaks.org/)를 운영하고 있다. 위키리크스는 익명의 정보 제보자가 제공하거나 자체적으로 획득한 비밀자료를 대중에게 공개하는 것으로 유명하다. 사회적으로 또는 국제적으로 파급력이 매우 큰 각국 정부나 기업의 비공개 문서가 그들의 폭로 대상이다. 그래서 영어권 국가에서 '휘슬 블로어whistle blower(내부고발자)'라고 불리기도 한다.

위키리크스라는 명칭은 언뜻 일반 대중에게 친숙한 위키피디아Wikipedia와 혼동될 수 있다. 집단지성의 대표적 사례로 평가받는 위키피디아는 누구나 자유롭게 쓸 수 있는 다언어판 온라인 백과사전이다. 공교롭게도 둘은 위키wiki라는 단어를 공유하고 있다. 그래서인지 위키피디아의 한국 사이트에서 위키리크스를 검색하면 상단에 "위키리크스

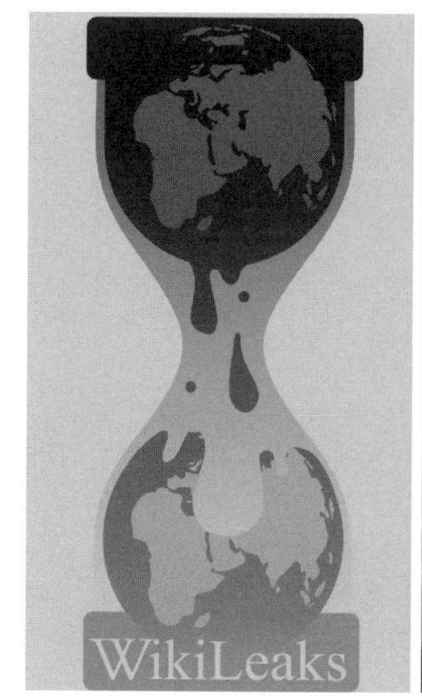

위키리크스는 정부나 기업 등의 비윤리적 행위와 관련된 비밀 문서를 공개하는 내부고발 전문 인터넷 언론매체로, 호주 출신 저널리스트 줄리언 어산지(Julian Assange)(오른쪽)가 2006년 12월에 수십 개국 후원자들의 지원으로 설립했다. 위키리크스는 익명의 정보 제보자가 제공하거나 자체적으로 획득한 비밀자료를 대중에게 공개하는 것으로 유명하다. 사회적으로 또는 국제적으로 파급력이 매우 큰 각국 정부나 기업의 비공개 문서가 그들의 폭로 대상이다. 그래서 영어권 국가에서 '휘슬 블로어(내부고발자)'라고 불리기도 한다. 〈출처: (왼쪽) WIKIMEDIA COMMONS | CC BY-SA 3.0 / (오른쪽) CC BY-SA 2.0〉

는 위키백과, 위키미디어 재단과 아무런 관련이 없으며 현재는 위키 사이트도 아닙니다"로 시작한다. 실제로도 두 사이트는 관련이 없다.

위키는 하와이말로 '서두르다' 또는 '빨리' 정도의 의미를 지닌 단어이다. 1995년 컴퓨터 프로그래머 워드 커닝햄Ward Cunningham이 자신이 만든 협업 소프트웨어 '위키위키웹WikiWikiWeb'에 이 단어를 붙인 이후 컴퓨터 관련 어휘로 사용되기 시작했다. 위키가 명사로 사용될 때 뜻은 웹브라우저를 이용해 누구나 내용을 추가하고, 지우고, 또는 수정할 수 있는 웹사이트를 의미한다. 그리고 일반적으로 위키는 다른 단어와 결합되어 사용되는데, 위키리크스와 위키피디아가 대표적이다. 위키리크스는 위키wiki와 누설leak을 뜻하는 단어가 조합되었다. 위키피디아의 경우는 위키wiki와 백과사전encyclopedia이 결합된 것이다. 따라서 어휘적으로 위키리크스는 누구나 참여 가능한 비밀자료를 누설하는 사이트라고 볼 수 있다.

위키리크스의 초기 설립자들은 제작자인 어산지 외에 외부에 공개된 인물은 없지만, 대략적으로 아시아(중국)의 반체제 인사, 기자, 수학자, 그리고 미국, 대만, 유럽, 호주, 남아공 등지에서 활동하는 스타트업의 기술자들로 알려져 있다. 2009년 기준으로 약 1,200여 명 이상의 자원봉사자가 위키리크스를 위해 일하는 것으로 파악되고 있다.

위키리크스는 명칭에 걸맞게 사용자가 직접 편집할 수 있는 집단지성의 협력적 공간인 위키 사이트로 출범했다. 그러나 점차 변하여 일반 사용자가 직접 폭로와 관련된 내용을 작성하고 편집 및 수정하는 등의 활동은 할 수 없게 되었다. 제보된 내용이나 직접 발굴한 기밀사항을 내부의 운영진이 검토 후 웹사이트에 탑재하는 방식을 채용한 것이다. 그리고 그들은 대외적으로 스스로를 반부패 단체이자 내부고발자로 선전하는 동시에 자신들의 웹사이트를 일종의 '도서관library'으로 정의했다. 물리적인 도서관은 아니지만, 읽고 보고 듣고 연구하고 참고할 수 있는 원고와 출판물, 그리고 기타 자료의 모음을 제공한다는 기능적인 측면을 강조한 것이다. 실제 조직은 출범한 지 약 10년이 지난 2015년 기준으로 약 1,000만 건 이상의 문서를 공개했다고 밝혔다.

위키리크스의 기밀 공개는 2006년 12월 반군 지도자 하산 다히르 아웨이스Hassan Dahir Aweys가 서명한 소말리아 정부 관리 암살 결정 문서부터 시작되었다. 이후 주요 공개 기밀로는 2007년 관타나모 수용

에드워드 스노든은 미국 중앙정보국(CIA)과 미국 국가안보국(NSA)에서 일했던 미국의 컴퓨터 기술자로, 2013년 가디언지를 통해 NSA가 일반인의 전화통화 기록과 인터넷 정보 등을 PRISM이라는 비밀정보수집 프로그램을 통해 무차별적으로 수집·사찰해온 사실을 폭로했다. 스노든은 대중의 이름으로 자행되지만 실제로는 대중의 반대편에서 일어나고 있는 일을 알리기 위해 폭로하게 되었다고 주장했다. 당시 위키리크스는 에드워드 스노든을 지원했다. 〈출처: (왼쪽) WIKIMEDIA COMMONS | CC BY 3.0〉

소의 미 육군 운영 절차 매뉴얼, 2008년 미국 대선에서 존 메케인John McCain 공화당 후보의 러닝메이트였던 사라 페일린Sarah Palin의 야후 계정 해킹 후 확보된 이메일 내용 공개, 2010년에는 2007년 12명의 사상자를 낸 바그다드 침공 시 공습 관련 비디오 공개, 2011년에는 아랍의 봄 당시 튀니지와 이집트 관련 외교 문서 등이다.

위키리크스의 기밀문서 폭로의 수위가 계속 높아짐에 따라, 미국을 중심으로 한 서구 국가들의 고민이 깊어지게 되었다. 그들은 논란의 중심에 서며 '폭로 도서관'이라는 비아냥 섞인 말로 정의되기도 했다. 2013년 위키리크스는 미 국가안보국NSA, National Security Agency의 내부 기밀자료를 폭로해 전 세계를 발칵 뒤집은 에드워드 스노든Edward Snowden을 지원했다. 2015년에 공개된 사우디아라비아의 외교 문서에는 미 NSA가 프랑스의 대통령을 불법으로 감시한 내용이 포함되어 논란이 되었다. 2017년에는 CIA의 해킹 툴과 관련된 내용이 공개되기도 했다.

가장 큰 논란을 불러일으킨 것은 2016년 미 대선 당시 민주당 후보였던 힐러리 클린턴에게 불리한 이메일 내용을 폭로한 것이었다. 미 민주당 전국위원회DNC, Democratic National Committee에 대한 해킹 공격 이후 힐러리에게 불리한 이메일 내용들이 위키리크스를 통해 외부로 유출되었고, 이는 대선판을 뒤흔들었다. 이 사이버 공격과 폭로가 더 심각했던 이유는 러시아 정부와의 연관성 때문이었다. 위키리크스 측은 부인하고 있지만, 러시아 해커들이 해킹에 성공한 후 획득한 내부 기밀 자료가 위키리크스로 넘어가 폭로가 되었더 것이다. 특히, 미국의 특검은 러시아 정부와 연계된 해커 조직이 DNC 해킹 사건의 배후임을 밝히기도 했다.

결국, 핵티비즘의 대표주자인 위키리크스 역시도 어나니머스와 마찬가지로 상반된 평가 앞에 서있다. 2000년대 후반까지만 해도 위키리크스는 뉴스 미디어 분야를 변화시킬 대안으로서 다양한 상을 수상하며 세간의 큰 주목을 받았다. 2010년 《더 타임즈The Times》는 올해의 인물로 위키리크스의 대표 어산지를 선정하기도 했다.

그러나 다른 한편에서는 국제적 외교활동을 방해하는 등 국가들의 안보를 위협하는 요소로 인식되고 있다. 세상에 어두운 진실을 알리는 것도 좋지만, 그러한 기밀의 공개가 꼭 선한 결과를 가져 오는 것은 아니기 때문이었다. 무분별한 그리고 엄청난 양의 기밀 문서들과 내부 유출 자료들에 대한 검토의 부실 등은 진실의 왜곡과 잘못된 정보의 전파를 초래하기도 했다. 또한, 인권 측면에서 국제 기구 관련 인사들의 신상정보 공개로 그들이 위험에 처하는 경우도 발생했다. 끝으로, 컴퓨터 프로그래머 출신 설립자인 어산지는 성범죄 혐의와 각종 해킹 사건의 배후이자 공모자 등의 혐의로 여러 국가들로부터 기소되어 있으며, 이를 피해 영국 주재 에콰도르 대사관 내에 머물다가 2019년 영국 경찰에 체포되어 런던의 벨마시 교도소Her Majesty's Prison Belmarsh에 수감된 채로 2022년 초 기준으로 미국으로의 송환과 관련하여 미국 정부와 치열한 소송 중에 있다.

홍커 연맹 : 중국의 사이버 홍위병

홍커 연맹红客联盟, Honker Union, HUC은 중앙권력에 대항하는 시민 불복종 운동을 이끄는 핵티비즘 단체인 어나니머스나 내부고발 전문 인터넷 언론매체인 위키리크스와 달리, 민족주의로 똘똘 뭉쳐 중국의 이익을 대변하는 애국주의적 해커 단체이다.

2017년 3월 중순 중국의 한 온라인 커뮤니티 포럼에 홍커 연맹 명의로 '한국 웹사이트 공격' 참여자를 모집하는 글이 게시되었다. 중국 정부의 분명한 반대 의사에도 불구하고 한국이 사드THAAD(고고도 미사일 방어체계) 배치를 강행하는 것에 대한 보복이 공격 명분이었다. 게시글에 따르면, 대상에 대한 특정 없이 이달 말 한국 내 웹사이트에 대한 전면적인 사이버 공격을 예고했다. 그러나 다행히도 홍커 연맹 차원의 공지가 아닌 신원이 밝혀지지 않은 개인이 올린 것으로 추정되었다. 중국 보안기업은 공격 참여자 모집에 마감일 기준 겨우 13명 정도만이 참여 의사를 밝혔으며, 마감 이후에 공격 참여 의사를 밝힌 해커들에게 별도의 메시지나 공격 계획 등의 공유가 없었다고 밝혔다. 그럼에도 불구하고 당시 한국 정부와 공공기관, 그리고 기업들의 보안담당자들은 홍

道，可道，非常道；名，可名，非常名。
中国红客
进入联盟社区

1998년 인도네시아 대규모 폭동으로 인한 화교들의 피해가 촉발한 중국 해커들의 조직적 사이버 공격의 시작은 중국 최초의 해커 집단이자 애국주의적 사이버 전사 단체인 홍커 연맹이 탄생할 수 있는 기반을 마련해주었고, 1999년의 코소보 분쟁은 직접적으로 홍커 연맹이 탄생하는 계기가 되었다. 사진은 홍커 연맹 홈페이지 화면이다. 〈출처: 홍커 연맹 홈페이지 캡처〉

커 연맹의 총공격이라는 만일의 사태에 대비해 비상 대응 체계를 가동했다. 물론, 당시 홍커 연맹이 아닌 다른 중국 해킹 단체들이 사드 배치 문제에 불만을 품고 한국 정부와 기업을 상대로 작은 규모의 사이버 공격을 계속적으로 실시하고 있었다.

단순 해프닝으로 끝났지만, 한국 정부와 기업들을 공포에 떨게 만든 홍커 연맹은 어떤 조직이며, 어떻게 탄생했을까? 그들의 시작은 1998년으로 거슬러 올라간다. 중국 네트워크 산업의 토대는 1994년부터 1996년 사이에 만들어졌다. 중국의 일반 대중은 1996년이 되어서야 가정에서 전화 모뎀을 통해 네트워크에 접속할 수 있게 되었다. 그리고 중국의 해커가 1997년부터 본격적으로 등장하기 시작했다. 중국 내에 해커 문화가 형성된 지 얼마 되지 않아 1998년에 중국 해커들이 처음

> **'인터넷 릴레이 채트'란?**
>
> 인터넷 릴레이 채트Internet Relay Chat로 번역되는 IRC는 인터넷이 대중화되기 시작한 1988년에 개발된 사용자 간 실시간 대화를 나눌 수 있게 해주는 채팅 프로그램이었다. 당시 개인적 성격이 강했던 일반 PC 통신과 IRC가 다른 점은 사용자가 IRC 클라이언트 프로그램 또는 IRC 클라이언트를 제공하는 서버에 접속하면 시간과 공간의 제약 없이 온라인상에 접속해 있는 전 세계의 어떤 사람과도 대화가 가능했다는 점이다.

으로 조직적인 사이버 공격을 하게 되는 일이 발생했다. 그것은 바로 1998년 인도네시아 대규모 폭동 사태(수하르토 정권 시기에 인도네시아에서 일어난 폭동으로 폭동 중에 화교 상점이 약탈당하고 화교들이 학살당함)이다.

1998년 인도네시아에서 발생한 대규모 폭동 사태는 그곳에 진출해 있던 화교들에게 큰 피해를 주었다. 이 사건은 과거와 달리 일반 대중매체와 인터넷을 통해 중국 내 일반인들에게 빠르게 전파되었다. 중국 네티즌들은 자체 제작 웹사이트를 통해 화교들이 입은 잔혹한 피해 상황을 여과 없이 알렸다. 중국 해커들은 화교들이 입은 피해 소식에 즉각적으로 반응했다. 그들은 복수를 위해 사이버 공간에서 대규모 집회를 갖고 인도네시아 정부 웹사이트에 대한 사이버 공격을 결의했다. 이때 중국 해커들이 사용한 프로그램은 인터넷 릴레이 채트IRC, Internet Relay Chat였다.

중국의 해커들은 이메일 폭탄과 '핑Ping' 명령 등을 통해 조직적인 사이버 공격에 가담했다. 그러나 당시 그들의 공격 수준은 낮았다. 중국 해커가 개발한 첫 번째 트로이 목마인 넷스파이Win-Trojan/NetSpy가 1998년에서야 개발되었다는 사실은 이를 간접적으로 보여준다. 당시 중국 해커들의 공격 수준이 낮았다고 해서 이 역사적 사건을 폄하할 수는 없다. 그 이유는 중국 해커들이 애국주의와 민족주의에 심취되어 공동의 목표에 조직적인 사이버 공격을 가했기 때문이다. 그리고 IRC 집회 후 공격이 본격화되자 이에 대한 중국 해커들의 참여가 계속 늘어갔다. 이들 중 고급 기술을 가진 해커들을 중심으로 '중국해커긴급회의중심'이라는 조직이 결성되었다. 이 조직은 인도네시아를 향해 고급 기술이 적용된 체계적인 사이버 공격을 가했다. 이를 계기로 중국 해커들은 본격적으로 조직적인 해커 문화를 조성해나가기 시작했다. 1998년 인도네시아 대규모 폭동 사태로 인해 중국 해커들은 처음으로 조직적인 사이버 공격을 실시하게 되었고, 이는 중국 최초의 해커 집단이자 애국주의적 사이버 전사 단체인 홍커 연맹이 탄생할 수 있는 기반을 마련해주었다.

1999년의 코소보 분쟁은 직접적으로 홍커 연맹이 탄생하는 계기가 되었다. 코소보에 거주하는 알바니아인들을 유고슬라비아('신新유고'를 뜻함)가 탄압하자 미국이 주도하는 NATO가 대응에 나섰다. NATO는 1999년 2월 28일부터 6월 11일까지 78일간의 공중공습을 통해 유고슬라비아를 굴복시켰다. 그러나 문제는 공중공습 중이던 5월에 일어났다. NATO 소속 공군이 유고슬라비아의 수도 베오그라드에 있는 중국대사관을 오폭하여 중국인 3명이 사망하는 사건이 발생했다.

중국의 해커들은 1년 전 인도네시아 대규모 폭동 사태 때처럼 이번에도 분노했다. 보복의 칼날은 NATO의 공중공습을 지휘하는 미국을 향했다. 중국 해커들은 미국 정부 사이트들을 조직적으로 공격했다. 이때 홍커라는 명칭이 처음 사용되었다. 중국 해커들은 자신들의 웹사이트를 만들었고, 스스로를 '중국홍커조국단결전선'으로 불렀다. 2달 뒤, 그들의 정식 명칭은 '중국홍커조국통일전선'으로 바뀌었다. 코소보에서의 사건에 분노한 중국의 해커들은 애국주의적 사상으로 무장된 네트워크와 컴퓨터 시스템 전문가 집단이었다. 조직의 리더이자 설립자는 린용林勇, Lion이라는 이름으로 알려져 있다.

여기서 흥미로운 것은 중국 해커들이 자신들을 애국주의적 사이버 전사로 둔갑시키기 위해 중국을 상징하는 붉은색을 뜻하는 '홍紅' 자를 사용했다는 사실이다. 원래 중국인들은 해커를 영어 발음과 유사하게 '헤이커黑客'로 표기했다. 그런데 중국에서 헤이는 불법행위를 나타낼 때 쓰는 '흑黑' 자의 중국어 발음으로, 헤이커를 직역하면 '검은 손님'이라는 뜻이었다. 중국 해커들은 부정적인 의미를 가진 '흑'이 아닌 긍정적인 의미를 가진 '홍'을 선택함으로써 자신들의 행위를 정당화하고자 했다. 그들의 이름에 부응하기라도 하듯 당시 그들의 웹사이트는 마오쩌둥이 젊은 시절 작성한 사회주의 사상에 대한 글을 필두로 하여 애국주의적 게시물들로 넘쳐났다. 당연히 그들의 공격 방식은 애국주의적 색채를 띠었다. 예를 들어, 당시 그들에게 해킹당한 미국 내무부 웹사이트는 폭격으로 사망한 3명의 저널리스트, 폭격에 항의하는 베이징의 대중, 그리고 펄럭이는 중국 국기 이미지로 도배되었다.

2000년 12월 홍커 연맹은 지금의 '중국홍커연맹'을 공식 명칭으로 사용하기로 했다. 그리고 그들은 이듬해인 2001년 4월 1일의 사건으로 전 세계적으로 명성을 얻게 된다. 그날 미 해군 EP-3E 정찰기는 24

미국 시간으로 2001년 4월 1일 오전 09시가 조금 넘은 시간에 미국의 정찰기 EP-3E와 중국 공군의 F-8II 전투기가 남중국해 하이난다오에서 남동쪽으로 약 70마일 떨어진 공해상에서 충돌하는 사고가 발생했다. 이 사건으로 당시 미국과 중국이 승무원 송환과 정찰기 반환, 그리고 사고의 책임 문제로 외교적 설전을 벌이자, 애국주의적 노선을 표방하는 중국의 홍커 연맹은 홍커들에게 총동원령을 선포하고 미국에 대한 사이버 공격을 명했다. 홍커 연맹 주도의 사이버 공격은 4월부터 5월 초까지 미국 주요 정부 웹사이트들을 대상으로 실시되었고, 미국과 미국의 동맹국 해커들도 이에 뒤질세라 중국 웹사이트에 대한 사이버 공격으로 응수했다. 이것이 그 유명한 '미중 사이버 대전'이다. 사진은 당시 사고가 났던 것과 동일한 기종의 EP-3E 정찰기이다. 〈출처: WIKIMEDIA COMMONS | Public Domain〉

명의 승무원을 태우고 일본 오키나와 기지에서 이륙해 남중국해에 있는 하이난다오海南島 남동쪽 공해상에 접어들었다. 이에 대한 대응으로 중국 공군 F-8 전투기 2대가 출격했다. 중국 전투기 조종사는 미국 정찰기에 접근해 중국 영공을 벗어나지 않으면 추격하겠다는 경고를 보냈다. 그런데 이 과정에서 중국 전투기 한 대와 미 정찰기 한 대가 충돌하는 사건이 발생했다. 중국의 전투기는 그대로 추락했고, 전투기 조종사는 비상탈출에 성공했지만 실종되어 사망한 것으로 추정되었다. 기체가 손상된 미 정찰기는 긴급구조 신호와 함께 하이난다오 공항에 비상착륙했다. 정찰기에 탑승한 승무원 전원은 무사했지만, 4월 11일 하와이를 통해 송환될 때까지 중국 측에 억류되어 심문을 받았다. 당시 미국과 중국은 승무원의 안전한 송환과 중요한 정보를 지닌 전략 자산 EP-3E 정찰기의 반환, 그리고 사고의 책임 문제 등으로 외교적 설전을 벌였다.

애국주의적 노선을 표방하는 홍커 연맹은 이 사건에 즉각적으로 반응을 보였다. 그들은 홍커들에게 총동원령을 선포하고 미국을 공격할 것을 명했다. 이 총동원령에는 약 10만 명의 해커들이 호응했다. 홍커 외에도 중국 내 다른 해커 단체도 참여했다. 녹색병단, 중국매파연맹(잉파이연맹, Chinaeagle) 등이 대표적이다. 홍커 연맹 주도의 사이버 공격은 4월부터 5월 초까지 미국 주요 정부 웹사이트들을 대상으로 실시되었다. 미국과 미국의 동맹국 해커들도 이에 뒤질세라 중국 웹사이트에 대한 사이버 공격으로 응수했다. 이것이 그 유명한 '미중 사이버 대전'이다.

영국의 컴퓨터 보안회사인 Mi2g는 4월 달 기준으로 중국 홍커 연맹이 80여 개 이상의 미국 웹사이트에 대한 위·변조 공격을 실시했다고 밝혔다. 반대로, 미국과 그의 동맹국 해커들 역시 100여 개 이상의 중국 웹사이트에 대한 공격을 벌였다. 공격을 받은 양측 웹사이트의 정상적 컨텐츠는 각각 반미反美 또는 반중反中의 내용들로 대체되었다. 예를 들어, 중국의 원격탐사위성의 지상국 웹사이트는 기존 데이터는 지워지고 그 위에 버섯구름 사진으로 덮어씌우기가 되어 있었다. 미국 백악관 역사협회의 웹사이트는 중국의 오성홍기로 도배가 되었다. 이외에 미 해군과 공군, 국립보건원, 노동부, 캘리포니아 에너지부, 그리고 많은 민간 회사의 웹사이트도 유사한 공격을 받았다. 그나마 다행인 것은 양측이 실시한 위 · 변조 공격 대부분은 심각하지 않은 수준이었다.

중국의 애국주의적 해커 문화를 이끌었던 홍커 연맹의 창시자이자 리더인 린용은 2004년 12월 31일에 연맹의 해체를 선언했다. 그는 연맹의 역할이 유명무실해졌다는 이유를 내세웠다. 그러나 젊은 해커들의 연맹 재결성 요구가 계속적으로 이어져 린용은 이듬해에 다시 연맹을 재출범시켰다. 현재의 홍커 연맹 웹사이트(http://www.cnhonkerarmy.com)는 이때 개설된 것이다.

이후 홍커 연맹은 웹사이트 전면에 자신들은 인터넷 보안에 종사하는 애국주의 해커라고 강조한 것처럼 중국과 외국 사이에 충돌이 발생할 때마다 사이버 공간에서 상대국의 웹사이트를 공격하고 있다. 2010년과 2014년에는 필리핀에 대한 사이버 공격을 감행했고, 2010년에는 이란 사이버 군대Iranian Cyber Army가 중국 최대 검색엔진 바이두 웹사이트(Baidu.com)를 해킹하자 이란의 웹사이트에 대해 보복 사이버 공격을 벌였다. 그리고 댜오위다오釣魚島(일본에서는 센카쿠 열도尖閣列島로 불림) 영유권을 둘러싼 중국과 일본 분쟁 간에 홍커 연맹은 상당수의 일본 중앙 또는 지방 정부 웹사이트와 민간 은행과 대학, 그리고 회사 웹사이트에 대한 공격을 실시했다. 공격은 대체적으로 위 · 변조 공격과 디도스 공격이 주를 이루었다. 이외에도 이들은 중국 정부에 반대하는 반체제 인사에 대한 사이버 공격도 실시하고 있다.

한편, 이들 중 일부는 상업적 이익을 노리는 해커로 전향해 활동하고 있다. 이들은 정치적 목적이 아니라 금전적 이익을 목적으로 사이버 공격을 하고 있다. 그들의 주요 공격 목표는 외국 기업과 정부의 웹사이트로 동일하지만, 방식에 있어서 큰 차이가 있다. 사이버 범죄자인 이들은 공격 목표를 위 · 변조하거나 무력화하는 것이 아니라 침투하여 각종 중요한 정보를 탈취한다. 그리고 획득한 정보는 원하는 측에게 팔아 넘겨 수익을 거둔다.

정치적 목적이든 금전적 목적이든 홍커 연맹은 애국주의를 표방하며 해킹 능력을 지속적으로 향상시키고 있으며, 이를 통해 사이버 공간을 혼란하게 만들고 있다. 더 무서운 것은 이들과 중국 정부와의 관계이다. 의도적이든 의도하지 않든 홍커 연맹의 활동은 중국 정부의 정권 수호에 이익이 되는 활동임에 틀림없는 사실이다. 또한, 사이버 공간에서 발생한 중국 정부에 이로운 해킹 활동이 홍커 연맹의 소행인지 아니면 중국 정부 소속 해커의 소행인지 구분할 수 없다는 사실은 중국 정부의 사이버 전략에 융통성을 부여하여 주변국의 우려를 낳고 있다.

CHAPTER 22

사이버 만리장성 : 중국이 사이버 공간에 만든 거대한 검열·감시 장벽

중국은 고대 춘추전국시대부터 북방 유목 민족의 침입을 막기 위해 장성을 쌓기 시작했다. 몽골이 세운 원元나라를 몰아낸 명明나라는 그들의 재침입을 막기 위해 현재 모습의 만리장성을 쌓았다. 그런데 지금 중국은 이러한 만리장성을 사이버 공간에도 쌓고 있다. 전 세계 사람들은 그것을 과거 중국이 북방 유목 민족으로부터 자신들을 보호하기 위해 건설한 만리장성에 빗대어 '사이버 만리장성'이라고 조롱하고 있다. '중국의 만리장성the Great Wall of China'이라는 영어식 표현에서 성벽을 뜻하는 'Wall'을 컴퓨터 전문용어로 방화벽을 의미하는 'Firewall'로 바꿔 '중국의 사이버 만리장성the Great Firewall of China'이라는 신조어가 만들어진 것이다. 그렇다면 이것을 통해 중국이 사이버 공간에서 보호하고 싶은 것은 무엇일까?

중국 북쪽에 있는 만리장성은 서쪽 간쑤성(甘肅省)의 자위관(嘉峪關)에서 시작하여 동쪽 허베이성(河北省)의 산하이관(山海關)에 이른다. 춘추전국시대의 조(趙)나라, 연(燕)나라 등이 변경 방위를 위해 축조한 것을 진(秦)나라의 시황제가 크게 증축했다. 이후 몽골족의 원나라를 몰아내고 건국한 명나라는 수도를 남쪽의 난징에서 북쪽의 베이징으로 옮겼다. 이때 명나라는 북방 이민족의 침입을 막기 위해 강력한 장성이 필요하다는 것을 인식하고 기존의 장성을 보수했다. 〈출처: WIKIMEDIA COMMONS | CC0 1.0〉

중국의 '고무줄' 만리장성

지구 밖 우주에 떠 있는 인공위성에서도 보이는 인간의 건축물이 있다. 그것은 중국의 장성이다. 우리나라에서는 이를 만리장성으로 부르고 있다. 과거 중국 정부는 만리장성의 길이를 6,350km라고 해왔다. 이는 만 리(약 4,000km)를 훌쩍 넘기는 엄청난 길이의 건축물이었다. 그러나 이후 중국은 정치적 이유로 만리장성의 길이를 계속해서 늘려서 발표하고 있다. 2009년에 중국 정부는 그 길이를 늘려서 8,851km라고 발표했다. 명나라 때 후금의 침입을 막기 위해 장성을 연장했다는 이유였다. 그리고 2012년 중국 정부의 뉴스 매체인 신화통신은 진나라와 한나라 등 역대 왕조에서 세운 장성들 모두를 포함하여 그 전체 길이가 약 2만 1,196km에 이른다는 기사를 내보냈다. 이는 만주지역이 예부터 중국의 영토라는 주장을 뒷받침하기 위한 정치적 포석이었다. 대한민국은 이러한 중국의 정치적 공작에 당하지 않도록 예의주시해야 할 필요가 있다.

만리장성의 역사는 고대 춘추전국시대로 올라간다. 당시 중국인들은 북방 유목 민족의 침입을 막기 위해 장성을 쌓기 시작했다. 춘추시대에는 제齊나라와 초楚나라, 전국시대에는 연燕나라, 조趙나라, 진秦나라 등이 북방 유목 민족과의 접경지대에 성벽을 쌓고 그들의 침공에 대비했다. 우리나라에서 만리장성이라 불리는 동서로 길게 이어진 성벽은 진나라 시황제始皇帝 때 처음 건설되기 시작했다. 시황제는 중국 통일 이후, 춘추전국시대에 만들어진 북방의 요새와 성벽을 연결하여 흉노족의 침입을 막기 위한 만리장성을 쌓았다. 이때가 기원전 214년이었다. 그러나 당시의 장성은 지금과는 다른 요충지에 요새와 초소 등을 구축한 국경 방어선 정도의 의미를 지녔다.

이후 만리장성은 시기와 상황에 따라 그 중요성이 강조되기도 하고 방치되기도 해왔다. 그러다가 만리장성이 지금의 모습을 갖게 된 것은 명나라 때였다. 북방 몽골족이 세운 원나라를 몰아낸 명나라가 건국되며 북방 방어를 위한 장성의 필요성이 다시 부각된 것이다. 제3대 왕인 영락제永樂帝는 명나라의 수도를 남쪽의 난징南京에서 북쪽의 베이징北京으로 옮기면서 몽골족 등 북방 민족으로부터 수도 베이징을 방어할 강력한 장성의 필요성을 인식하고 만리장성을 보수했다. 지금 남아 있는 만리장성은 명나라 때 완성된 것으로, 현재의 모습을 갖춘 만리장성은 중국의 동쪽 끝 간쑤성甘肅省 서부의 자위관嘉峪關으로부터 서쪽으로 허시후이랑河西回廊, 인촨평원银川平原 북쪽의 고원지대, 허베이성河北省 북쪽의 옌산산맥燕山山脈을 거쳐 서쪽 끝 산하이관山海關으로 이어졌다. 특별히 수도 베이징 부근의 장성은 더 견고하게 쌓아졌다.

일반적으로 만리장성은 북방 이민족의 침입으로부터 국가를 보호하기 위해 쌓은 것으로 알려져 있다. 그러나 그 기능에 대해서는 오래전부터 의문이 제기되어왔다. 한 겹의 성벽으로 이루어진 아주 긴 방벽은 군사적으로 북방 이민족으로부터의 공격을 방어하기에는 역부족이었을 것이라고 평가되고 있다. 경우에 따라 이중과 삼중으로 건축된 성벽도 적의 강력한 공격에 속수무책일 수 있기 때문이다. 그리고 24시간 긴 방벽을 경계하기도 쉽지 않았을 것이다. 게다가 초기의 낮은 흙벽의 장성은 사람이 마음만 먹으면 쉽게 뛰어넘을 수 있었다. 그래서 일부 학자들은 만리장성이 군사적 용도가 아니라 상업적 용도로 만들어진 것이라고 주장하면서 당시 동서 교역을 하는 상단商團을 보호하기 위한 가도街道와 역참驛站 역할을 했을 것이라고 보았다.

황금 방패 프로젝트 : 사이버 만리장성 세우기

앞에서도 언급했듯이 중국은 동북공정東北工程[9]의 일환으로 만리장성 길이 늘이기에 혈안이 되어 있다. 이처럼 중국은 만리장성을 통한 역사 왜곡 문제 이외에도 또 다른 논란을 불러일으키고 있다. 그것이 바로 사이버 만리장성 세우기이다.

정보화 사회에 들어 중국은 인터넷을 통해 많은 경제적 이익을 추구하고 있다. 데이터 분석 전문기업 스테티스타Statista에 따르면, 2021년 12월 기준 중국 내 인터넷 사용 인구는 약 10억 3,200만 명에 근접했다(〈2008~2021년 중국의 인터넷 사용자 수〉 도표 참조). 같은 시기에 중국은 스마트폰 사용 인구가 9억 5,300만 명 이상으로 전 세계 국가 중 1위를 차지했다(〈2021년 국가별 스마트폰 사용자 수〉 도표 참조). 중국 내 IT(정보기술) 산업의 성장은 무섭다. 중국 통계청the Chinese Ministry of Statistics은 2020년 통신, 소프트웨어, 그리고 IT 분야의 경제적 산물이 5,874억 달러에 이른다고 발표했다. 그 성장률도 가파르다. IT 분야의 성장률은 2019년 18.7%였으며, 2020년 16.9%의 성장률을 기록했다. 코로나19의 팬데믹 상황 속에서도 엄청난 성장률을 보인 것은 사실이

---

9 동북공정은 중국에서 만주지방의 지리, 역사, 민족 문제 등을 연구하는 국가연구사업이다. '동북변강사여현장계열연구공정(東北邊疆史與現狀系列研究工程)'을 줄여 이르는 말로, 현재의 중국 영토에서 전개된 모든 역사를 중국의 역사로 만들기 위해 2002년부터 추진했다. 2006년까지 5년을 기한으로 진행되었으나, 그 목적을 위한 역사 왜곡은 지금도 진행중이다. 궁극적 목적은 중국의 전략 지역인 동북지역, 특히 고구려·발해 등 한반도와 관련된 역사를 중국의 역사로 만들어 한반도가 통일되었을 때 일어날 가능성이 있는 영토 분쟁을 미연에 방지하는 데 있다.

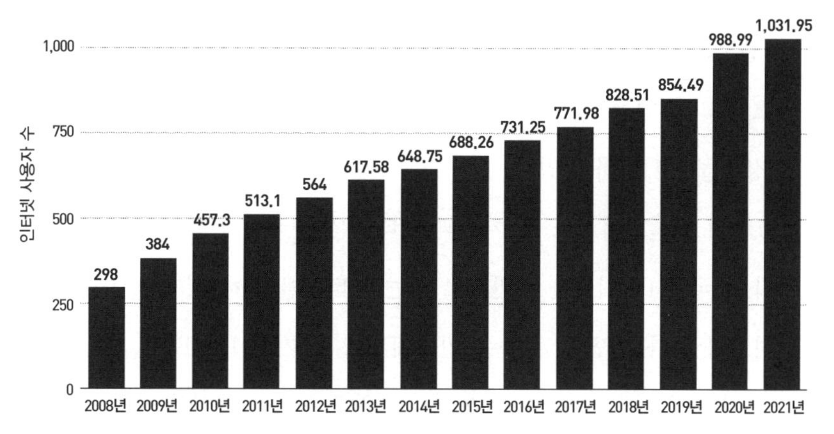

2008~2021년 중국의 인터넷 사용자 수 (단위: 100만 명)

〈출처: https://www.statista.com/statistics/265140/number-of-internet-users-in-china/〉

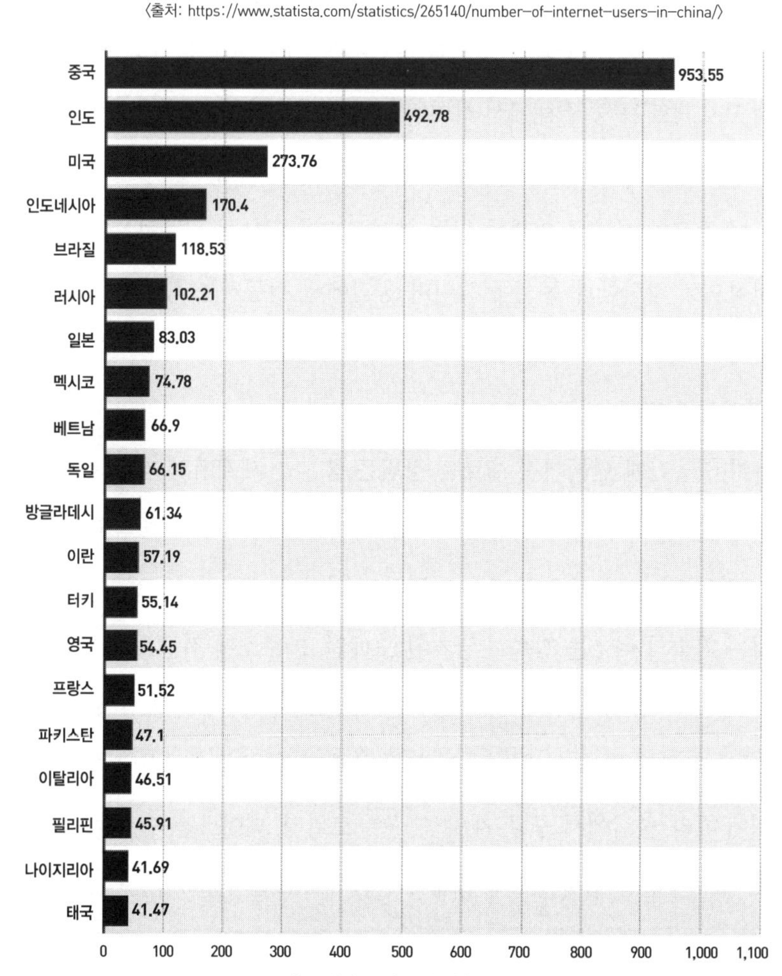

2021년 국가별 스마트폰 사용자 수 (단위: 100만 명)

〈출처: https://www.statista.com/statistics/748053/worldwide-top-countries-smartphone-users/〉

다. 중국은 이러한 기세를 몰아 차세대 기술인 5G, 모바일 결제, e-커머스, 그리고 인공지능AI 분야에서도 큰 성과를 거두며 선진국 등 주변 IT 강국들을 위협하고 있다.

그런데 역설적이게도 IT 기술과 인터넷은 중국에게 양날의 칼과도 같다. 중국은 IT 기술을 기반으로 하는 인터넷을 통해 경제적 이익을 취하고자 한다. 반면에, 그들은 인터넷 도입 초기인 1990년대 중반부터 사이버 공간에서 유통되는 통제되지 않은 정보를 공산당 정권 유지에 매우 큰 위협 요소로 간주했다. 이러한 위협을 인식한 중국 공산당은 1998년에 '황금 방패 프로젝트Golden Shield Project'를 내놓았다. '황금 방패 프로젝트'는 중국 내에서 사이버 공간에 접속하는 사람들이 볼 수 있는 정보를 다양한 방식을 동원하여 통제하는 것이다. 즉, 이는 중국인들이 중국 공산당에 위협이 되는 웹사이트와 정보에 접근하는 것을 원천적으로 차단함과 동시에 사이버 공간에서 활동하는 중국인을 감시하기 위한 것이다. 이는 통상 '사이버 만리장성'이라는 조롱조의 말로 불리고 있다.

사이버 공간에 만들어진 새로운 장벽은 중국을 세계에서 가장 정교한 '컨텐츠 필터링 인터넷 정권'이라는 타이틀을 부여했다. 중국의 인터넷 검열 및 감시 기술은 계속 진화하고 있다고 평가된다. 그들이 사용하는 기술의 예로는 접속이 금지된 도메인 IP 주소에 접근을 거부시키는 'IP 블록킹'과 정권에 위협이 되는 키워드, 신용 기록, 음성 및 얼굴 인식에 대한 데이터 패킷을 스캔하는 '패킷 필터링' 등이다. 이러한 정책에 따라, 중국에서 구글, 레딧reddit.com, 트위터, 페이스북, 유튜브, 그리고 야후와 같은 웹사이트에 접속이 원천적으로 불가능하다.

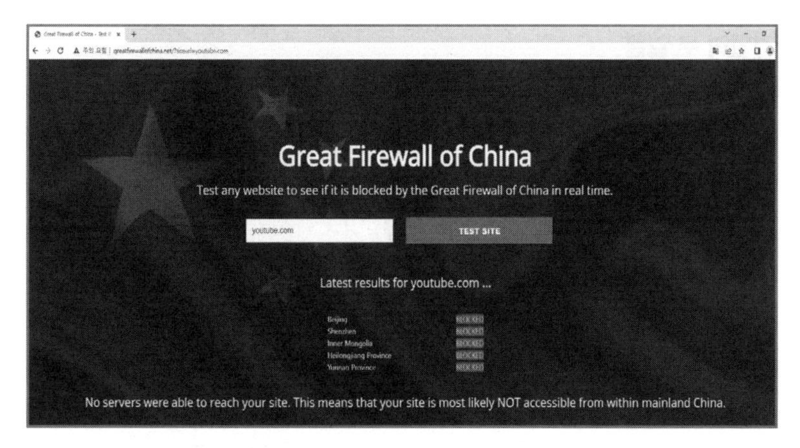

중국 내에서 접속이 불가능한 웹사이트를 확인해볼 수 있도록 서비스를 제공하는 한 웹사이트(http://www.greatfirewallofchina.net)에 전 세계적으로 인기 있는 유튜브(youtube.com)를 검색한 결과 수도 베이징을 비롯한 주요 도시 내에서 접속이 불가능한 것으로 나타났다. 내국인이든 외국이든 어느 누구도 유튜브뿐만 아니라 전 세계에서 유행하는 소셜 미디어 서비스 대부분을 중국 내에서 사용을 할 수가 없는 상태이다. 〈출처: 저자가 2022년 4월 26일 검색한 결과. http://www.greatfirewallofchina.net〉

2020년 미국과 캐나다의 4개 대학이 함께 실시한 연구에 따르면, 중국의 사이버 만리장성은 약 31만 1,000개의 도메인을 차단하고 있으며, 이 중 27만 개의 도메인은 의도된 차단이고 나머지 4만 1,000개는 실수로 차단되었다고 밝혔다. 이 연구는 2020년 4월부터 12월까지 약 9개월간 5억 3,400개의 도메인을 대상으로 테스트한 결과였다. 연구진은 차단된 약 40%의 도메인이 새로 등록된 것이라는 점에서 중국 검열 당국이 안전하다고 생각하는 화이트 리스트에 들어간 도메인만을 검열 가능하게 설정해두었을 것이라고 결론을 내렸다. 또한, 연구 결과는 중국의 검열 시스템이 포르노 및 도박 사이트, 멀웨어에 감염된 사이트 등 유해한 사이트를 차단하고 있는 동시에 중국 정부에게 불리한 정보들이 쉽게 유통되고 있는 서구의 웹사이트에 대해서도 차단하고 있음을 밝히고 있다.

검열의 두 얼굴

세계 최고 검색 엔진 구글이 접속되지 않는 중국 내에서 가장 많이 사용되는 검색 엔진은 바이두Baidu이다. 바이두는 당연히 중국 정부가 원하는 검색 알고리즘을 채택하고 있다. 이곳에서는 중국 정부가 통제하기 원하는 정보의 유통은 애초에 불가능하고, 사용자는 금지된 단어를 원천적으로 검색할 수 없게 되어 있다. 트위터, 페이스북, 인스타그램과 같은 소셜 네트워크 서비스 역시 중국 내에서 접속이 불가능하다. 이를 대체하는 것은 중국의 인터넷 포털사이트 시나닷컴sina.com이 운영하는 시나 웨이보Sina Weibo가 대표적이다. 역시 중국 정부가 원하지 않는 내용의 유통은 불가능하며, 중국 검열 당국이 이를 실시간 감시할 수 있도록 시스템이 갖춰져 있다.

그런데 이러한 인터넷 검열 및 감시 시스템은 역설적으로 중국 내 IT 기업의 성장을 도왔다. 앞서 설명한 중국 내 차단 도메인 목록 연구 결과에서 눈에 띄는 것은 글로벌 IT 기업들의 차단이다. 통상 이 글로벌 기업들은 인터넷 기술이 떨어지는 국가에 진출해 시장을 잠식하는 것이 보통이다. 그러나 이 기업들은 중국 검열 당국의 정책에 협조하지 않기 때문에 중국에서 사업 자체가 불가하다. 이러한 환경은 중국 IT 기업의 성장을 도와주는 온실 역할을 해주었다. 게다가 큰 내수시장을 통해 막대한 자금과 경험, 그리고 기술을 쌓은 중국의 IT 기업들은 역으로 해외로 진출하고 있다. 즉, 중국의 검열 시스템이 자국 IT 기업의 글로벌 시장 경쟁력 증진에 기여한 것이다.

2015년 12월 중국의 시진핑 주석은 중국 주최 제2회 세계 인터넷 컨퍼런스2nd World Internet Conference 개막식 기조연설에 나섰다. 그는 중국

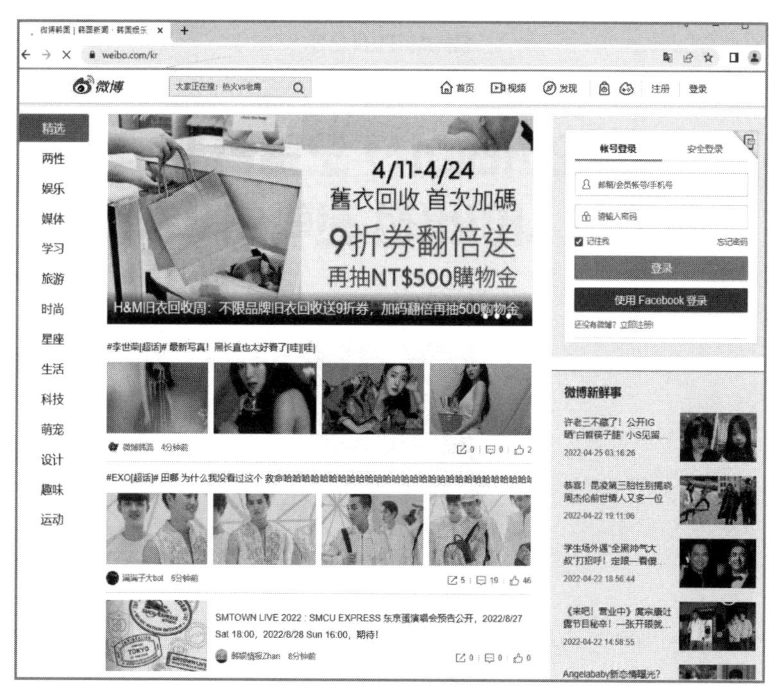

중국 정부의 인터넷 검열과 감시 정책을 충실히 따르고 있는 대표적 중국 기업이 운영하는 인터넷 포털사이트인 웨이보의 홈페이지 화면 〈출처: http://weibo.com〉

의 미래 인터넷 비전을 밝히면서 "우리는 개별 국가들이 사이버 발전에 있어서 자신들만의 경로를 독립적으로 선택하도록 개별 국가의 권리를 존중해야 한다"고 강조했다. 이는 언뜻 보기에 온라인상에서 각 국가가 갖는 '사이버 주권'을 강조한 것처럼 보인다. 그러나 엄밀히 말해 시진핑의 발언은 사이버 공간에서도 다른 국가의 내부적 사건에 대해 외국이 개입해서는 안 된다는 것을 경고한 것이다. 즉, 이는 그들이 사이버 공간에 만든 거대한 검열·감시 장벽에 대한 외국과 국제 단체의 어떠한 간섭도 용인하지 않을 것임을 선포한 것이다.

CHAPTER 23

오퍼레이션 오로라 : 중국식 사이버전 전략의 시작점

구글 등 미국 거대 IT 기업들을 노린 중국의 사이버 공격

구글Google은 아마존Amazon, 메타Meta(회사명 변경 전 페이스북Facebook), 애플Apple, 그리고 마이크로소프트Microsoft와 함께 미국 거대 IT 기업을 뜻하는 빅 파이브Big Five 중 하나이다. 이 글로벌 거대 기업 구글은 당연하게도 2005년 세계 최대 비즈니스 시장인 중국 진출을 선언했다. 그런데 구글은 특별한 성공을 거두지도 못한 채 5년 뒤인 2010년에 전 세계에 큰 충격을 남기고 돌연 철수를 알렸다. 과연 무슨 일이 있었던 걸까? 그 이유는 구글도 막지 못한 매우 정교한 사이버 공격이 중국 철수의 직접적 원인으로 작용했기 때문이다.

2010년 1월 12일 구글은 자사의 공식 블로그를 통해 2009년 6월부터 12월 사이 사이버 공격을 받았던 사실을 자세히 대중에게 공개했

Official Blog

Insights from Googlers into our products, technology, and the Google culture

A new approach to China

January 12, 2010

Like many other well-known organizations, we face cyber attacks of varying degrees on a regular basis. In mid-December, we detected a highly sophisticated and targeted attack on our corporate infrastructure originating from China that resulted in the theft of intellectual property from Google. However, it soon became clear that what at first appeared to be solely a security incident--albeit a significant one--was something quite different.

First, this attack was not just on Google. As part of our investigation we have discovered that at least twenty other large companies from a wide range of businesses--including the Internet, finance, technology, media and chemical sectors--have been similarly targeted. We are currently in the process of notifying those companies, and we are also working with the relevant U.S. authorities.

구글이 2010년 1월 12일 자신들이 20개 이상의 다른 거대 기업과 함께 사이버 공격을 받았다고 공식 블로그를 통해 알렸다. 〈출처: https://googleblog.blogspot.com/2010/01/new-approach-to-china.html〉

구글이 중국 철수를 발표하자, 이를 아쉬워하는 중국 시민들이 구글차이나(Google China) 건물 밖 구글 로고 위에 꽃과 책, 메모 등을 가져다 놓은 모습 〈출처: WIKIMEDIA COMMONS | CC BY-SA 3.0〉

다. 또한, 구글은 홀로 공격을 받은 것이 아니라 적어도 20개 이상의 다른 거대 기업도 유사한 사이버 공격의 피해자라고 했다. 물론, 조사 과정에서 구글은 피해자로 의심되는 다른 기업들에게 이 사실을 알렸다고 한다. 이러한 충격적인 소식이 발표되자, 어도비Adobe를 비롯한 일부 기업들은 자신들과 마이크로소프트, 야후Yahoo, 주피터 네트웍스Jupiter Networks 등 여러 기업이 사이버 공격의 피해자임을 인정했다. 구글과 함께 언급된 모든 기업들은 세계 최대라는 이름에 걸맞게 철옹성같이 사이버 공격을 방어할 것 같지만 실제로는 그러지 못했다. 왜 막지 못했던 것일까? 그 힌트는 구글의 블로그에 암시되어 있었다. 구글은 당시를 기준으로 이번 사이버 공격이 지금까지 받은 어떠한 사이버 공격 중에서도 가장 교묘하고 정교했다고 밝히면서 사이버 공격에 사용된 멀웨어가 어떠한 백신에도 감지되지 않았다고 말했다.

구글이 당한 사이버 공격은 단순히 세간의 관심을 끄는 정도로만 끝나지 않았다. 피해를 입은 기업, 정부기관(법 집행기관), 그리고 사이버 보안 회사 모두가 공격의 매커니즘, 공격의 범인, 더 나아가 그 배후를 추적하기 위해 뛰어들었다. 이들 중 글로벌 사이버 보안 회사인 맥아피McAfee가 주도적으로 조사를 위해 공격에 사용된 멀웨어의 샘플을 받았다. 맥아피의 컴퓨터 보안 전문가들은 멀웨어에 대한 정밀 조사를 통해 한 가지 흥미로운 사실을 발견했다. 공격자가 멀웨어를 실행시킬 때, '오로라Aurora'라는 이름이 붙은 폴더에 담겨 있던 멀웨어가 작동했던 것이다. 그래서 맥아피의 전문가들은 이 사이버 공격을 '오퍼레이션 오로라Operation Aurora'라고 명명했다. 이는 사이버 공격의 이름을 짓는 전형적인 방법이었다. 참고로 '스턱스넷'처럼 멀웨어 작성에 쓰인 코드를

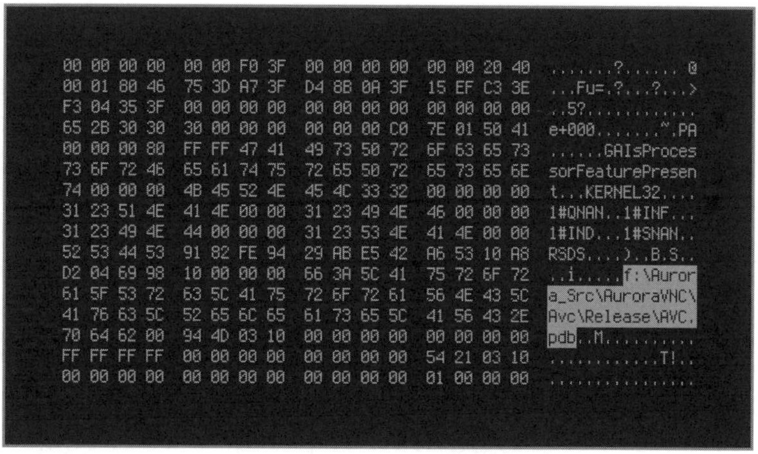

```
00 00 00 00  00 00 F0 3F  00 00 00 00  00 00 20 40  .......?......@
00 01 80 46  75 3D A7 3F  D4 6B 0A 3F  15 EF C3 3E  ...Fu=.?...?...>
F3 04 35 3F  00 00 00 00  00 00 00 00  00 00 00 00  ..5?............
65 2B 30 30  30 00 00 00  00 00 00 C0  7E 01 50 41  e+000.......~.PA
00 00 00 80  FF FF 47 41  49 73 50 72  6F 63 65 73  ......GAIsProces
73 6F 72 46  65 61 74 75  72 65 50 72  65 73 65 6E  sorFeaturePresen
74 00 00 00  4B 45 52 4E  45 4C 33 32  00 00 00 00  t...KERNEL32....
31 23 51 4E  41 4E 00 00  31 23 49 4E  46 00 00 00  1#QNAN..1#INF...
31 23 49 4E  44 00 00 00  31 23 53 4E  41 4E 00 00  1#IND...1#SNAN..
52 53 44 53  91 82 FE 94  29 AB E5 42  A6 53 10 A8  RSDS....)..B.S..
D2 04 69 98  10 00 00 00  66 3A 5C 41  75 72 6F 72  ..i.....f:\Auror
61 5F 53 72  63 5C 41 75  72 6F 72 61  56 4E 43 5C  a_Src\AuroraVNC\
41 76 63 5C  52 65 6C 65  61 73 65 5C  41 56 43 2E  Avc\Release\AVC.
70 64 62 00  94 4D 03 10  00 00 00 00  00 00 00 00  pdb..M..........
FF FF FF FF  00 00 00 00  00 00 00 00  54 21 03 10  ............T!..
00 00 00 00  00 00 00 00  00 00 00 00  01 00 00 00  ................
```

오퍼레이션 오로라에서 구글 등 여러 기업 공격에 사용된 멀웨어 코드에 'f:₩Aurora_Src₩AuroraVNC₩Avc₩Release₩AVC.pdb'(사진 오른쪽 회색 부분)라고 쓰여 있었다. 이에 따라 컴퓨터 전문가들은 이번 사이버 공격을 오퍼레이션 오로라로 명명했다. 〈출처: https://www.secureworks.com/blog/research-20913〉

참고하여 이름을 짓는 방법도 많이 쓰인다.

1부 : 사이버 교두보 확보

오퍼레이션 오로라 1단계에서 해커들은 사회공학 기법[10]을 적용했다. 해커들은 구글과 같은 거대 기업에 침투하기 위해 사전에 계획을 세울 정도로 치밀함으로 보였다. 그들이 가장 먼저 한 것은 공격 대상 기업을 선정하고 그 기업의 보안 취약점을 파고 드는 것이었다. 이를 위해 해커들은 공격 대상 기업에 근무하는 직원들을 통해 기업 서버 또는

10 사회공학은 공격 대상에게 어떠한 수단으로 접근하는가에 따라 인간 기반(Human Based) 공격과 컴퓨터 기반(Computer Based) 공격으로 나눌 수 있다. 인간 기반 공격은 공격자가 공격 대상에게 직접 접근하거나 전화 등을 이용한 접근 방법이고, 컴퓨터 기반 공격은 악성 코드, 컴퓨터 프로그램, 웹사이트 등을 이용한 접근 방법이다. 일반적으로 사회공학 기법은 인간 기반의 수단을 이용하는 공격 형태를 말한다.

'스푸핑 공격'이란?

'스푸핑 공격spoofing attack'은 공격자가 불법적인 이익을 얻기 위해 데이터를 위조하여 자신 또는 자신이 사용하는 프로그램을 다른 합법적 온라인 사용자 또는 프로그램인 것처럼 속여 사용자의 권한을 획득한 뒤 정보를 빼내는 사이버 공격 모두를 포괄적으로 일컫는다.

내부망으로 침투하는 방법을 선택했다. 즉, 사회공학 기법을 적용한 것이었다.

구체적으로 사회공학 기법을 어떻게 적용했는지 알려져 있지는 않지만, 일반적인 상황을 통해 재구성해보면 다음과 같았을 것으로 판단된다. 공격자는 온·오프라인을 통해 대상 기업의 여러 직원들에 대한 정보들을 취합하기 시작한다. 그리고 그들 중 사이버 공격에 취약할 것으로 판단되는 대상들을 선정하여 다시 심도 있는 조사를 시작한다. 이렇게 오랜 시간 정보수집 과정을 거친 뒤, 공격자는 최종적으로 공격 대상을 결정하여 그들이 좋아하는 것과 관심을 가질 만한 것들에 대해 재정리하고 사이버 공간에서 공격 대상의 루틴 등을 파악했을 것이다.

2단계에서는 스피어 피싱과 스푸핑 기술이 사용되었다. 2단계에서 공격자는 1단계에서 사회공학 기법을 사용해 수집한 정보를 가지고 맞춤형 스피어 피싱 이메일을 제작하고, 이를 합법적인 인물이 보낸 것으로 위장했다. 그들은 공격 대상으로 선정된 기업의 직원들이 의심하지 않고 열어볼 만한 스피어 피싱 공격용 이메일을 제작하여 발송했다. 불특정 다수에게 가짜 이메일을 보내 불법적으로 개인 정보를 빼내거나 금전적 손실 등을 입히기 위한 것은 피싱 공격이고, 이번 사이버 공격처럼 공격 대상을 특정하여 가짜 이메일을 보내는 것은 스피어 피싱 공격이다.

공격 대상에게 보낸 스피어 피싱 공격용 가짜 이메일은 합법적이며 믿을 만한 이메일처럼 보여야 했다. 공격자는 데이터 조작을 통해 가짜 이메일이 마치 공격 대상인 직원이 늘 받아오던 합법적인 인물이나 기업이 보낸 이메일인 것처럼 위장했다. 이러한 방식은 스푸핑 공격spoofing attack이라 할 수 있다. 보안의 중요성을 평범한 일반 대중보다 더 잘 알고 있을 IT 기업 직원들의 눈을 속였다는 사실은 매우 충격적이었다.

3단계에서는 제로 데이 공격이 실시되었다. 공격 대상 직원들은 익숙하거나 관심이 가는 제목의 이메일을 자연스럽게 클릭해 열었다. 그리고 의심 없이 이메일에 첨부된 링크를 클릭했다. 그것은 가짜 웹사이트로 연결되는 통로였다. 제한적으로 공개된 정보에 대한 해석으로 볼 때, 공격자가 '파밍pharming' 방식을 사용한 것으로도 보인다. 파밍pharming이란 '피싱phishing'과 '파밍farming'(농사)의 합성어로, 피싱보다 한 단계 진화한 형태라고 할 수 있다. 파밍은 공격자가 피싱 메일 공격에 당한 피해자를 멀웨어가 포함된 웹사이트로 유도하여 벌이는 새로운 사회공학 기반의 사이버 공격 방식이다. 당시 피해자가 접속한 웹사이트는 공격자가 사전에 합법적 웹사이트를 탈취하여 사이버 공격을 위해 조작해둔 가짜였다.

피해자가 링크를 클릭한 순간, 한때 가장 많은 사용자가 애용하던 '인터넷 익스플로러Interent Explorer'인 웹브라우저를 통해 가짜 웹사이트로 연결되었다. 그 이유는 공격자가 익스플로러의 취약점을 이용한 공격을 실시할 수 있었기 때문이다. 공격자는 사이버 공격이 일어난 시점까지 마이크로소프트가 알지 못했던 익스플로러의 '제로 데이 버그zero day bug' 취약점을 이용해 자신들이 공격에 사용할 멀웨어를 탐지되지 않게 웹사이트에 숨길 수 있었다. 개발자와 대중에게 알려지지 않은 소프트웨어 상의 취약점을 뜻하는 '제로 데이'라는 말처럼 최신 버전에 모든 패치가 완료된 익스플로러가 설치되어 있어도 공격자의 멀웨어를 발견할 수 없었던 것이다. 한편, 여기서 '버그'라는 말은 소프트웨어 개발 시 의도하지 않게 만들어진 오류나 결함을 말한다.

웹사이트에 은밀히 숨어 있던 멀웨어는 피해자의 컴퓨터에 강제적으로 트로이 목마를 설치하도록 만들었다. 이 트로이 목마는 보안 측면에서 최신 윈도우즈를 사용하고 있는 컴퓨터를 감염시키도록 설계되어 있었다. 그리고 피해자의 컴퓨터에 설치된 트로이 목마는 멀리 떨어져 있는 공격자가 인터넷을 통해 피해자의 컴퓨터에 접속할 수 있도록 문을 열어주었다.

2부 : 본 게임의 부분적 성공

공격 대상인 구글 직원의 컴퓨터를 원격으로 통제할 수 있는 권한을 갖게 된 공격자는 4단계 작전인 지메일Gmail 계정 접근을 시도했다. 그들은 무작위로 아무 계정에나 접근을 시도한 것이 아니었다. 흥미롭게도 그들은 모든 인권운동가를 대상으로 한 것이 아니라 중국이라는 특정 국가의 인권을 위해 활동하는 인물들만을 대상으로 하여 접근을 시도했다. 그런데 다행히도 공격자가 공격 대상인 중국 인권운동가들의

> **'소프트웨어 형상 관리'란?**
>
> 소프트웨어 개발 및 유지보수 과정에서 발생하는 소스 코드, 문서, 인터페이스 등과 같은 각종 결과물에 대한 형상을 만들고, 이 형상에 대한 변경을 체계적으로 관리·제어하기 위한 활동을 말한다.

지메일 계정에 대한 접속 요청이 이루어졌을 때, 그 계정 모두가 미국 법 집행기관으로부터 법원 명령을 받았다는 공통점을 가지고 있었다. 이러한 점을 의심한 구글은 해당 공격을 실시하는 공격자의 지메일 계정의 내용을 확인함으로써 공격을 막을 수 있었다. 구글은 공격자가 공격 목표였던 중국 인권운동가의 지메일 계정 생성일과 그들이 발신 및 수신한 지메일의 제목 정도만을 확인했다고 밝혔다. 즉, 공격자가 지메일 해킹을 통해 중국 인권운동가들과 관련된 중요한 정보들을 완전히 획득하는 데 실패한 것이다.

공격자는 지메일 계정에 접속해 필요한 정보를 획득하는 데 실패했지만, 5단계에서 구글의 핵심 기술을 탈취하는 데는 부분적으로 성공을 거두었다. 이러한 기술 탈취 부분은 구글에 대한 사이버 공격 사건을 조사하던 맥아피의 보안 전문가들이 구글의 소스 코드가 안전하지 않다는 점을 발견하면서 외부에 알려지게 되었다.

구글 직원의 컴퓨터를 통해 침입에 성공한 공격자는 구글이 만든 소프트웨어의 소스 코드를 호스팅해주는 '퍼포스Perforce'의 서버를 찾았다. 퍼포스는 '소프트웨어 형상 관리Software Configuration Management'를 전문으로 하며 그와 관련된 소프트웨어와 시스템을 전 세계 여러 고객을 대상으로 판매하거나 서비스를 제공하는 회사이다. 대부분의 회사들은 오픈소스가 아닌 경우 모든 소스 코드를 지적 재산으로 간주하여 안전한 위치에 보관한다. 대기업들은 전문 기업이 만든 소프트웨어 형상 관리 시스템을 사용하여 자신들의 소스 코드를 보관하는데, 구글의 경우 퍼포스의 시스템과 서비스를 이용하고 있었다.

구글의 소스 코드를 호스팅하는 퍼포스의 서버 위치를 확인한 공격자는 또 다른 제로 데이 취약점을 활용해 쉽게 퍼포스의 시스템에 침입하는 데 성공했다. 당시 퍼포스는 기본적으로 보안에 매우 취약했다. 퍼포스가 가진 취약점들을 나열하면 다음과 같다. 먼저, 어느 누구나 관리자의 승인 없이 사용자 계정을 생성할 수 있었다. 암호가 암호화되어 보관되지 않았으며, 퍼포스 서버는 암호화 없이 외부의 통신을 주고받았다. 또한, 그들의 인증 방식은 부정한 방법으로 접근이 제한된 디렉토리에서 파일을 열람하는 '디렉토리 접근 공격Directory Traversal Attack'에 취약했을 뿐만 아니라 모든 파일들이 일반 텍스트로 저장되어 있었다. 즉, 공격자는 구글의 시스템 안에 들어가기만 하면 퍼포스 시스템에 언제든 자유롭게 접속하여 중요한 내부 정보를 쉽게 획득할 수 있었다. 결국, 이러한 퍼포스 시스템이 가진 보안의 취약점 때문에 공격자는 구글 크롬 브라우저의 일부 소스 코드를 훔쳐갈 수 있었다. 구글은 2010년 1월 12일 공식 블로그에 올린 글에서 지적 재산 일부가 탈취된 사실을 밝힌 바 있다.

오퍼레이션 오로라의 배후가 국가일 가능성이 높은 이유

이번 사이버 공격의 부분적 성공은 마이크로소프트의 소프트웨어가 가진 제로 데이 취약점에서 시작되었다. 마이크소프트는 이번에 드러난 인터넷 익스플로러와 윈도우즈 운영체제가 가진 취약점을 보완하는 보안패치를 재빨리 일반 대중에게 배포하기 시작했다. 사이버 보안회사인 맥아피 역시 조사를 통해 드러난 멀웨어에 대한 정보를 이용해 백신 프로그램이 실시간으로 유사한 공격을 감시 및 발견할 수 있도록 조치를 취했다.

사이버 공격의 특징은 공격 행위자를 명확히 밝히는 것이 어렵다는 것이다. 이번 사건 역시 구글뿐만이 아니라 정부와 민간 보안기업들이 면밀한 조사를 실시했다. 그 조사 결과는 이번 사이버 공격의 배후에 특정 국가가 있다고 보았다. 일부 정황적 증거들도 특정 국가를 가리키고 있었다. 그러나 해당 국가는 이것을 전면 부인했다.

오퍼레이션 오로라로 알려진 이번 사이버 공격의 배후가 국가일 가능성이 높은 이유는 이 정도의 사이버 공격을 실시하려면 많은 수준 높은 인력과 금전적 지원이 필요할 뿐 아니라 국가 차원의 조직력이 필요하기 때문이었다. 앞에서 여러 단계의 공격 수행에 대해 설명했듯이, 공격자는 공격을 위해 사전에 목표 기업과 직원들에 대한 많은 정보를 수집한 뒤 목표 대상을 줄여나가는 한편 잠재적 피해자가 관심을 가질 만한 스피어 피싱 이메일 제작에 들어갔다. 이와 동시에 공격자는 함정이 되는 가짜 웹사이트를 만들고 그곳에 멀웨어를 숨겨두었다.

여기서 중요한 사실은 이 사이버 공격에 여러 개의 제로 데이 취약점이 사용되었다는 것이다. 구글이나 마이크로소프트와 같은 거대 IT 기업들은 제품을 출시할 때 수많은 테스트를 거쳐 취약점을 식별하려고 노력하고 있다. 제품 출시 후에도 문제점이 식별되면 신속히 보안 패치와 업데이트를 통해 이를 제거하고 있다. 이러한 환경에서 공격자가 한 가지의 제로 데이 취약점을 확보하여 사이버 공격을 실시한다는 것만도 엄청난 일이다. 그런데 이번 공격에서 공격자는 여러 개의 제로 데이 취약점을 여러 단계에서 사용했다. 또한, 멀웨어도 원하는 결과를 위해 맞춤식으로 제작했다. 마지막으로, 멀웨어가 설치된 이후 또 다른 부류의 해킹 전문가들이 멀웨어에 감염된 컴퓨터와 서버에 침투하여 다양한 작전을 수행했다.

이러한 상황은 공격자가 많은 인원으로 구성되어 있으며, 각각의 단계는 임무별로 나뉜 팀들이 수행했을 가능성이 높음을 암시하고 있다. 즉, 전문가들은 오퍼레이션 오로라가 공격 대상에 대한 정보를 수집하는 정보수집팀, 취약점 식별 후 그에 따른 침투 방식을 개발하고 멀웨어를 만드는 침투 방식 개발 및 멀웨어 제작팀, 그리고 공격을 수행하는 팀 등 최소 3개 이상의 팀이 작전을 수행했다고 보고 있다. 이러한 많은 팀을 운영하고 최신 해킹 기술과 프로그램 개발 능력을 보유하고 오랜 시간 작전을 지속하는 데에는 엄청난 금전적 지원이 필요하다. 끝으로 군사적 관점에서 볼 때 이러한 모든 요소들을 하나의 공통된 목표를 향하도록 조직화하기 위해서는 강력한 리더십을 가진 존재가 필요하다.

오퍼레이션 오로라의 배후가 중국일 가능성이 높음을 보여주는 세 가지 증거

그렇다면 어느 국가가 이러한 끔찍한 일을 벌인 것일까? 그것에 대한 해답은 앞쪽으로 돌아가 공격자의 구체적 목표를 통해서 찾아볼 수 있다. 구글 직원 컴퓨터에 침투한 공격자는 지메일 계정 해킹을 시도했

우리에게 상하이교통대학교로 잘 알려져 있는 상하이자오퉁대학교의 동쪽에 위치한 정문 사진이다. 베이징대학교와 칭화대학교와 함께 중국 내 최고의 고등교육기관 중 하나인 상하이교통대학교는 이공계의 전통이 강하다. 상하이교통대학교는 2010년 구글에 대한 중국발 사이버 공격의 발원지로 지목되자 적극적으로 자신들의 관련성을 부인한 바 있다. 〈출처: https://en.sjtu.edu.cn/about/general_information〉

다. 그들은 불특정 대상이 아니라 반체제 인사인 중국 인권운동가들을 대상으로 하여 그들의 계정만을 노렸다. 중국 정부는 체제 유지를 위해 오랫동안 인권운동가들을 탄압해왔다. 공격자가 중국 정부에 반대하는 이들의 계정에 접속해 정보를 수집하려고 했다는 사실은 자연스럽게 중국이 오퍼레이션 오로라의 배후일지도 모른다는 의심을 불러일으켰다.

공격의 발원지 역시 중국이 오퍼레이션 오로라의 배후일 가능성이 높다는 것을 보여주는 증거로 작용했다. 조사 결과에 따르면, 공격의 발원지가 중국에 있는 란시앙 고급기공학교Lanxiang Vocational School와 상하이교통대학교Shanghai Jiao Tong University였던 것이다. 중국 정부의 승인을 받아 설립된 합법적 기관인 두 학교는 당연히 이번 공격과 자신들의 관련성을 부인했다. 다른 세력이 자신들의 신원을 드러내지 않기 위해 두 학교의 지하에서 또는 학교의 서버를 몰래 이용해 사이버 공격을 실시했을 가능성도 있었기 때문에 중국과 두 학교를 무조건적으로 범인으로 몰아세우기에는 어려운 점이 있었다. 그럼에도 불구하고 공격 대상이 중국의 반체제 인사였던 점에 비춰볼 때, 공격의 발원지가 중국으로 드러난 것은 우연이 아닌 것처럼 보인다.

끝으로, 전문가들은 한 목소리로 공개된 멀웨어의 체크섬checksum 알고리즘을 분석한 후, 이것이 중국에서만 유일하게 사용되고 있음을 밝혀냈다. '검사합'이라고도 불리는 체크섬은 오류 검출 방식의 하나로, 데이터의 정확성을 검사하기 위한 용도로 사용되는 합계를 말한다. 대개는 데이터의 입력이나 전송 시에 제대로 되었는지 확인하기 위해 입력 데이터나 전송 데이터의 맨 마지막에 앞서 보낸 모든 데이터를 다 합한 합계를 따로 보낸다. 데이터를 받아들이는 측에서는 하나씩 받아들여 합산한 다음 이를 최종적으로 들어온 검사 합계와 비교하여 착오가 있는지를 점검한다.

이 세 가지 사실은 오퍼레이션 오로라의 배후가 중국일 가능성이 높음을 보여주는 증거라 할 수 있다.

오퍼레이션 오로라의 세 가지 여파

오퍼레이션 오로라가 불러온 첫 번째 여파는 구글의 중국 시장 철수이다. 공격의 가장 큰 피해자는 2005년 중국 시장 진출을 선언한 구글이었다. 지금도 그렇지만 당시 중국은 서구 IT 기업에게 자국의 사이버 시장을 오픈하지 않았다. 전 세계인이 많이 사용하는 인스타그램과 페이스북, 그리고 트위터 등은 중국 내에서는 사용할 수가 없다. 중국에

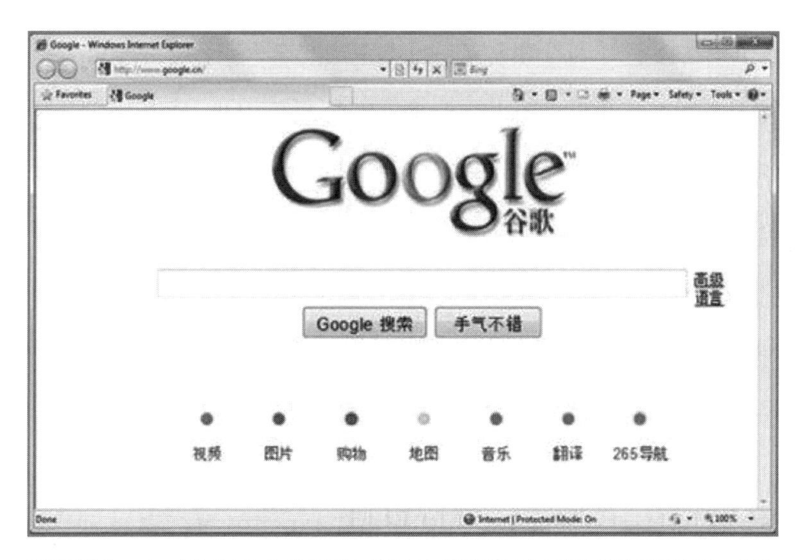

구글차이나(google.cn)의 주소로 중국 내에서 서비스를 시작했을 당시 구글 검색 엔진의 모습 〈출처: https://www.redmondpie.com/google.cn-is-no-more-9140547/〉

서는 구글을 이용한 정보 검색은커녕 접속조차 허용되지 않았다. 그 이유는 자국 IT 기업의 성장을 위한 시장 보호부터 중국 체제에 대한 위협요소 제거에 이르기까지 다양하게 해석될 수 있다.

체제 위협과 관련된 것은 구글의 중국 내 사업 시작 초기부터 큰 문제였다. 구글은 중국 내 사업을 위한 사업권을 얻은 후 오피스를 마련하고 직원을 뽑았다. 그러나 중국은 '천안문 광장 시위'와 같은 체제에 위협이 될 만한 내용의 검색 제한을 이유로 구글의 사업권을 박탈하려고 했다. 구글의 경영진은 기업과 인터넷의 정신에 정면으로 배치되는 중국 정부의 요구를 굴욕적으로 여겼지만, 최종적으로 받아들이는 것으로 합의하며 2007년 중국인들에게 구글차이나google.cn 서비스를 시작했다.

2008년 베이징 하계 올림픽을 기점으로 중국 정부의 검열 요구가 노골적으로 늘기 시작했다. 올림픽 특수로 많은 사람들이 구글의 검색 엔진을 이용하기 위해 접속하자, 중국은 더 많은 검색 금지어를 구글에 요구했다. 이러한 요구는 올림픽이 종료된 후에도 계속 이어졌다. 성적인 단어부터 중국 정부와 친정부 인사, 정치인에 대한 비판 내용 모두가 구글차이나에서는 허용되지 않았다. 이러한 상황에서 2009년 오퍼레이션 오로라가 일어났으며, 중국 인권운동가가 사용하던 계정이 공격 목표였다.

중국 정부의 검열 압박에 시달리던 구글 경영진은 자신들이 사이버 공격을 당한 사실을 2010년 1월에 공식 블로그의 글을 통해 대중에게 공개했다. 당시 글의 제목은 '중국에 대한 새로운 접근A New Approach to China'로 의미심장했다. 그럴 만한 것이 중국 내 사업에 대한 새로운 결정이 필요했기 때문이다. 더 이상 중국 내 사업이 어렵다고 판단한 구글은 사업의 완전 철수가 아니라 한 국가 두 체제를 유지하고 있던 홍콩으로 서비스 이전을 추진했다. 구글차이나를 폐쇄했지만, 중국 내 사용자가 홍콩에 구축된 구글홍콩google.com.hk을 통해 자사의 검색 엔진을 계속 이용할 수 있게 했다. 그러나 중국 정부는 이마저도 허용하지 않았다. 이로써 2010년 1월 구글에 대한 오퍼레이션 오로라가 대중에 공개되고 나서 얼마 지나지 않아 중국 본토나 홍콩에서 google.com뿐만 아니라 google.cn, google.com.hk 등 구글과 관련된 모든 사이트의 접속이 불가능해졌다.

두 번째 여파는 오퍼레이션 오로라에 사용되었던 것과 유사한 멀웨어를 이용한 중국의 사이버 공세 전략인 사이버 스파위 행위가 계속되었다는 것이다. 구글 등 20여 개 이상의 글로벌 IT 기업에 대한 사이버 공격이었던 오퍼레이션 오로라에 대한 조사는 구글의 중국 철수 이후에도 계속되었다. 구글이 중국에서 철수한 이후로도 구글 공격에 사용되었던 것과 유사한 멀웨어가 다른 사이버 공격에도 등장했기 때문이다. 이 사건을 초기부터 조사했던 맥아피뿐만이 아니라 다른 유명 글로벌 보안업체들이 중국 정부와 연관되었다고 알려진, 구글을 공격한 사이버 해킹 단체를 쫓기 시작했다. 이 보안업체들은 저마다 다양한 이유로 구글을 공격했던 사이버 공격자들에게 이름을 붙였다. 대표적으로 시만텍Symantec은 엘더우드 그룹Elderwood Group, 맨디언트Mandiant는 APT 17, 크라우드스트라이크Crowdstrike는 스니키 판다Sneaky Panda, 그리고 미 정보기관 NSA는 SIG22로 그들을 불렀다. 시만텍이 그들을 엘더우드 그룹으로 명명한 이유는 공격에 사용된 멀웨어의 소스 코드에 반복적으로 등장하는 '엘더우드'라는 단어 때문이었다.

한편, 오퍼레이션 오로라를 벌였던 공격자는 이후 크게 두 가지 큰 변화를 주었다. 먼저, 공격의 대상을 바꾸었다. 이전의 공격 대상이 구글과 마이크로소프트, 어도비와 야후와 같은 IT 기업이었다면, 이후에는 미국의 군사 무기를 생산하는 보잉Boeing과 레이시온Raytheon 같은 방산회사로 전환되었다. 즉, 이들은 방산과 관련된 미국의 핵심 기술을 노리는 사이버 스파이cyber espionage 행위에 집중하기 시작한 것이다.

두 번째 변화는 공격 전략이 진화했다는 것이다. 그들은 미국 방산회사의 철통같은 보안을 직접 뚫기보다는 간접접근전략을 택했다. 미국의 핵심 방위산업체들의 하청 및 거래 업체들을 해킹하여 얻은 자료를 통해 미국의 핵심 방위산업체들이 가진 핵심 기술의 근간이 어떠한 부품과 소프트웨어 등으로 구성되는지 파악하는 방식을 사용한 것이었다.

'워터링 홀 공격'이란?

야생에서 포식자는 물웅덩이(워터링 홀watering hole) 근처에서 자신보다 약한 잠재적 먹이가 목을 축이러 올 때까지 매복해 있다가 먹잇감이 나타나면 사냥을 한다. 워터링 홀 공격watering hole attack은 포식자가 야생에서 먹잇감을 위해 물웅덩이에 매복해 있다가 공격하는 것과 유사한 방식으로 이루어지는 사이버 공격으로, 표적 공격이라고도 한다. 공격자는 공격 대상으로 선정한 사용자가 방문할 가능성이 높은 합법적 웹사이트를 사전에 탈취해 악성 코드에 감염시킨 뒤 그곳에 잠복해 있다가 공격 대상자가 그 웹사이트에 접속하면 공격 대상자의 컴퓨터에 악성 코드를 설치한다.

또한, 공격자는 이들 방산업체와 거래처의 직원들이 자주 가는 웹사이트 등을 파악하여 그곳에 워터링 홀 공격watering hole attack을 준비해두었다. 이는 이전의 스피어 피싱 이메일 공격을 약간 수정한 것이었다.

세 번째 여파는 그 이후로 사이버 공간에서 미국과 중국의 대립이 심화되었다는 것이다. 2009년 구글에 대한 사이버 공격을 시작으로 중국 정부와 연계된 해커들의 사이버 공격이 본격화되었다. 그들은 사이버 공간의 익명성을 이용했지만, 공격의 시작점은 중국의 두 학교였고, 멀웨어 소스 코드에는 중국에서만 사용되는 고유한 특징이 있었다. 또한, 공격 목표 역시 중국 정부의 이익을 대변하고 있었다. 게다가 구글에 대한 사이버 공격으로 시작된 미국에 대한 중국의 도전은 미국의 핵심 방위산업으로 옮겨갔다. 공격 방법은 방어가 어렵도록 진화하고 있고, 규모도 횟수도 계속 증가하는 추세이다.

결국, 미국의 정상까지 나서야 하는 상황이 되었다. 2015년 미국의 버락 오바마 대통령은 시진핑 중국 주석과의 만남에서 제일 중요한 의제로 중국의 불법적 사이버 공격을 다루었다. 중국은 상업적 목적의 사이버 스파이 행위를 비롯한 불법적 사이버 공격을 하지 않겠다며 미국과 미중 사이버안보협약에 합의했지만, 그 뒤 잠시 중국발 사이버 공격이 줄어드는가 싶더니 얼마 지나지 않아 이전과 같아졌다. 앞에서는 불법적 사이버 공격을 하지 않겠다고 합의하는 척하면서 뒤에서는 사이버 공간의 익명성을 이용하여 사이버 스파이 행위 등 불법적 사이버 공격을 일삼았다.

중국이 배후로 지목된 오퍼레이션 오로라는 중국식 사이버전 전략의 시작점이라 평가할 수 있다. 중국 정부는 자신의 궁극적 국가 목표인 공산당 정권 유지를 위해 과감하게 사이버 작전을 수행하고 있다. 또한, 중국은 국제적으로 미국과 양강체제를 이루기 위해 서구 국가들에 비해 뒤처진 과학기술을 따라잡기 위한 방법으로 사이버 작전을 선택했다. 많은 글로벌 사이버 보안업체들은 오퍼레이션 오로라에 투입되었던 중국의 사이버 팀들이 이러한 작전에 최선봉에 서 있다고 평가하고 있다. 중국이 더 무서운 것은 오퍼레이션 오로라에 투입되었던 팀들뿐만 아니라 유사한 사이버 작전 팀을 무수히 많이 보유하고 있으며, 지금도 사이버 공간 이곳저곳에서 중국의 이익을 위해 불법적 행위를 일삼고 있다는 사실이다.

미국을 비롯한 서방의 전문가들은 중국이 사이버 스파이 행위를 통해 첨단 무기 기술 분야에서 미국과의 격차를 상당히 좁혔다고 평가하고 있다. 특히, 중국 사이버 스파이들이 미국 록히드 마틴의 세계 최초이자 최강 스텔스 전투기인 F-22 랩터와 소형 스텔스 전투기인 F-35에 들

위에서부터 미국의 록히드 마틴 방위산업체가 제작한 스텔스 전투기 F-22와 F-35, 중국의 제5세대 스텔스 전투기 J-20과 차세대 항공모함 함재기 FC-31의 모습이다. 중국은 사이버 스파이 행위를 통해 록히드 마틴의 최첨단 스텔스 전투기의 중요 기술을 탈취해 J-20과 FC-31을 제작했다고 알려져 있다. 중국은 민간과 국방 등 전 영역에서 핵심 기술 탈취를 위한 사이버 스파이 행위를 벌이고 있으며, 실제로 다양한 분야에서 선진국과의 기술 격차를 줄이는 등 그 성과가 가시화되고 있다. 〈출처: WIKIMEDIA COMMONS〉

어간 핵심 기술을 탈취했고, 이들 기술이 중국 청두항공成都航空이 개발한 세계에서 세 번째 5세대 스텔스 전투기인 J-20과 중국의 선양항공기제작공사沈飛航空博覽園가 제작 중인 차세대 항공모함 함재기 FC-31 자이어팰컨Gyrfalcon 제작에 반영되었다고 알려져 있다.

실제로 2016년 미 법무부는 스티븐 수Stephen Su 또는 스티븐 수빈Stephen Subin이라는 예명으로 알려져 있던 수 빈Su Bin이라는 중국 국적의 인물이 사이버 스파이 행위를 통해 오랫동안 미국 방위산업체에서 핵심 기술을 탈취한 혐의에 대해 유죄를 인정했음을 발표했다. 그는 중국 내 해커 2명과 공모하여 2008년 10월부터 2014년 3월까지 보잉의 민감한 군사 정보를 탈취했다. 그리고 그는 다른 공모자들과 함께 F-22와 F-35 전투기에 관한 군사기밀도 해킹한 사실을 인정했다.

중국, 러시아, 북한의 사이버전 전략은 불법이라는 공통점을 가지고 있다. 그러나 면밀히 들여다보면 약간의 차이가 있다. 특히, 중국의 사이버전 전략은 사이버 마키아벨리즘에 능한 러시아와 정치 및 금전 목적 둘 다를 추구하는 북한의 사이버 전략과는 다른 양상을 보인다. 구글에 대한 사이버 공격에서 드러난 것처럼 첫 번째 중국의 사이버전 전략은 정권 보호를 위해 국내 검열을 강화하는 것이다. 두 번째 중국의 사이버전 전략은 사이버 스파이 행위를 통해 서방의 최신 기술을 탈취하는 것이다. 이는 미국과의 패권 경쟁에 활용되고 있다. 중국의 해커들은 민간과 국방 등 전 영역에서 핵심 기술 탈취를 위한 사이버 스파이 행위를 벌이고 있으며, 실제로 다양한 분야에서 선진국과의 기술 격차를 줄이는 등 그 성과가 가시화되고 있다. 앞에서 설명한 J-22와 FC-31과 같은 중국의 차세대 전투기가 그 대표적인 예이다. 한편,

중국의 사이버 스파이 행위로부터 대한민국도 자유로울 수 없다. 그들은 대한민국이 가진 핵심 기술 역시 노리고 있다. 따라서 우리 역시도 중국 정부와 연계된 해커 집단의 사이버 공격에 대비하여 국가 차원의 조직적인 활동이 절실하다.

CHAPTER 24

코로나19로 더 치열해진 사이버 스파이전과 사이버 사보타주

정보화 시대의 중국의 사이버 스파이 전략

국가 주도의 스파이 행위는 정치 및 군사 정보의 획득부터 지식재산권을 포함한 경제 관련 정보 탈취에 이르기까지 모든 영역에서 이루어지고 있다. 이는 국가 존망存亡에 영향을 미치는 국가안보와 직결되는 심각한 문제이기도 하다. 약 600~800년경 에티오피아 산악지대에서 처음 발견된 커피는 바다를 건너 예멘으로 넘어가 그곳에서 재배되기 시작했다. 예멘은 커피의 진가를 알아채고 이에 대한 독점적 지위를 유지하기 위해 생두와 커피나무의 외부 반출을 막았다.

'모카Mocha'는 당시 커피의 대명사로 쓰였는데, 그 이유는 예멘의 항구도시인 '모카Mocha'에서만 커피가 판매되었기 때문이다. 그런데 네덜란드는 예멘과 유사한 환경이라면 다른 곳에서도 커피를 재배할 수 있다는 사실을 알아챘다. 그들은 1616년 예멘의 모카에 스파이를 투입해 커피나무를 뿌리째 훔쳤다. 이후 커피는 네덜란드의 식민지인 실론Ceylon(스리랑카의 옛 지명)과 인도네시아 자바Java를 필두로 전 세계 곳곳에서 생산되기 시작했다. 더욱이 네덜란드의 이 스파이 행위로 인해 예멘은 독점적 커피 생산자의 지위를 잃게 되었고, 오늘날 아랍 세계에서 가장 가난한 나라가 되었다.

정보화 시대에 접어들어 국가 주도의 스파이 행위는 더 쉽게, 더 자주 일어나고 있다. 중국 정부는 2010년 초부터 가장 적극적으로 사이버 스파이전cyber espionage을 주도하고 있다. 중국 해커들의 공격은 크게 두 가지 전략 산업 분야에 집중되어 있다.

첫째, 중국 해커들은 미국의 무기 시스템 정보 획득을 위해 미군과 주요 방위산업체를 집중적으로 공략하고 있다. 둘째, 소프트웨어 산업을 선도하는 미국 내 IT 기업을 또 다른 공격 대상으로 삼고 있다. 이처럼 중국은 사이버 공격을 통해 주요 기술을 탈취하여 그들이 서방 국가에 비해 뒤처진 분야를 만회하려는 불법적인 전략을 취하고 있다. 구체적으로 2010년에 구글은 중국 해커가 인권운동가의 구글 계정 탈취를 시도했다고 밝혔다. 미 국방부와 방위산업 관련 주요 계약을 맺고 있던 시만텍Symantec, 어도비Adobe, 노스럽 그러먼Northrop Grumman 등도 비슷한 시기에 중국 해커의 공격을 받았다.

2014년 9월 미 상원 군사위원회는 조사 결과를 토대로 중국과 연계된 해커들이 미국 항공사, 핵심 산업 기술 보유 기업, 그리고 방위산업과 관련된 기업의 컴퓨터 시스템에 무수히 많이 침입했다고 밝혔다. 2019년 미 해군과 그 협력 기업 역시 중국 해커들의 공격을 받은 사실이 드러났다. 정보화 시대에 흔하게 일어나고 있는 사이버 스파이전은 국가안보를 심각하게 위협하는 국가 간의 전戰이라 할 수 있다.

코로나19와 점점 노골화되고 있는 중국의 사이버 스파이전

코로나19 팬데믹 시기 국가 주도 사이버 스파이전은 더 심각하게 전개되고 있다. 글로벌 제약회사들은 코로나19의 종식을 위해 백신과 치료제 개발에 박차를 가하고 있다. 그러나 백신과 치료제 개발은 매우 어려운 일이다. 2021년 3월 기준으로 단 12개의 백신만이 한 국가 이상에서 일반인 대상 접종 승인을 받았을 뿐이다. 또한, 생산 물량이 워낙 적다 보니 백신의 전 세계 보급률은 낮을 뿐만 아니라 국가의 경제력에 따라 국가 간 백신 확보 물량의 격차도 큰 상태이다. 당연히 몸값이 높은 백신과 백신 관련 데이터는 개발 초기부터 국가 주도 사이버 스파이전의 절대적인 목표일 수밖에 없었다.

2020년 7월 미국 국토안보부Department of Homeland Security는 러시아 정보기관 소속 해킹 단체가 미국, 영국, 캐나다 등지의 코로나19 연구기관들을 집중적으로 공격 중이라고 밝혔다. 같은 달, 미 법무부는 중국인 해커 2명을 미국의 바이오테크 기업 모더나Moderna의 네트워크 침입 시도 혐의로 기소했다. 그들은 중국 정보기관인 국가안전부 소속 해커들로, 지난 10년간 여러 국가의 지식재산권 탈취를 시도했던 사이버 전사였다. 모더나는 2020년 7월 당시 세계 최대 규모인 미국 내 89개 도시에서 3만 명을 대상으로 코로나19 백신 3상 시험을 진행할 정도로 가장 앞선 기술을 가진 기업이었다. 미 법무부 기소장에 따르면, 중국 해커들은 다행히도 백신에 관한 정보 탈취를 시도했으나 이를 얻는 데

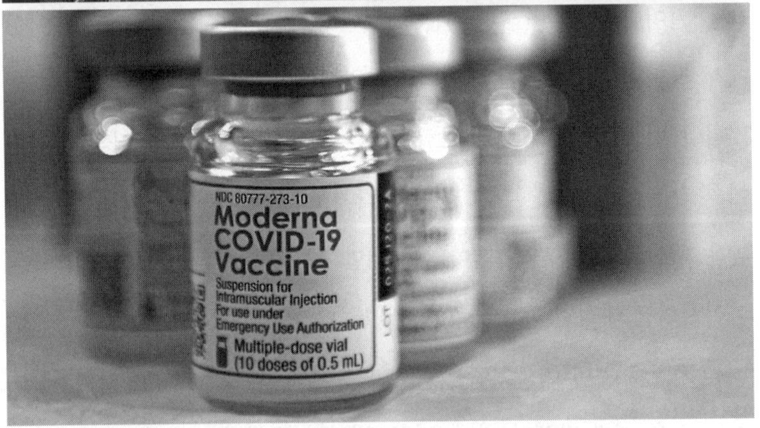

2020년 7월, 미 법무부는 중국인 해커 2명을 세계 최대 규모의 미국 바이오테크 기업 모더나의 네트워크 침입 시도 혐의로 기소했다. 그들은 중국 정보기관인 국가안전부 소속 해커들로, 지난 10년간 여러 국가의 지식재산권 탈취를 시도했던 사이버 전사였다. 미 법무부 기소장에 따르면, 중국 해커들은 이 분야에서 가장 앞선 기술을 가진 모더나의 백신에 관한 정보를 탈취하려 시도했으나 이를 얻는 데 실패했다. 이처럼 백신에 관한 정보를 탈취하기 위한 중국의 사이버 스파이전은 점점 더 노골화되고 있다. 〈출처: WIKIMEDIA COMMONS | Public Domain〉

실패했다. 이 분야에서 앞선 기술을 가진 다른 나라 기업의 백신에 관한 정보를 탈취하기 위한 중국의 사이버 스파이전은 점점 더 노골적으로 변해갔다.

2020년 11월에는 영국의 제약회사인 아스트라제네카AstraZeneca가 집중적인 사이버 공격을 받았다. 중국, 러시아, 이란, 그리고 북한과 연계

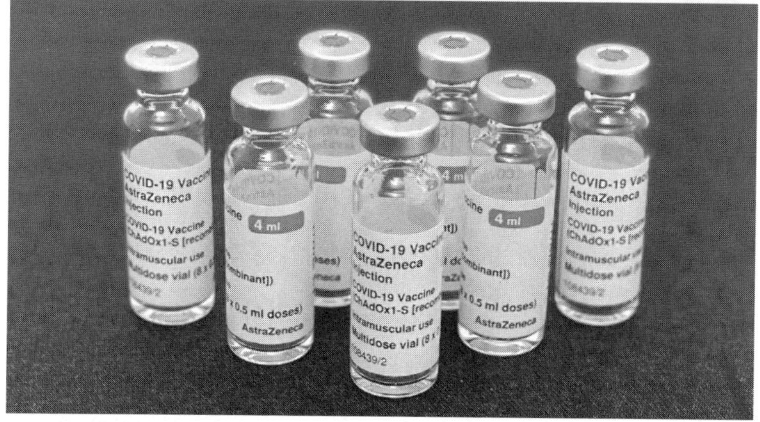

2020년 11월에는 영국의 제약회사인 아스트라제네카가 집중적인 사이버 공격을 받았다. 중국, 러시아, 이란, 그리고 북한과 연계된 해커들이 제각각 아스트라제네카의 네트워크에 접속을 시도했다. 대표적인 공격 방식은 악성 코드가 심어진 피싱 이메일을 아스트라제네카 직원에게 보내어 회사 네트워크에 접속할 수 있는 권한을 탈취하는 것이었다. 〈출처: WIKIMEDIA COMMONS | Public Domain〉

된 해커들이 제각각 아스트라제네카의 네트워크에 접속을 시도했다. 대표적인 공격 방식은 악성 코드가 심어진 피싱 이메일을 아스트라제네카 직원에게 보내어 회사 네트워크에 접속할 수 있는 권한을 탈취하는 것이었다. 심지어 얼마 전인 2021년 2월 미국의 제약회사 화이자Pfizer가 북한의 해킹 공격을 받은 사실이 언론을 통해 공개되었다. 화이자는 가장 안전하면서 효과가 높은 백신을 생산하는 기업으로 알려져 있다.

사이버 사보타주로의 진화

코로나19와 관련된 사이버전은 사이버 스파이전에 국한되지 않고 있다. 최근 들어, 사이버전이 백신 파이프라인과 수송 및 보관, 그리고 접종 시스템에 대한 사보타주Sabotage 공격으로 확전될 양상을 보여 그에 대한 우려가 커지고 있다. 사보타주는 고의로 상대방의 사유 재산 또는 공공 재산을 파괴하는 행위를 말한다. 그리고 제약업계에서 파이프라인이란 신약의 연구개발부터 임상시험, 그리고 허가에 이르는 전 과정을 말한다. 2020년 10월경, 코로나바이러스 치료제 임상 테스트에 사용되는 소프트웨어 개발 업체가 랜섬웨어의 공격을 받았다. 의도적으로 백신 생산에 차질을 주기 위한 사이버 공격이었다. 또한, 2020년 12월 코백스COVEX를 이끄는 세계백신면역연합GAVI, Global Alliance for Vaccines and Immunization도 사이버 공격을 받았다. 공격자는 수송 간 적절한 온도를 유지해야 하는 백신의 공급망을 목표로 삼았다. 사이버 공격 방법은 피싱 이메일에 악성 코드를 심어 보내는 방식이 사용되었다.

한 사이버 보안 회사는 정확하지는 않지만 발견된 악성 코드가 특정 국가 해커들이 사용하는 것과 유사하다고 발표했다. 만약, 해커들이 사물인터넷IoT 기술에 의해 통제되는 냉장 시스템 공격에 성공한다면 그곳에 보관 중인 백신은 사용할 수 없게 되는 끔찍한 상황에 이를 수 있다. 이외에도 사이버 전문가들은 백신 접종 명단과 예약 시스템에 대한 악의적 사이버 공격의 위험을 경고하고 나서기도 했다.

현재 전 세계가 코로나19로 큰 고통을 받고 있다. 그런데 이 어려운 시기에 엎친 데 덮친 격으로 국가 간의 사이버전은 더 격렬하게 진행 중이다. 일부 국가는 코로나19 백신과 관련된 정보를 탈취하기 위해 사이버 스파이전을 수행하고 있다. 또한, 고의로 상대방의 백신 개발, 백신의 유통과 접종 행위를 방해하려는 사이버 사보타주도 국가의 안보를 위협하고 있다. 따라서 국가안보를 지키기 위해 국가와 기업은 합심하여 코로나19 백신과 관련된 사이버전 문제에 대해 적극적으로 대처해야 할 것이다.

DoS Attack

DDoS Attack

Who am I?

Ransomware

Malware

| PART 6 |

사이버 군비경쟁

YOU

HAVE BEEN

HACKED!

사이버 공간에서 불붙은 군비경쟁

군비경쟁arms race은 2개 혹은 그 이상의 국가들이 적대적인 상대방에 대해 군사적으로 우위에 서는 것이 국가안보를 보장받는 방법이라고 확신하여 그들의 군대를 양이나 질적인 측면에서 경쟁적으로 증가시키는 일련의 행위를 말한다. 국가들은 병력과 무기 규모의 증가, 군사과학기술의 발전, 그리고 새로운 무기의 개발 · 생산 · 도입 등을 통해 군비경쟁을 실시한다. 역사상 가장 규모가 크고 치열했던 군비경쟁의 예는 냉전 시기 미국과 소련의 군비경쟁 대결이었다.

그런데 이러한 군비경쟁은 국가안보를 지키려는 의도에서 행해졌지만, 오히려 분쟁의 위험성을 증가시킴으로써 국가안보를 저해할 가능성이 매우 높다. 그 이유는 한 국가의 군사력 증강은 자국의 안보에 긍정적 효과를 가져오는 반면에 적대적인 국가의 안보를 심각하게 위협하기 때문이다. 결국, 안보적으로 위협을 받게 된 상대 국가도 천문학적인 군비를 사용하여 군사력 증강으로 맞서게 됨으로써 양측 간의 분쟁 가능성은 높아질 수 밖에 없다. 즉, 군비경쟁은 상대국의 군사력 증강 의도를 서로 신뢰하지 못함으로써 생기는 '두려움'에 기인해 발생하는 매우 자연스러운 작용과 반작용의 행위이다.

일반적으로 국가들은 상대국의 군대가 잘 훈련되고 최첨단 무기들로 무장하여 물리적으로 강해질 때 두려움과 위협을 느끼게 되어 그에 대응할 수 있는 능력을 갖추기 위한 행동을 취하게 된다. 그런데 이보다 더 큰 두려움과 위협은 적의 군사력을 정확히 파악하지 못했을 때 나타난다. 적이 가진 능력을 모른다는 것은 어느 정도까지 군비를 투입하여 군사력을 향상시킬지 명확한 기준 설정을 불가능하게 만든다. 눈에 보이지 않는 사이버 공간에서 이루어지는 국가 간 군비경쟁도 이와 같은 마찬가지이다.

사이버 군비경쟁cyber arms race은 전통적인 군비경쟁이 사이버 공간이라는 새로운 장場으로 옮겨온 것을 말한다. 국가들은 사이버 공간을 새로운 전장임을 명확히 인식하고 상대국보다 더 강력한 사이버 군사력을 갖추고자 노력하고 있다. 여기서 사이버 군사력을 구성하는 것은 사이버 무기와 전사, IT 기술과 인프라, 작전 지원 능력, 사이버 군사전략 등이다. 사이버 무기라는 것은 통상적으로 IT 전문가들이 컴퓨터 코드로 만들어낸 멀웨어 같은 것이라고 정의할 수 있다. 사이버 전사는 사이버 무기 또는 그들의 컴퓨터 실력을 활용해 특정 국가와 그 국민들을 대상으로 하는 사이버 작전을 수행하는 이들을 말한다. 그리고 강력한 사이버 무기와 전사를 보유하고 활용하기 위해서는 일정 수준의 기술과 금전적 지원이 필요하다.

그런데 새롭게 등장한 사이버 군비경쟁은 전통적 군비경쟁과 비교할 수 없을 정도로 심각하다. 그 이유는 국가가 현실 세계의 물리적 군사력과 달리 상대 국가의 사이버 군사력을 시각화 또는 계량화할 수 없으며, 추적과 감시도 제대로 할 수 없어 두려움에 사로잡히기 쉽기 때문이다. 이러한 점입가경漸入佳境의 상황은 사이버 공간의 특수성인 익명성과 모호성, 그리고 비대칭성에 기인한다. 익명성이 판치는 사이버 공간에서 만들어지고 유통되며 공격에 사용되는 멀웨어는 개인 해커들이 저비용으로 손쉽게 만든 것부터 국가의 지원을 받는 여러 전문가들이 공동으로 만든 정교한 것까지 엄청나게 많고 다양하다. 익명성 때문에 사이버 범죄를 일으키는 해커와 특정 국가를 위해 일하는 사이버 전사를 구분하기가 어렵다. 사이버 공격을 받은 국가가 사이버 전사와 이를 지원한 국가의 연계성을 증명하는 것조차 쉽지 않은 이런 상황에서 처벌을 논하는 것은 사치이다.

게다가 정상적인 소프트웨어와 불법적 멀웨어 간의 경계는 모호하다. 실제로 모든 IT 기기와 기술, 컴퓨터 프로그램 등은 언제든 사이버 공격에 동원이 가능하다. 이것들은 민수용과 군수용으로 사용 가능한 '이중 용도 기술dual-use technology'이다. 또한, 사이버 전사와 사이버 범죄 행위를 하는 해커를 나누는 기준은 그야말로 종이 한 장 차이이며, 사이버 공격자의 물리적 위치를 특정하기 어렵다. 이렇다 보니 민간에 대한 사이버 공격이 공공의 안보를 위협하는 상황이 되어버린다. 결정적으로 사이버전의 경우는 평시와 전시의 구분조차 모호하다.

게다가 사이버 군사력 증강을 위한 사이버 무기 개발은 물리적 무기 개발에 비해 아주 적은 비용으로도 가능하다. 그렇기 때문에 경제적으로나 군사적으로 약한 국가들도 사이버 군비경쟁에 쉽게 뛰어들어 비대칭적인 이익을 누릴 수 있다. 그들은 물리적 공간에서는 상대조차 할 수 없는 군사·경제대국과도 사이버 공간에서는 어깨를 나란히 할 수 있게 되었다. 이처럼 사이버 공간은 약소국의 뛰어난 사이버 전사 한 명이 매우 작은 용량의 멀웨어만 가지고도 강대국을 위기에 빠뜨릴 수 있는 비대칭의 공간이다. 결국, 약소국이든 강대국이든 모든 국가는 사이버 공간의 익명성과 모호성, 그리고 비대칭성으로 인해 날로 사이버 공격에 대한 두려움이 커지는 상황에서 재래식 무기에 비해 사이버 무기가 개발비가 저렴하기 때문에 사이버 군비경쟁에 쉽게 뛰어들 수밖에 없다.

사이버 아마겟돈의 위험성 증가

앞에서도 언급했듯이 사이버 군비경쟁을 더욱더 촉발하는 것은 낮은 진입 장벽이다. 국가는 적은 비용으로 사이버전을 수행할 수 있다. 그런데 적은 비용이 드는 사이버전의 기대효과는 상상을 초월한다. 그렇기 때문에 모든 국가들에게 사이버전은 매력적일 수밖에 없다. 강대국은 사이버 공간에서도 물리적 세계에서 누리던 권력을 누리기를 원한다. 최첨단 기술과 자본으로 무장한 그들의 사이버전 능력은 최고라 할 수 있다. 그러나 그들이 사이버 공격을 완벽하게 방어할 수 있는 능력을 가졌는지는 물음표이다. 그들의 방어 기술은 당연히 약소국에 비해 월등히 뛰어날 것이다. 하지만 사이버 강대국일수록 그들의 초연결 사회와 무한히 팽창하는 사이버 영역을 완벽하게 방어하기가 쉽지 않다. 인간과 인간, 인간과 사물, 사물과 사물이 네트워크로 연결된 초연결 사회인 사이버 강국들은 국가기반시설과 기업, 그리고 국민 모두가 오히려 사이버 공격에 취약할 수밖에 없다. 결국, 사이버 강국들은 불확실한 위험 속에서 사이버 공격력 향상을 위한 사이버 군비경쟁뿐만이 아니라 사이버 방어력 향상을 위한 군비경쟁에도 천문학적인 비용을 투입할 수밖에 없다.

약소국에게는 완전히 다른 기회의 장이 만들어졌다. 그들에게는 적은 비용과 조금의 노력만으로도 강대국에 도전할 수 있는 기회가 생겼다. 그들에게는 비용이 많이 들어가는 방어 기술 향상 따위는 필요 없다. 어차피 약소국에는 사이버 공격에 취약한 기반시설이 많지 않을뿐더러 적대국에게 이익이 될 만한 공격 목표도 많지 않다. 그렇기 때문에 약소국은 국가 경제를 위한 IT 기술 발전과 상관없이 오로지 불법적인 사이버 공격 능력 향상을 위해 군비경쟁에 뛰어들고 있다. 이는 사이버 강국에게 군비경쟁을 부추기는 기재가 되며, 계속적으로 증가하는 국가 간 사이버전의 원인이 되기도 한다.

여기서 더 큰 문제는 이러한 낮은 진입 장벽이 약소국뿐만이 아니라 반군단체와 테러리스트, 심지어 사이버 범죄자와 개별 해커들에게도 열려 있다는 사실이다. 사이버 공간에서는 합법적 폭력 행사가 가능한 국가만이 강력한 행위자가 될 수 있는 것은 아니다. 고급 컴퓨터 기술만 있다면, 약소국이든 반군단체이든 개인이든 상관없이 누구나 강력한 행위자가 될 수 있다. 결국, 물리적 세계에서 군비경쟁은 국가만의 전유물이었다면, 사이버 공간에서 군비경쟁은 국가부터 개인에 이르기까지 모든 행위자에게 열려 있다.

사이버 공간은 인류에게 엄청난 기회를 준 꿈과 같은 공간이지만, 다른 한편으로 국가부터 비국가 행위자 모두가 강력한 사이버 능력을 갖기 위해 진흙탕 싸움을 하고 온갖 불법적 행위를 일삼는 전쟁터이기도 하다. 심각한 문제는 미국, 중국, 러시아, 프랑스, 이스라엘 등 사이버 강국들이 사이버 방어에서 공격 쪽으로 무게중심을 옮기고 있다는 것이다. 사이버분쟁연구협회Cyber Conflict Studies Association의 제임스 멀베넌James Mulvenon은 "우리는 강력한 신무기(사이버 무기)를 갖게 되었지만, 이를 뒷받침할 개념이나 교리, 억지력이 없다. 더 나쁜 것은 (핵무기처럼) 미국과 러시아뿐만이 아니라 이제 전 세계 수백 만명이 이러한 무기를 갖고 있다는 것이다"라고 말하며 핵무기에 버금가는 사이버 무기의 위험성을 경고했다. 그러나 안타깝게도 지금 전 인류는 사이버 군비경쟁의 심화가 사이버 아마겟돈으로 연결되지 않기를 간절히 기도해

핵무기의 위력을 실제로 경험한 인류는 물리적인 전쟁에서 핵무기 사용을 자제하고 있으나, 물리적 파괴력까지 지닌 사이버 무기에 대해서는 어떠한 억제 수단도 갖고 있지 않다. 사이버분쟁연구협회의 제임스 멀베넌은 "우리는 강력한 신무기(사이버 무기)를 갖게 되었지만, 이를 뒷받침할 개념이나 교리, 억지력이 없다. 더 나쁜 것은 (핵무기처럼) 미국과 러시아뿐만이 아니라 이제 전 세계 수백 만명이 이러한 무기를 갖고 있다는 것이다"라고 말하며 핵무기에 버금가는 사이버 무기의 위험성을 경고한 다. 사이버 무기는 그러나 안타깝게도 지금 전 인류는 사이버 군비경쟁의 심화가 '사이버 아마겟돈'으로 연결되지 않기를 간절히 기도해야 하는 상황에 놓여 있다. 〈출처: WIKIMEDIA COMMONS | Public Domain〉

야 하는 상황에 놓여 있다.

2022년 러시아의 우크라이나 침공 사례는 사이버전이 모든 국가가 직면한 현실이고, 그 위력 역시 전쟁의 판도를 바꿀 엄청난 것임을 증명해 보였다. 앞으로도 사이버전은 우리가 예측하지 못한 양상으로 더

욱더 진화할 것이다. 그 예상하지 못한 사이버전의 위력을 갖고자 사이버 공간에서는 지금도 보이지 않는 국가 간 군비경쟁이 한창이다. 사이버전은 이제 현대전의 필수요소가 되어버렸다. 제5의 전장인 사이버 공간에서는 전시는 물론이고 평시에도 365일 24시간 아무런 시간적 · 공간적 제약 없이 사이버전이 벌어지고 있다.

2009년 유엔 산하 국제전기통신연합ITU, International Telecommunication Union의 사무총장 하마둔 투레Hamadoun Touré는 "제3차 세계대전은 사이버 공간에서 일어날 것이고, 그것은 재앙이 될 것이다. 그 전쟁에서 초강대국 같은 것은 없다는 것을 알아야 한다. … 핵심 네트워크가 파괴된 모든 국가는 곧바로 불능상태가 될 것이고, 사이버 공격으로부터 안전한 성역은 없다"라고 경고했다. 사이버 공간이 인류 최후의 전장 아마겟돈이 될 수도 있음을 암시한 것이다. 오늘날처럼 모든 것이 네트워크로 연결된 초연결 시대에는 인간과 인간, 인간과 사물, 사물과 사물이 네트워크로 연결되어 있기 때문에 봇bot들로 구성된 군단이나 멀웨어에 감염된 컴퓨터를 통제할 수 있는 자라면 그것이 일개 개인이든 집단이든 국가이든 간에 엄청난 힘을 발휘할 수 있다. 아이러니하게도 모든 것이 네트워크로 잘 연결된 초연결사회일수록 그만큼 사이버 공격에 훨씬 더 취약하다. 따라서 전 세계가 네트워크로 연결된 오늘날에는 사이버 공격으로부터 안전한 성역은 없는 셈이다.

1999년 코소보에서 최초의 사이버전이 시작된 지 불과 10년 만에 사이버전의 위험성을 경고한 투레의 말은 오랜 시간이 지난 지금 현실화되고 있다. 2022년 2월 24일에 시작된 러시아의 우크라이나에 대한 물리적 침공은 우크라이나를 심리적 · 물리적으로 마비시키기 위한 사이버 선제타격으로 시작되었고, 사이버 공간에서는 국적과 국경, 인종을 초월해서 인류의 평화를 바라는 다양한 국가의 해커들과 민간 기업인들이 러시아에 맞서 싸움으로써 그야말로 세계대전을 방불케 한다. 이것은 투레의 예측처럼 사이버 공간에서 군인과 민간인 모두가 뒤섞여 일어날 파멸적인 제3차 세계대전의 서막처럼 보이기까지 한다. 애석하게도 인류가 마주하고 있는 현실은 이 책에서 설명하고 묘사한 것보다 더 냉혹하고 잔인하다. 국가들의 사이버 군비경쟁은 이미 시작된 지 오래이고, 인류는 날로 진화하는 사이버전의 거대한 위협 앞에 놓여 있다.

그렇다면 사이버 아마겟돈을 피하기 위해 인류는 어떻게 해야 할까? 지금 우리는 머리를 맞대고 이것을 고민해야 한다. 먼저, 국가뿐만이 아니라 초연결사회를 살아가는 모든 사람들은 전시부터 평시에 이르기까지 사이버전으로부터 어느 누구도 자유롭지 못하다는 것을 인식해야 한다. 아무도 모르는 사이에 누구나 사이버전의 공격대상이 될 수 있기 때문에 모든 개인은 자신의 IT 장비를 늘 최신 상태로 유지하여 악의적 사이버 전사들의 침투를 원천적으로 차단해야 한다. 또한, 국가는 다른 국가, 민간기업, 애국주의적 해커들과의 협력을 통해 사이버 공간에서의 적대 세력의 움직임을 능동적으로 감시하고, 악의적 공격 발생 시 공동으로 대응해야 한다. 그리고 적의 사이버 공격으로부터 군사시설을 포함한 국가 중요 시스템에 대한 방어뿐만 아니라 신속하게 복구할 수 있는 회복력도 키워야 할 것이다. 날로 진화하는 사이버전에 대응하기 위해 사이버전에 대한 올바른 이해와 우리의 인식 전환이 시급히 필요한 시점이다.

DoS Attack

DDoS Attack

Who am I?

Ransomware

Malware

| 부록 |

사이버전 관련 주요 용어 설명

YOU
HAVE BEEN
HACKED!

도스 공격DoS attack

도스 공격DoS attack은 서비스 거부 공격denial-of-service attack의 영어 줄임말을 우리말로 읽은 것이다. 이는 공격자가 악의적인 목적을 갖고 특정 서버, 시스템 또는 네트워크가 처리할 수 있는 능력 이상으로 대량의 데이터 패킷을 보내 이들을 마비시켜 의도된 합법적 사용자의 서비스 또는 리소스를 사용할 수 없게 만드는 사이버 공격이다. 도스 공격은 통상 직접적으로 중요한 정보나 금전의 탈취를 일으키지 않으나 피해자가 이를 복구하여 정상적 서비스를 재개시키기까지 많은 시간과 비용을 사용하게 만든다. 서비스 거부 공격에는 크게 플러딩 서비스flooding services 공격과 크래싱 서비스crashing services 공격이 있다. 플러드 서비스 공격은 대홍수라는 원어 그대로 트래픽을 대량으로 발생시켜 서버가 느려지다 못해 중지될 때까지 실시하는 것이다. 크래싱 서비스 공격은 시스템이나 서버가 가진 취약점인 버그 등을 악용하여 시스템의 충돌과 불안정을 유발시킴으로써 합법적 사용자가 액세스를 못 하게 만드는 것이다.

디도스 공격DDoS attack

디도스 공격DDoS attack으로 흔히 알려진 분산 서비스 거부 공격distributed denial-of service attack은 도스 공격의 진화된 형태이다. 디도스 공격은 단일 공격 대상의 서비스를 무력화하기 위해 여러 시스템이 동기화된 조직적 공격을 가하는 것이다. 근본적으로 도스 공격이 한 위치에서 공격이 이루어진다면, 디도스 공격은 여러 시스템이 서로 다른 여러 위치에서 동시에 공격을 실시한다는 차이점을 갖고 있다. 디도스 공격은 도스 공격과 동일한 목적을 위해 실시되지만, 여러 다른 위치의 시스템을 통해 이루어지기에 도스 공격에 비해 공격의 속도와 트래픽 양이 엄청나게 많으며 이는 공격의 탐지와 차단, 공격자 파악에 큰 어려움을 발생시킨다. 즉, 디도스 공격은 도스 공격에 비해 치명적이라 할 수 있다. 디도스 공격은 악성 코드에 감염된 좀비 PC로 구성된 봇넷botnet에 의해 실행된다. 봇넷은 통상 C&Ccommand and control로 불리는 명령 및 제어 서버에 의해 통제된다.

랜섬웨어ransomware

랜섬웨어ransomware는 납치 · 유괴된 사람에 대한 몸값을 뜻하는 '랜섬ransom'에 '소프트웨어software'가 합쳐진 단어이다. 랜섬웨어는 공격자가 사이버 공간에서 피해자의 데이터를 비밀리에 암호화시켜 사용하지 못하도록 잠가버리는 멀웨어malware이다. 피해자는 자신의 데이터를 복호화(암호해독)시켜 다시 사용하고 싶다면 공격자에게 그에 상응하는 몸값을 지불해야 한다. 즉, 랜섬웨어는 현실 세계에서 유괴범이 아이를 유괴한 후 몸값을 요구하는 것과 유사하게 이루어진다. 랜섬웨어의 공격을 받게 되면 피해자는 갑자기 시스템에 접근하지 못하거나 컴퓨터, 외장형 하드디스크 드라이브, 또는 네트워크 드라이브와 퍼블릭 클라우드 스토리지 등에 저장된 문서와 파일, 그리고 사진 등을 열어볼 수 없게 된다. 고도화된 랜섬웨어의 공격을 받은 데이터는 암호해독 키 없이 복구하는 것이 쉽지 않다. 여기서 흥미로운 사실은 공격자가 몸값으로 요구하는 것은 현실 세계의 화폐로 된 금전이 아닌 비트코인으로 대표되는 암호화폐이다. 이는 추적이 어려운 암호화폐를 사용해 자신의 신원 노출과 수사기관의 추적을 회피하려는 전략이다.
랜섬웨어 공격은 일반적으로 합법적인 파일로 위장한 트로이 목마를 사용하여 수행된다. 피해자가 공격자가 보낸 이메일에 속아 첨부된 파일을 다운로드하거나 열게 되면 랜섬웨어가 컴퓨터에 설치되어 중요한 문서와 파일, 그리고 사진 등이 암호화된다. 그러나 북한이 배후에 있다고 알려져 있는 워너크라이WannaCry 랜섬웨어는 이메일을 통한 사용자 간 상호작용 없이 자동으로 컴퓨터 사이를 이동하여 큰 피해를 일으켰다. 랜섬웨어 공격은 해마다 크게 증가하는 추세를 보이고 있어 많은 인터넷 사용자의 주의가 요망된다.

루트킷rootkit

루트킷rootkit은 유닉스Unix 기반 시스템에서 권한을 가진 계정의 전통적인 이름인 '루트root'와 툴을 구현하는 소프트웨어의 구성 요소를 가리키는 '키트kit'의 합성어로, 말 그대로 루트 권한을 쉽게 얻도록 도와주는 키트이다. 사이버 공격에서 루트킷은 공격자가 자신 또는 다른 소프트웨어의 존재를 가린 채 액세스 권한이 없는 컴퓨터나 소프트웨어, 그리고 데이터에 접근 가능하도록 설계된 악의적인 프로그램의 집합을 뜻한다. 공격자는 루트킷을 활용하여 외부에서 공격 대상 시스템 또는 컴퓨터 등에 접근할 수 있다. 루트킷은 백도어backdoor(시스템 접근에 대한 사용자 인증 등 정상적인 절차를 거치지 않고 응용 프로그램 또는 시스템에 접근할 수 있도록 하는 방법) 기능을 제공하기도 한다.
루트킷의 가장 큰 장점은 다른 멀웨어와 달리 파일이나 레지스트리를 숨기는 방식을 통해 자신을 은폐시키고 삭제할 수 없도록 하기 때문에 방어자 입장에서 쉽게 탐지하거나 제거하기 힘들다. 통상 루트킷은 자신의 은폐를 위해 운영체제나 시스템을 변화시킨다. 루트킷은 일반적으로 유저 모드User Mode와 커널 모드kernel mode라는 2개의 계층으로 나눠져 있는 운영체제의 취약점을 공략한다. 컴퓨터가 가진 모든 자원(드라이버, 메모리, CPU 등)에 접근하거나 명령을 내릴 수 있는 커널 모드에서는 실제로 운영체제의 핵심적인 작업을 수행하는 코드가 동작하고, 유저 모드는 커널 모드의 코드 사용을 위해 API를 이용한다. 컴퓨터 내의 파일을 지우기 위해 프로그램에서 DeleteFile API를 사용할 때, 파일을 직접 지우는 기능이 없는 유저 모드는 커널 모드의 파일 지우는 코드가 작동할 수 있도록 요청만 한다. 백신 프로그램 역시 컴퓨터 내에서 바이러스의 작동 여부를 탐지하기 위해 이와 유사한 과정을 거친다. 즉, 유저 모드는 실제 작업을 하지 않고 커널 모드로의 이관을 도와주는 역할만을 수행한다. 루크킷을 사용하는 프로그램은 유저 모드에서 커널 모드로 어떠한 작업이 이관되는 길목에서 자신을 은폐시키기 위한 일을 한다.
루트킷은 자동으로 설치되거나 공격자가 루트 또는 관리자 권한을 얻은 후 설치된다. 일단 설치된 루트킷은 침입 사실을 숨기고 시스템 등에 접근할 수 있는 권한을 유지하게 된다. 루트킷을 탐지하는 것은 어려운 일이며, 이를 제거하기도 쉽지 않다. 루트킷 제거를 위해서 통상 하드디스크를 포맷하거나 운영체제를 재설치하지만, 이러한 시도에도 제거되지 않는 루트킷에 대해서는 하드웨어의 교체 또는 특수한 장치나 프로그램이 필요하다.

멀웨어malware : 악성 코드

멀웨어malware는 악성 소프트웨어malicious software의 줄임말로, 악성 코드로 번역되기도 한다. 멀웨어는 의도적으로 서버, 컴퓨터, 클라이언트, 또는 네트워크 등에 위해를 가하기 위해 제작된 소프트웨어 전체를 일컫는다. 컴퓨터 바이러스computer virus, 웜worm, 트로이 목마Trojan horse, 스파이웨어spyware, 애드웨어adware, 랜섬웨어ransomware, 스케어웨어scareware, 로그 소프트웨어rogue software, 와이퍼wiper 등이 이에 속한다. 의도되지 않은 소프트웨어의 오류와 결함을 뜻하는 버그bug와는 다르다.

백도어backdoor

'뒷문'이라는 뜻처럼 백도어backdoor는 컴퓨터 시스템과 관련 장치, 암호 시스템, 그리고 알고리즘 등에 정상적인 인증 절차 또는 암호화를 은밀하게 우회하는 방법을 말한다. 허가받지 않고 어떠한 컴퓨터 시스템 또는 장치 등에 접속하는 권한을 얻는 백도어는 고정된 형태가 있지 않다. 합법적 프로그램의 일부로 감춰져 있기도 하고, 독자적인 프로그램이나 하드웨어의 모습을 갖추고 있기도 하다. 백도어는 프로그램 개발자의 실수로 만들어진 취약점일 수도 있지만, 개발자가 의도적으로 보안의 구멍이 될 수 있는 백도어를 만들어두기도 한다. 의도적으로 만들어지는 경우는 IT 제품 또는 소프트웨어의 유지보수를 위해 만들어진다. 그러나 의도성에 상관없이 하드웨어 또는 소프트웨어에 존재하는 백도어는 보안의 큰 취약점으로서 악의적인 공격자 또는 개발자에 의해 악용될 수 있다.

버그bug

버그bug는 의도하지 않은 피해를 입히거나 프로그램의 오작동을 일으키는 소프트웨어나 시스템의 오류 혹은 결함을 말한다. 따라서 이는 의도적으로 사용자에게 피해를 주기 위해 제작된 악의적인 멀웨어와는 성격이 전혀 다르다.

사회공학social engineering

컴퓨터 보안에서 사회공학social engineering이란 공격자가 인간이 가진 심리적 또는 인지적 취약점을 이용해 컴퓨터의 시스템에 침입할 수 있는 중요한 기밀 정보 등을 피해자로 하여금 누설하도록 유도하는 비기술적인 침입 수단을 말한다. 구체적으로 공격자들은 목표가 되는 컴퓨터 시스템 또는 네트워크에 접근 권한이 있는 담당자와 인간적인 신뢰관계를 쌓아 다양한 정보를 수집한다. 그리고 이들은 이렇게 확보된 정보와 권한을 가진 담당자의 인간적인 실수를 활용해 공격 목표인 시스템 또는 네트워크에 침입한다. 즉, 사회공학적 공격은 시스템이나 네트워크의 취약점을 이용하는 것이 아니라 사회적 관계와 인간의 심리를 이용해 원하는 정보를 얻는 공격 방법이다.

스캠scam

일반적으로 스캠scam은 '신용 사기'를 뜻하는 단어로 상대방의 돈을 갈취하기 위해 사용되는 기만적인 계획이나 속임수를 말한다. 사이버 공간에서는 개인, 기업, 은행, 또는 정부를 대상으로 돈을 갈취하기 위한 목적으로 행하는 악의적 행위를 스캠이라 부른다. 대표적인 방식은 악성 코드로 은행 또는 기업의 시스템을 감염시킨 후 은행의 송금과 관련된 내용을 지켜보다가 지불 결제 방식 또는 계좌 정보 등을 변경하도록 유도하여 중간에 돈을 가로채는 것을 들 수 있다.

스케어웨어scareware

스케어웨어scareware는 컴퓨터 사용자가 원하지 않는 유해한 소프트웨어를 구매하도록 유도하기 위해 사회공학적 방법을 사용하여 충격과 불안 또는 위협을 느끼게 만드는 멀웨어이다.

스파이웨어spyware

스파이웨어spyware는 간첩으로 번역되는 '스파이spy'라는 단어와 '소프트웨어software'가 결합된 합성어로, 비밀리에 정보를 수집하는 멀웨어를 뜻한다. 스파이웨어는 개인이나 기업, 또는 정부기관의 컴퓨터에 몰래 잠입하여 중요한 정보를 불법으로 빼가는 소프트웨어이다. 그러나 보안업계에서 스파이웨어의 정의와 범위는 합의가 되어 있지 않다. 그 이유는 공격자가 사이버 공격을 위해 정보를 불법적으로 수집하는 것뿐만 아니라 상업 활동을 하는 기업 등이 온라인상에서 잠재적 고객의 개인정보를 광고에 활용하기 위해 정보수집용으로 스파이웨어를 사용하기 때문이다. 일반적으로 스파이웨어는 액티브XActiveX를 통해 가장 많이 유포되지만, 다운로더Downloader를 통해서도 확산되고 있는 추세이다.

스푸핑 공격spoofing attack

스푸핑 공격spoofing attack은 외부 악의적인 네트워크 침입자가 임의로 가짜 웹사이트를 만들어 일반 사용자들의 방문을 유도함으로써 인터넷 프로토콜인 TCP/IP의 구조적 결함을 이용해 사용자의 시스템 권한을 획득한 뒤 정보를 빼가는 해킹 수법이다. 스푸핑 공격의 종류로는 IP 스푸핑, DNS 스푸핑, 이메일 스푸핑, ARP 스푸핑 등이 있다.

애드웨어adware

멀웨어의 일종인 애드웨어는 일반적으로 사용자의 정보를 빼가지 않고 브라우저에 강제적으로 상업적 내용의 광고를 보여주는 프로그램으로 알려져 있다. 이때 표시된 광고를 무심코 또는 실수로 클릭하는 경우 원치 않는 사이트로 이동하게 되거나 더욱 악의적 형태의 멀웨어를 사용자의 컴퓨터에 추가적으로 설치시키기도 한다. 또한, 일부 애드웨어의 경우 스파이웨어의 기능도 동시에 가지고 있어 사용자의 정보를 불법적으로 수집하는 경우도 있다. 더욱이 정상적인 컴퓨터 사용을 불가능하게 할 정도로 무분별한 팝업 광고의 계속적인 생성 또는 원치 않는 페이지를 인터넷 브라우저의 시작 페이지로 고정시키는 애드웨어도 있다.

워터링 홀 공격watering hole attack

야생에서 포식자는 물웅덩이(워터링 홀watering hole) 근처에서 자신보다 약한 잠재적 먹이가 목을 축이러 올 때를 기다리다가 사냥을 한다. 워터링 홀 공격watering hole attack은 이러한 야생의 상황과 유사한 방식으로 이루어지는 사이버 공격을 뜻한다. 구체적으로 공격자는 공격 대상으로 선정된 사용자들이 방문할 가능성이 높은 합법적 웹사이트를 사전에 탈취 또는 악성 코드에 감염시킨 후 그곳에 잠복한다. 피해자가 해당 사이트 방문 시 피해자의 컴퓨터에는 악성 코드가 설치된다. 기본적으로 공격자는 이를 위해 사회공학적인 방법으로 공격 대상에 대한 정보를 수집하여 자주 방문하는 웹사이트를 파악하며, 해당 웹사이트의 제로 데이zero day 취약점을 이용해 접속자 모두에게 악성 코드를 퍼뜨린다. 공격자는 모든 감염자를 대상으로 2차적인 공격을 실시할 수도 있지만, 구체적인 목표가 있다면 사전에 정한 공격 대상에 대해서만 감염된 악성 코드를 이용해 중요한 정보 등을 탈취하는 등 추가적인 공격을 실시하게 된다.

익스플로잇exploit

익스플로잇exploit의 어휘적인 뜻은 “자신의 이익을 위해 무언가를 사용하는 것”이다. 컴퓨터 용어로 익스플로잇은 공격자가 컴퓨터의 소프트웨어나 하드웨어, 그리고 컴퓨터 관련 전자 제품의 버그 또는 보안 취약점 등과 같은 설계상의 결함을 이용해 공격자가 원하는 예기치 않은 동작을 유발하는 소프트웨어 프로그램, 일련의 명령, 스크립트, 데이터 조각을 말하거나, 이러한 것들을 활용한 공격 행위를 뜻한다. 익스플로잇의 대표적인 예는 컴퓨터 시스템에 대한 제어권의 획득, 시스템 내에서의 권한 상승, 그리고 도스 또는 디도스 공격 등이 있다.

제로 데이 공격zero day attack

공격자가 대중에게 알려지지 않은 컴퓨터 소프트웨어의 보안 취약점 또는 알려진 취약점이 해결되지 않은 상태에서 이를 악용하여 실시하는 사이버 공격을 말한다. 통상 소프트웨어 제작자나 개발자는 출시한 제품의 취약점을 발견하면 이에 대한 패치를 만들어 배포하고 사용자는 이를 설치하여 취약점을 제거하게 된다. 악의적인 공격자는 개발자가 취약점을 알아채고 그에 대한 패치를 만들기 전에, 혹은 사용자가 공개된 패치를 설치하기 전에 제로 데이 공격을 실시한다. 따라서 일반 프로그램 사용자는 개발자가 제공하는 보안 패치 등을 최대한 신속히 설치하여 항상 최신 상태를 유지해야 컴퓨터 보안 사고를 예방할 수 있다.

좀비 PC zombie computer와 봇넷botnet

멀웨어에 감염된 컴퓨터를 좀비 PC라 한다. 이는 C&Ccommand & control 서버의 제어를 받아 디도스DDoS 공격과 스팸 이메일 전송 등의 여러 가지 불법적 사이버 공격에 이용된다. 통상 피해자는 자신의 컴퓨터가 멀웨어에 감염되었는지 그리고 악의적 활동에 이용되고 있는지 모른다. 공격자는 많은 좀비 PC를 만들기 위해 컴퓨터 바이러스, 웜, 트로이 목마 등 다양한 멀웨어를 동원한다. 한편, 좀비 PC는 다른 말로 봇bot이라 불리기도 한다. 따라서 봇넷은 인터넷에 연결되어 있으면서 멀웨어에 감염되어 제3자에게 권한이 양도된 여러 봇(좀비 PC)들의 집합을 말한다.

지능형 지속 공격APT, Advanced Persistent Threat

지능형 지속 공격APT, Advanced Persistent Threat은 해커나 해커 조직이 특정 국가, 기관, 또는 기업을 목표로 정한 뒤 장기간에 걸쳐 다양한 수단을 총동원하여 지능적으로 수행하는 해킹 방식을 말한다. 공격자는 고도의 해킹 기술을 활용하여 공격 목표의 내부에 은밀하게 장기간 침투한다. 이때, 그들은 통상 상대방의 정보보호체계에 식별되지 않도록 미량의 정보만을 지속적으로 탈취하는 방식을 취한다. 특정 국가의 이익을 위해 해킹을 하는 행위자의 많은 수가 지능형 지속 공격 행위를 통해 사이버전을 수행하고 있다.
구체적으로 공격은 정보수집, 침입, C&C 서버 통신, 확산, 데이터 접근, 데이터 유출 및 파괴 순으로 진행된다. 정보 수집은 해커 또는 해커 조직이 공격 대상에 대한 인적 사항까지도 포함된 각종 정보를 수집하여 시스템 침입에 필요한 취약점을 식별하는 것이다. 침입은 다양한 해킹 기술을 사용하여 획득된 시스템 또는 공격 대상의 취약점을 뚫고 시스템 또는 컴퓨터, 서버 등의 내부로 들어가는 것을 말한다. 스피어 피싱, 사회공학 기법, 워터링 홀 등의 기법을 활용해 침입에 성공한 뒤 멀웨어를 컴퓨터에 설치 완료했을 때 이 상태를 멀웨어에 감염되었다고 하는데, 이때 공격자는 멀웨어에 감염된 컴퓨터 내의 백도어를 통해 C&C 서버와 통신하여 원격으로 명령을 내리게 된다.
다음 단계는 확산 단계로, C&C 서버 통신을 통해 내부의 다른 컴퓨터들을 차례로 감염시켜 내부 시스템을 장악하게 된다. 데이터의 접근은 중요한 데이터에 접근 권한이 있는 관리자급 계정을 획득하여 중요한 데이터가 저장되어 있는 시스템에 접근하는 것을 말한다. 끝으로 공격자는 내부의 보안 프로그램이나 모니터링 등에 식별되지 않도록 오랜 기간을 두고 중요 데이터를 조금씩 유출시킨다. 공격자는 중요 데이터 획득에 성공했거나 자신이 노출되었을 때 시스템 내에 있는 데이터를 파괴하기도 한다.

컴퓨터 바이러스computer virus

생물학적인 바이러스는 생물체에 침투하여 병을 일으킨다. 이처럼 컴퓨터 내에 침투하여 기기의 정상적인 작동을 방해하거나 파괴시켜 정지시키는 것부터 자료의 손상을 일으키는 등의 위해를 가하는 것을 컴퓨터 바이러스computer virus라 부른다. 컴퓨터 바이러스는 감염된 컴퓨터가 작동을 시작하거나 기기 내 프로그램이 실행될 때 컴퓨터 작동을 방해 또는 자료를 파괴하는 것에 그치지 않고 자기 스스로를 복제하여 다른 컴퓨터로 전염되어 확산된다. 생물학적 바이러스에 빗대어 컴퓨터 바이러스라는 명칭이 붙은 것은 이러한 자기복제와 확산 때문이다. 그래서 생물학의 바이러스가 인체에 침투했을 때처럼 컴퓨터 내에 바이러스가 침투했을 때도 '감염'되었다는 표현을 사용한다. 컴퓨터 바이러스에 감염된 컴퓨터의 증상으로는 컴퓨터의 부팅 또는 설치된 프로그램의 실행 자체의 불가, 부팅 시간 또는 프로그램 실행의 지연, 화면 및 프로그램 파일 등의 악의적 왜곡 또는 변화 등을 들 수 있다. 1949년 존 폰 노이만John von Neumann이 컴퓨터 프로그램이 스스로를 복제함으로써 증식할 수 있다는 내용의 논문을 발표한 것이 그 유래이고, 1985년 미국에서 프로그램을 파괴하는 컴퓨터 바이러스가 처음 발견되었다.

하지만 컴퓨터 바이러스는 잘못 혼용되어 사용되고 있는 웜 또는 트로이 목마와는 다르다. 바이러스는 다른 독립적 프로그램의 코드 내에 스스로 주입되어, 그 프로그램의 정상적인 활동을 방해하고 스스로를 복제하여 확산되도록 강제되는 악의적인 컴퓨터 프로그램이다.

컴퓨터 웜computer worm

영어로 '벌레'라는 뜻을 가진 웜worm은 바이러스와 달리 호스트 프로그램 없이 독립적인 코드로 존재하고 실행되며 스스로를 복제하여 다른 컴퓨터로 확산되는 프로그램이다. 독립적으로 활동하기 때문에 호스트 프로그램의 영향을 받지 않는 장점을 갖고 있으며, 컴퓨터 실행 시 독자적으로 실행되어 감염을 일으키고 피해를 준다.

일반적으로 웜은 바이러스와 달리 네트워크를 손상시키고 대역폭을 잠식한다. 이외에도 웜은 호스트 시스템에 다른 공격을 위한 백도어 설치, 문서와 파일 지우기와 암호화시키기, 이메일을 통해 외부로 데이터 반출 등을 한다. 일부 웜은 감염되어 백도어가 설치된 컴퓨터를 좀비 PC로 만들어 대량의 스팸 이메일 발송부터 분산 서비스 공격에 이르기까지 다양한 사이버 공격에 동원시킨다.

트로이 목마Trojan horse

트로이 목마Trojan horse는 정상적인 프로그램처럼 위장되어 사용자에게 실제 의도를 오도하게 만드는 멀웨어를 가리킨다. 이 용어는 고대 그리스·로마 신화의 트로이 전쟁을 종지부 지은 오디세우스의 트로이 목마를 기원으로 하고 있다. 그 언어적 기원처럼 트로이 목마는 정상적인 다른 프로그램에 기생하는 것이 아니라 정상적인 것처럼 보이는 프로그램에 이미 포함되어 있다. 트로이 목마는 자신이 설치된 컴퓨터의 램에 상주하여 시스템 내부 정보를 공격자의 컴퓨터로 유출시킨다. 트로이 목마는 단순히 내부의 정보만을 유출하는 것도 있지만, 컨트롤까지 가능한 것도 있다. 트로이 목마가 바이러스나 웜과 다른 중요한 점은 스스로 전파하는 능력이 없기 때문에 이메일과 P2P, 웹하드, 소셜 미디어의 가짜 광고 클릭 등을 통해 간접적으로 잠재적 피해자에게 전파된다는 것이다. 악의적인 목적을 가진 개발자가 의도적으로 불법 프로그램이나 파일에 트로이 목마를 심어놓기 때문에 출처가 불분명한 프리웨어(무료로 사용이 가능한 프로그램)을 주의해야 한다. 많은 수의 트로이 목마는 백도어의 역할을 하여 공격자가 다양한 목적을 위해 외부에서 피해자의 컴퓨터에 접속할 수 있다. 랜섬웨어 공격 역시 종종 트로이 목마를 통해 수행되고 있다.

파밍pharming

파밍은 언어적으로나 의미적으로 '피싱phishing'과 '파밍farming'(농사) 두 가지를 합쳐 놓은 것을 말한다. 이는 새로운 사회공학 기반의 진화된 피싱 공격 방식이다. 공격자는 이메일 등을 피해자에게 발송하여 그들이 기존에 사용하던 웹사이트 등에 접속하도록 유도한다. 그러나 해당 웹사이트는 이미 공격자에 의해 탈취되었거나 가짜 웹사이트이다. 혹은 공격자가 도메인 네임 시스템DNS 또는 프락시 서버proxy server의 주소를 변조시켜 이들을 합법적 웹사이트로 오인하게 만들어 피해자의 접속을 유도한다. 한 발 더 나아가 일부 공격자는 악성 코드가 포함된 이메일을 발송하여 이를 자신의 컴퓨터에 설치한 피해자가 합법적 웹사이트에 접속하고자 할 때 가짜 웹사이트로 접속되게 만드는 경우도 있다. 피해자는 이러한 속임수를 알지 못한 채 아무런 의심 없이 평소 사용하던 웹사이트에 접속을 시도하게 된다. 이 과정에서 사이트 접속 아이디와 비밀번호, 주민등록번호, 은행 계정과 신용카드 정보 등 중요한 개인정보들이 공격자에게 넘어가게 된다. 은행과 온라인 결제 플랫폼, 그리고 전자상거래 사이트 등이 파밍에 자주 활용되고 있다.

피싱phishing과 스피어 피싱spear phishing

피싱phishing은 공격자가 불특정 다수의 잠재적 피해자에게 신뢰할 수 있는 개인이나 기업, 또는 기관이 보낸 것처럼 꾸민 이메일이나 문자 메시지 등을 발송하는 공격 방식이다. 공격자는 이를 통해 특정 사이트의 로그인에 관한 정보 또는 신용카드 번호 등 개인이나 기업, 또는 기관의 중요 데이터를 탈취하게 된다.

스피어 피싱spear phishing은 개인이나 조직 내의 특정 인물 또는 그룹을 명확하게 공격 대상으로 지정하여 실시하는 피싱 수법을 말한다. 불특정 다수에게 샷건 방식으로 실시되는 일반 피싱 공격과 달리, 공격자는 스피어 피싱 공격을 성공시키기 위해 한 층 더 정교한 사회공학적 기술을 사용한다. 통상적으로 공격자는 특정 대상이나 그룹에 대해 오랜 시간 사전 조사를 실시하여 그에 맞는 첨부 파일 또는 링크가 포함된 이메일이나 문자 메시지를 공격 대상에게 발송한다. 신뢰할 만한 인물 또는 기관이 보낸 것으로 꾸민 이메일에는 공격 대상자의 인적사항 또는 그가 관심 가질 만한 내용이 담겨 있다. 피해자가 공격자의 의도대로 이메일을 열고 첨부 파일을 클릭하면 피해자의 컴퓨터는 준비된 악성 코드에 감염된다.

해커 hacker

해커는 크게 두 가지 정의를 갖고 있다. 먼저 해커는 단순히 하드웨어부터 소프트웨어 모두에 걸쳐 고급 컴퓨터 기술을 애호하는 사람 또는 프로그래밍의 하위 문화를 지지하는 사람을 의미한다. 그리고 컴퓨터 보안을 무력화 또는 파괴시키는 사람으로 정의되기도 한다. 일반 대중에게 더 잘 알려진 해커에 대한 정의는 두 번째 정의이다. 엄밀히 말해 이러한 불법적 의도를 갖고 범죄를 일으키는 해커는 '크래커cracker'라고 한다.

그럼에도 오늘날 통상적으로 해커는 컴퓨터 범죄자를 의미한다. 결국, 해커에 대한 이미지가 부정적으로 인식되고, 크래커라는 사이버상의 범죄자를 부르는 단어가 대중화되지 않자 '화이트 해커white hacker'와 '블랙 해커black hacker'라는 단어가 등장하게 되었다. 보안업계에 종사하며 합법적인 활동을 하는 해커는 '화이트 해커'로, 불법적인 크래커는 '블랙 해커'로 표현하고 있다.

한편, 해커들 중 자신이 속한 국가의 정치적 목적에 동조하고 이를 위한 사이버 공격을 일삼는 해커들이 있다. 이들은 통상 '애국주의적 해커patriotic hacker'로 불린다. 이들은 애국주의적인 사이버 공격 활동에 자발적으로 참여하는 경우도 있지만, 국가에 의해 직간접적으로 양성되어 활동하는 경우도 있다.

| 참고문헌 |

■ 저서, 논문, (기술)보고서, 정부문서 등

Applegate, Scott D. "Cybermilitias and Political Hackers: Use of Irregular Forces in Cyberwarfare." *IEEE Security and Privacy*9, no. 5, 2011.

Arquilla, J. and D. Ronfeldt. "Cyberwar Is Coming!" *Comparative Strategy*12, no. 2, 1993.

Baran, Paul. *On Distributed Communications: I. Introduction to Distributed Communications Networks*. CA : Rand Corporation, 1964.

Beyer, Jessica L. "Youth and the Generation of Political Consciousness Online." Ph.D. dissertation, University of Washington, 2011.

Beyer, Jessica L. *Expect Us: Online Communities and Political Mobilization*. New York, NY: Oxford University Press, 2014.

Blank, Stephen. "Web War I: Is Europe's First Information War a New Kind of War?" *Comparative Strategy*27, no. 3, 2008.

Chang, Amy. *Warring State: China's Cybersecurity Strategy*. Washington D.C.: Center for a New American Security, 2014.

Ciolan, Ionela Maria. "Defining Cybersecurity as the Security Issue of the Twenty First Century. A Constructivist Approach." *The Public Administration and Social Policies Review*1, no. 12, 2014.

Clapper, James R. *[2013] Statement for the Record: Worldwide Threat*

Assessment of the US Intelligence Community. Office of the Director of National Intelligence, 2013.

Clapper, James R. *[2014] Statement for the Record: Worldwide Threat Assessment of the US Intelligence Community*. Office of the Director of National Intelligence, 2014.

Clapper, James R. *[2015] Statement for the Record: Worldwide Threat Assessment of the US Intelligence Community*. Office of the Director of National Intelligence, 2015.

Clapper, James R. *[2016] Statement for the Record: Worldwide Threat Assessment of the US Intelligence Community*. Office of the Director of National Intelligence, 2016.

Clarke, Richard A., and Robert K. Knake. *Cyber War: The Next Threat to National Security and What to Do About It*. New York, NY: HarperCollins Publishers, 2010.

Clausewitz, Carl von. *On War*. Translated by Michael Howard and Peter Paret. New York, NY: Oxford University Press, 2007.

Coats, Daniel R. *[2017] Statement for the Record: Worldwide Threat Assessment of the US Intelligence Community*. Office of the Director of National Intelligence, 2017.

Coats, Daniel R. *[2018] Statement for the Record: Worldwide Threat Assessment of the US Intelligence Community*. Office of the Director of National Intelligence, 2018.

Coats, Daniel R. *[2019] Statement for the Record: Worldwide Threat Assessment of the US Intelligence Community*. Office of the Director of National Intelligence, 2019.

Coleman, E. Gabriella. *Hacker, Hoaxer, Whistleblower, Spy: The Many Faces of Anonymous*. London, UK: Verso, 2014.

Connell, Michael, and Sarah Vogler. *Russia's Approach to Cyber Warfare*. Center for Naval Analyses Arlington United States, 2017.

CrowdStrike Global Intelligence Team. *Crowdstrike Intelligence Report: Putter Panda*. CrowdStrike, 2014.

Cruz, Jose de Arimateia da, and Stephanie Pedron. "Cyber Mercenaries: A New Threat to National Security." *International Social Science*

Review 96, no. 2, 2020.

Das, S, G Parulkar, and N McKeown. "Unifying Packet and Circuit Switched Networks." In *2009 IEEE Globecom Workshops*, 2009.

Deibert, Ronald J., and et al. *Tracking Ghostnet: Investigating a Cyber Espionage Network*. Toronto, Canada: Munk Centre for International Studies, 2009.

Deibert, Ronald J., Rafal Rohozinski, and Masashi Crete-Nishihata. "Cyclones in Cyberspace: Information Shaping and Denial in the 2008 Russia-Georgia War." *Security Dialogue*43, no. 1, 2012.

Dennett, Stephen, Elizabeth J. Feinler, and Francine Perillo. *Arpanet information brochure*. SRI, 1985.

Eugene Kaspersky. "The Man Who Found Stuxnet ? Sergey Ulasen in the Spotlight." Last modified on Novemebr 2, 2011. https://eugene.kaspersky.com/2011/11/02/the-man-who-found-stuxnet-sergey-ulasen-in-the-spotlight/.

Federal Bureau of Investigation and U.S. Department of Homeland Security. "GRIZZLY STEPPE ? Russian Malicious Cyber Activity." Joint Analysis Report JAR-16-20296. Federal Bureau of Investigation and the U.S. Department of Homeland Security, 2016.

Feinler, Elizabeth J. *Arpanet Resources Handbook*. Arpanet Network Information Center, 1978.

FireEye Insight Intelligence. *APT28: At the Center of the Storm: Russia Strategically Evolvs Its Cyber Operations*. Milpitas, CA: FireEye, 2017.

FireEye. *APT37 (Reaper): The Overlooked North Korean Actor*. Milpitas, CA: FireEye, 2018.

FireEye. *HAMMERTOSS: Stealthy Tactics Define a Russian Cyber Threat Group*. Milpitas, CA: FireEye, 2015.

Fisher Jr, Richard D. *Cyber Warfare Challenges and the Increasing Use of American and European Dual-Use Technology for Military Purposes by the People's Republic of China (PRC)*. Washington D.C.: the United States House of Rep resentatives, 2011.

Fitton, Oliver. "Cyber Operations and Gray Zones: Challenges for NATO."

*Connections: The Quarterly Journal*15, no. 2, 2016.

Foxall, Andrew. Putin's Cyberwar: *Russia's Statecraft in the Fifth Domain*. London, UK: The Russian Studies Centre of the Henry Jackson Society, 2016.

Fraser, Nalani, Fred Plan, Vincent Cannon, and Jacqueline O'Leary. "APT38: Details on New North Korean Regime-Backed Threat Group." Last modified on October 3, 2018. https://www.mandiant.com/resources/apt38-details-on-new-north-korean-regime-backed-threat-group.

Geers, Kenneth, ed. *Cyber War in Perspective: Russian Aggression against Ukraine*. Tallinn, Estonia: CCDCOE, 2015.

Giles, Keir. "'Information Troops' - a Russian Cyber Command?" *Cyber Conflict (ICCC), 2011 3rd International Conference On*, 2011 3rd International Conference on Cyber Conflict, 2011.

Haggard, Stephan, and Jon R. Lindsay. *North Korea and the Sony Hack?: Exporting Instability Through Cyberspace*. Honolulu, HI : East-West Center, 2015.

Hang, Ryan. "Freedom for Authoritarianism: Patriotic Hackers and Chinese Nationalism." In The Yale Review of International Studies. Last modified on October 2014. http://yris.yira.org/essays/1447.

Herzog, Stephen. "Revisiting the Estonian Cyber Attacks: Digital Threats and Multinational Responses." Journal of Strategic SecurityIV, no. 2, 2011.

Hoffman, Frank G. *Conflict in the 21th Century: The Rise of Hybrid Wars*. Arlington, VA: Potomac Institute for Policy Studies, 2007.

Hollis, David. "Cyberwar Case Study: Georgia 2008." *Small Wars Journal*7, no. 1, 2011.

Hunter, Eve, and Piret Pernik. *The Challenges of Hybrid Warfare*. Tallinn, Estonia: RKK International Centre for Defence and Security, 2015.

Inkster, Nigel. "Chinese Intelligence in the Cyber Age." *Survival*55, no. 1, 2013): 45?66.

Inkster, Nigel. "Cyber Attacks in La-La Land." *Survival*57, no. 1, 2015.

Intelligence Community Assessment. *Background to 'Assessing Russian*

Activities and Intentions in Recent US Elections': The Analytic Process and Cyber Incident Attribution. Office of the Director of National Intelligence, 2017.

Jenik, Aviram. "Cyberwar in Estonia and the Middle East." *Network Security*4, 2009.

Joubert, Vincent. "Five Years after Estonia's Cyber Attacks: Lessons Learned for NATO?" *Research Paper*, no. 76, May 2012.

Jun, Jenny, Scott LaFoy, and Ethan Sohn. *The Organization of Cyber Operations in North Korea*. Washington, D.C.: The Center for Strategic and International Studies, 2014.

Kaplan, Fred. *Dark Terriotry: The Secret History of Cyber War*. New York, NY: Simon & Schuster, 2016.

Karatzogianni, Athina. *Firebrand Waves of Digital Activism 1994-2014: The Rise and Spread of Hacktivism and Cyberconflict*. London, UK: Palgrave Macmillan, 2015.

Kaspersky Lab. *Chasing Lazarus: A Hunt for the Infamous Hackers to Prevent Large Bank Robberies*. 2017.

Kello, Lucas. "The Meaning of the Cyber Revolution: Perils to Theory and Statecraft." International Security38, no. 2, 2013.

Kenney, Michael. "Cyber-Terrorism in a Post-Stuxnet World." *Foreign Policy Research Institute*, 2015.

King, Gary, Jennifer Pan, and Margaret E. Roberts. "How the Chinese Government Fabricates Social Media Posts for Strategic Distraction, Not Engaged Argument." *American Political Science Review*, 2016.

Klimburg, Alexander. "Mobilising Cyber Power." *Survival*53, no. 1, 2011.

Kozlowski, Andrzej. "Comparative Analysis of Cyberattacks on Estonia, Georgia, and Kyrgyzstan." *European Scientific Journal 10*, no. 7, 2014.

Kramer, Franklin D., Stuart H. Starr, and Larry K. Wentz, eds. *Cyberpower and National Security*. Washington, D.C: National Defense University Press: Potomac Books, 2009.

Lee, Robert M., Michael J. Assante, and Tim Conway. *Analysis of the Cy-*

ber Attack on the Ukrainian Power Grid. Electricity-Information Sharing and Analysis Center, 2016.

Lesk, Michael. "The New Front Line: Estonia under Cyberassault." *IEEE Security & Privacy*5, no. 4, 2007.

Lewis, James A. "Computer Espionage, Titan Rain and China." *Center for Strategic and International Studies-Technology and Public Policy Program*, 2005.

Libicki, Martin C. *Crisis and Escalation in Cyberspace*. Santa Monica, CA: RAND, 2012.

Liff, Adam P. "Cyberwar: A New 'Absolute Weapon'? The Proliferation of Cyberwarfare Capabilities and Interstate War." *Journal of Strategic Studies*35, no. 3, 2012.

Lindsay, Jon R. "Stuxnet and the Limits of Cyber Warfare." *Security Studies*22, no. 3, 2013.

Lindsay, Jon R., Tai Ming Cheung, and Derek S. Reveron. 2015. *China and Cybersecurity: Espionage, Strategy, and Politics in the Digital Domain*. New York, NY: Oxford University Press.

Magalhaes, Sergio Tenreiro de, Henrique M. Dinis Santos, Leonel Duarte dos Santos, and Hamid Jahankhani. 2010. "Cyberwar and the Russian Federation: The Usual Suspect." *International Journal of Electronic Security and Digital Forensics*3 (2).

Mandiant. 2013. *APT1: Exposing One of China's Cyber Espionage Units*. Mandiant.

Maness, Ryan C., and Brandon Valeriano. 2015. *Russia's Coercive Diplomacy: Energy, Cyber, and Maritime Policy as New Sources of Power*. London: Palgrave Macmillan UK.

Mansourov, Alexandre Y., ed. *Bytes and Bullets: Information Technology Revolution and National Security on the Korean Peninsula*. Honolulu, HI: Asia-Pacific Center for Security Studies, 2005.

Margulies, Peter. "Sovereignty and Cyber Attacks: Technology's Challenge to the Law of State Responsibility." *Melbourne Journal Of International Law*14, 2013.

Mattei, Tobias A. "Privacy, Confidentiality, and Security of Health Care

Information: Lessons from the Recent WannaCry Cyberattack." *World Neurosurgery*104, 2017.

Maurer, Tim. *Cyber Mercenaries?: the State, Hackers, and Power*. Cambridge, New York: Cambridge University Press, 2018.

McDougal, Trevor. "Establishing Russia's Responsibility for Cyber-Crime Based on Its Hacker Culture." *Int'l L. & Mgmt. Rev.*11, 2015.

Melikishvili, Alexander. "The Cyber Dimension of Russia's Attack on Georgia." *Eurasia Daily Monitor*5, no. 175, 2008.

Mina, An Xiao. "Batman, Pandaman and the Blind Man: A Case Study in Social Change Memes and Internet Censorship in China." *Journal of Visual Culture*13, no. 3, 2014.

Mohurle, Savita, and Manisha Patil. "A Brief Study of Wannacry Threat: Ransomware Attack 2017." *International Journal*8, no. 5, 2017.

Monaghan, Andrew. "Putin's Way of War: The 'War' in Russia's 'Hybrid Warfare.'" *Parameters*45, no. 4, 2015.

Mumford, Andrew. *Proxy Warfare*. Cambridge, UK: Polity Press, 2013.

Nazario, Jose. "Politically Motivated Denial of Service Attacks." In *The Virtual Battlefield: Perspectives on Cyber Warfare*, edited by Christian Czosseck and Kenneth Geers. Washington D.C.: IOS Press, 2009.

Novetta Threat Research Group. *Operations Blockbuster: Unraveling the Long Thread of the Sony Attack*. McLean, VA: Novetta, 2016.

Nye Jr., Joseph S. "Nuclear Lessons for Cyber Security?" *Strategic Studies Quarterly*5, no. 4, 2011.

Obama, Barack. *National Security Strategy of the United States*. Washington, D.C.: The White House, 2010.

Oppermann, Daniel. "Virtual Attacks and the Problem of Responsibility: The Case of China and Russia." *Carta Internacional*5, no. 2, 2010.

Pallin, Carolina Vendil. "Internet Control through Ownership: The Case of Russia." *Post-Soviet Affairs*33, no. 1, 2017.

Panda Security Mediacenter. "Who Are the Guardians of Peace? A New Hacker Group Is on the Loose." Last modified on January 8, 2015.

https://www.pandasecurity.com/en/mediacenter/news/guardians-peace-new-hacker-group-loose/.

Park, Donghui. "North Korea's Cyber Proxy Warfare: Origins, Strategy, and Regional Security Dynamics." Ph.D. dissertation, University of Washington, 2019.

Parks, Raymond C., and David P. Duggan. "Principles of Cyberwarfare." *IEEE Security & Privacy*9, no. 5, 2011.

Rid, Thomas. *Cyber War Will Not Take Place*. London, UK: Hurst & Company, 2013.

Rid, Thomas. *Rise of the Machines: A Cybernetic History*. New York, NY: W. W. Norton & Company, 2016.

Roberts, Dr. Lawrence G. "The Evolution of Packet Switching." *IEEE Invited Paper*, November 1978.

Roberts, L.G. "The Evolution of Packet Switching." Proceedings of the *IEEE* 66, no. 11, 1978.

Ruus, Kertu. "Cyber War I: Estonia Attacked from Russia." *European Affairs*9, 2008.

Saalman, Lora. "Little Grey Men: China and the Ukraine Crisis." *Survival*58, no. 6, 2016.

Shackelford, Scott J., and Richard B. Andres. "State Responsibility for Cyber Attacks: Competing Standards for a Growing Problem." *Geo. J. Int'l L.*42, 2010.

Sharp, Travis. "Theorizing Cyber Coercion: The 2014 North Korean Operation against Sony." *Journal of Strategic Studies*40, no. 7, 2017.

Shields, Nathan P. Criminal Complaint Against Park Jin Hyok Nathan P. Shields, Special Agent, FBI. United States District Court for the Central District of California, 2018.

Siers, Rhea. "North Korea: The Cyber Wild Card." *Journal of Law & Cyber Warfare,* no. 1, Winter, 2014.

Smith, David J. *Russian Cyber Operations*. Potomac Institute Cyber Center, 2012.

Sony Pictures Entertainment. Official Letter. "Sony Pictures Entertainment's Official Letter to Its Employees." December 8, 2014.

Symantec Security Response. "Born on the 4th of July." Last modified on July 9, 2009.

Symantec Security Response. "Four Years of DarkSeoul Cyberattacks Against South Korea Continue on Anniversary of Korean War." Last modified on June 26, 2013.

Symantec Security Response. "South Korean Banks and Broadcasting Organizations Suffer Major Damage from Cyberattack." Last modified on March 20, 2013.

Symantec Security Response. "South Korean Financial Companies Targeted by Castov." Last modified on May 28, 2013.

Symantec Technical Support. "What Is the Difference between Viruses, Worms, and Trojans?" Last modified on September 30, 2016.

Taylor, Peter. *The Thirty-Six Stratagems: A Modern-Day Interpretation of a Strategy Classic*. Oxford, UK: Infinite Id, 2013.

Tikk, Eneken. and et al. *Cyber Attacks Against Georgia: Legal Lessons Identified*. Tallinn, Estonia: Cooperative Cyber Defece Centre of Excellence, 2008.

US-CERT. "Malware Analysis Report (MAR) - 10135536.11." Washington, DC: National Cybersecurity and Communications Integration, 2018.

개인정보범죄 정부합동수사단. "한수원 사이버테러 사건 중간수사결과." 서울중앙지방검찰청. 2015.

박동휘. 「사이버전의 이해와 쟁점」. 《학림》 38. 2016.

박동휘. 「국가의 적대적 사이버 공세 전략의 기원 - 볼셰비키 혁명 직후 영국의 러시아 내전 개입을 중심으로」. 《영국연구》 42. 2019.

■ 주요 언론사 & 정부기관 웹사이트

https://www.nytimes.com

https://www.washingtonpost.com

https://www.reuters.com

https://www.bbc.co.uk

https://www.theguardian.com

https://www.wired.com

https://www.rt.com *러시아 정부의 선전매체로 유명한 언론사

https://www.upi.com

https://www.dailymail.co.uk

https://kyivindependent.com

https://www.fbi.gov

https://www.whitehouse.gov

https://ccdcoe.org

https://www.justice.gov

https://www.nato.int

https://e-estonia.com

https://www.un.org

https://us-cert.cisa.gov

https://www.dhs.gov

https://www.state.gov

https://www.cybercom.mil

■ 주요 IT & 사이버 보안기업, 소셜 미디어(Social Media) 웹사이트

https://www.microsoft.com

https://www.kaspersky.com

https://securelist.com

https://www.crowdstrike.com

https://www.fireeye.com

https://www.mandiant.com

https://www.ahnlab.com

https://www.eset.com

https://cloud.google.com

https://www.baesystems.com

https://twitter.com

https://www.facebook.com

https://www.youtube.com

https://www.reddit.com

https://github.com

https://krebsonsecurity.com

한국국방안보포럼(KODEF)은 21세기 국방정론을 발전시키고 국가안보에 대한 미래 전략적 대안을 제시하기 위해 뜻있는 군·정치·언론·법조·경제·문화 마니아 집단이 만든 사단법인입니다. 온·오프라인을 통해 국방정책을 논의하고, 국방정책에 관한 조사·연구·자문·지원 활동을 하고 있으며, 국방 관련 단체 및 기관과 공조하여 국방 교육 자료를 개발하고 안보의식을 고양하는 사업을 하고 있습니다. http://www.kodef.net

| KODEF 안보총서 115 |

사이버전의 모든 것

EVERYTHING ABOUT CYBER WARFARE

초판 1쇄 발행 | 2022년 5월 20일
초판 2쇄 발행 | 2023년 12월 14일

지은이 | 박동휘
펴낸이 | 김세영

펴낸곳 | 도서출판 플래닛미디어
주소 | 04029 서울시 마포구 잔다리로 71 아내뜨빌딩 502호
전화 | 02-3143-3366
팩스 | 02-3143-3360
블로그 | http://blog.naver.com/planetmedia7
이메일 | webmaster@planetmedia.co.kr
출판등록 | 2005년 9월 12일 제313-2005-000197호

ISBN | 979-11-87822-68-4 03390